国家电网有限公司
技能人员专业培训教材

抄表催费

国家电网有限公司　组编

图书在版编目（CIP）数据

抄表催费/国家电网有限公司组编. —北京：中国电力出版社，2020.5（2022.7重印）
国家电网有限公司技能人员专业培训教材
ISBN 978-7-5198-3703-7

Ⅰ. ①抄…　Ⅱ. ①国…　Ⅲ. ①电能-电量测量-技术培训-教材　Ⅳ. ①TM933.4

中国版本图书馆 CIP 数据核字（2019）第 198719 号

出版发行：中国电力出版社
地　　址：北京市东城区北京站西街 19 号（邮政编码 100005）
网　　址：http://www.cepp.sgcc.com.cn
责任编辑：钟　瑾（010-63412867）　马雪倩
责任校对：黄　蓓　郝军燕
装帧设计：郝晓燕　赵姗姗
责任印制：钱兴根

印　　刷：三河市百盛印装有限公司
版　　次：2020 年 5 月第一版
印　　次：2022 年 7 月北京第三次印刷
开　　本：710 毫米×980 毫米　16 开本
印　　张：18.5
字　　数：355 千字
印　　数：3501—4500 册
定　　价：58.00 元

本 书 编 委 会

前　言

为贯彻落实国家终身职业技能培训要求，全面加强国家电网有限公司新时代高技能人才队伍建设工作，有效提升技能人员岗位能力培训工作的针对性、有效性和规范性，加快建设一支纪律严明、素质优良、技艺精湛的高技能人才队伍，为建设具有中国特色国际领先的能源互联网企业提供强有力人才支撑，国家电网有限公司人力资源部组织公司系统技术技能专家，在《国家电网公司生产技能人员职业能力培训专用教材》（2010 年版）基础上，结合新理论、新技术、新方法、新设备，采用模块化结构，修编完成覆盖输电、变电、配电、营销、调度等 50 余个专业的培训教材。

本套专业培训教材是以各岗位小类的岗位能力培训规范为指导，以国家、行业及公司发布的法律法规、规章制度、规程规范、技术标准等为依据，以岗位能力提升、贴近工作实际为目的，以模块化教材为特点，语言简练、通俗易懂，专业术语完整准确，适用于培训教学、员工自学、资源开发等，也可作为相关大专院校教学参考书。

本书为《抄表催费》分册，由史利强、王阿丽、刘亚南、徐云峰、丁彬、刘林立、曹爱民、战杰、王民、支叶青编写。在出版过程中，参与编写和审定的专家们以高度的责任感和严谨的作风，几易其稿，多次修订才最终定稿。在本套培训教材即将出版之际，谨向所有参与和支持本书籍出版的专家表示衷心的感谢！

由于编写人员水平有限，书中难免有错误和不足之处，敬请广大读者批评指正。

目　录

第三部分　电费回收工作质量管理

第四部分　电力营销技术支持系统

第一部分

电 量 管 理

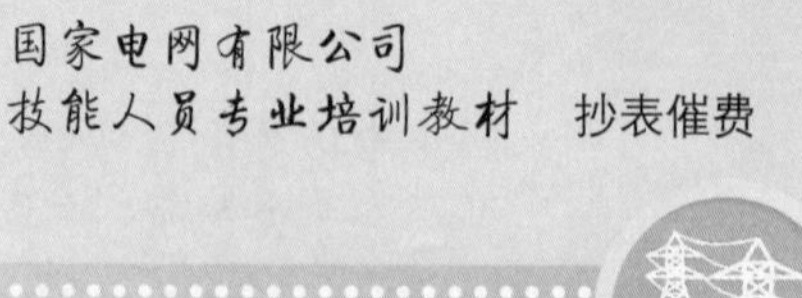

第一章

电　量　抄　录

模块1　抄表段管理（Z25E1001Ⅰ）

【模块描述】本模块包含抄表段维护、新户分配抄表段、调整抄表段、抄表顺序调整、抄表派工等内容。通过概念描述、术语说明、要点归纳、图解示意，掌握抄表段管理的内容和方法。

【模块内容】

建立抄表段，将客户按抄表段进行分组，确定抄表段抄表例日、抄表周期、抄表方式等抄表段属性。根据均衡工作量、抄表路径合理、分变分线、方便线损考核的原则确定和调整抄表段。编排与实际抄表路线一致的抄表顺序，并及时根据抄表执行的反馈情况调整抄表例日、抄表周期、所属抄表段。

一、基本概念

抄表段是对用电客户和考核计量点进行抄表的一个管理单元，是由地理位置上相邻或相近或同一供电线路的若干客户组成的，也称抄表区、抄表册、抄表本。与抄表段属性相关的基本概念主要有抄表例日、抄表周期、抄表方式。

1. 抄表例日

抄表例日是指定抄表段在一个抄表周期内的抄表日。

2. 抄表周期

抄表周期是连续两次抄表间隔的时间。分一月一次、一月多次、多月一次等。

3. 抄表方式

抄表方式是采集计量的电量信息的方式。主要分为手工抄表，抄表机抄表，IC卡抄表、红外抄表、用电信息采集集抄系统抄表。

（1）手工抄表。手工抄表是使用抄表清单或抄表卡手工抄表。抄表员现场将电能表示数抄录在抄表清单或抄表卡上，回来后录入计算机。

（2）抄表机抄表。抄表机抄表是抄表员运用抄表机，在现场手工将电能表示数输入抄表机，回来后通过计算机接口将数据输入计算机。

（3） IC 卡抄表。IC 卡抄表是使用 IC 卡作为抄表媒介，自动载入预付费电能表的电量、电费等用电信息，并用 IC 卡将信息输入计算机。

（4） 红外抄表。红外抄表是抄表员使用抄表机的红外功能（安装有红外发射和接收装置），在有效距离内，非接触地读取电表数据。且一次可以接收一块电能表或一个集中器中的若干数据。

（5） 用电信息采集集抄系统抄表。用电信息采集集抄系统抄表是使用用电信息采集软件通过采集终端获取智能电能表相关数据。

用电信息采集集抄系统抄表经历了集中抄表方式、远程（负控）抄表方式发展而来，目前用电信息采集集抄系统抄表又有载波、微功率、有线（RS–485）抄表方式。

1）集中抄表（利用远程抄表系统抄表方式）：将抄表机与集中抄表系统的一个集中器相连，一次可将几百只电能表的数据抄录完成。

2）远程（负控）抄表方式：在负荷管理控制中心，通过微波或通信线路实现远程抄。

3）用电信息采集载波集抄系统：主要采用电力线载波方案，智能电能表（RS485）+采集器+集中器进行组合实现数据采集。载波集抄系统是针对分散的城市、农村低压居民客户，因此电能表计比较分散。

4）用电信息采集微功率集抄系统：主要采用 GPRS 无线采集终端+智能电能表（RS485）实现数据采集。微功率集抄系统主要是针对表计相对集中的城镇低压居民客户。

5）用电信息采集有线（RS–485）集抄系统：主要采用 RS–485 线进行连接，采集终端+智能电能表（RS485）实现数据采集。

二、抄表段维护

抄表段维护是指建立抄表段名称、编号、管理单位等抄表段基本信息；建立和调整抄表例日、抄表周期、抄表方式等抄表段属性；对空抄表段进行注销等操作。

1. 新建抄表段

当现有的抄表段不能满足新装客户管理的要求时，需要增加新的抄表段。新建抄表段应定义抄表段名称、编号、管理单位等基本信息及抄表例日、抄表周期、抄表方式、配电台区等属性，提出新建要求，待审批后确认新建抄表段基本信息和属性。

2. 新建抄表段工作要求

（1） 每月 25 日以后的抄表电量不得少于月售电量的 70%，其中，月末 24 小时的抄表电量不得少于月售电量的 35%（《国家电网公司营业抄核收工作管理规定》第八条）。

（2） 根据管理单位、客户类型、抄表例日、抄表周期、抄表方式、分变分线、地理环境、便于线损管理等综合因素划分抄表段。

（3）对用电客户的抄表一般为每月一次。各地可根据实际情况，对居民客户实行双月抄表（《国家电网公司营业抄核收工作管理规定》第八条）。

（4）对用电量较大的用电客户每月可多次抄表（《国家电网公司营业抄核收工作管理规定》第八条）。

（5）执行居民阶梯电价 “一户一表”用户，在实现远程自动抄表前，应按供电企业抄表周期执行阶梯电价。供电企业抄表周期原则上不超过两个月［国家发改委《关于印发居民生活用电试行阶梯电价的指导意见的通知》（发改价格〔2011〕2617 号）］。

（6）执行两部制电价的客户抄表周期不能大于一个月。

（7）执行功率因数调整电费的客户抄表周期不能大于一个月。

（8）根据管理单位范围内客户数量、客户用电量和客户分布情况确定客户抄表例日（《国家电网公司营业抄核收工作管理规定》第九条）。

（9）抄表例日确定以后，应严格按照抄表例日抄表（《国家电网公司营业抄核收工作管理规定》第九条）。

（10）一个台区可以有多个抄表段，需要进行台区线损考核的，同一台区下的多个抄表段的抄表例日必须相同。

（11）采用手工抄表、抄表机抄表、自动抄表不同抄表方式的客户不可混编在一个抄表段。

（12）预付费电卡表抄表差异。

3. 新建抄表段流程

新建抄表段业务流程图如图 1–1–1 所示。

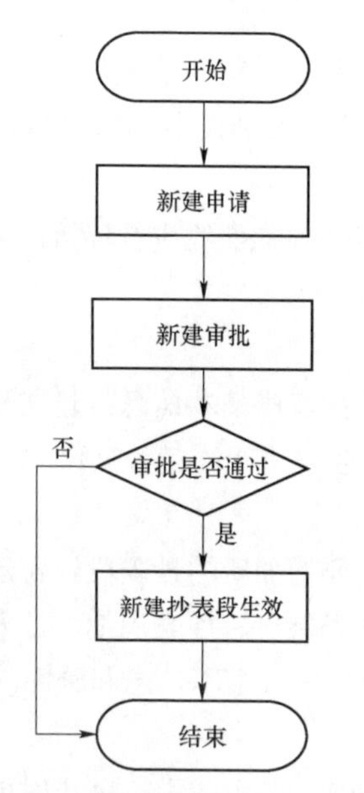

图 1–1–1 新建抄表段业务流程图

4. 调整抄表段信息

根据工作需要，对抄表例日、抄表周期、配电台区提出调整要求，待审批后调整抄表段属性，同时建立包括原抄表例日、调整后抄表例日、调整原因、调整日期、调整人员等内容的调整日志。例如某抄表段由于计量改造，抄表方式由原来的抄表机抄表改为集中抄表，则应及时在电力营销技术支持系统中调整相应的抄表方式；抄表员现场抄表时发现，某客户位置在 1 号台区，由于台区号设置错误，该客户被编到了相邻的 2 号台区，则经批准后应在系统中调整该客户所属的配电台区。

注意：不能调整已生成抄表计划的抄表段信息，确需调整时，在电力营销技术支持系统的抄表计划管理中进行修改。

5. 调整抄表段信息流程

调整抄表段信息流程图如图 1–1–2 所示。

6. 注销抄表段

对没有抄表客户的抄表段，提出注销要求，待审批后注销抄表段，注销抄表段的历史数据依旧保留。

7. 注销抄表段流程

注销抄表段流程图如图 1–1–3 所示。

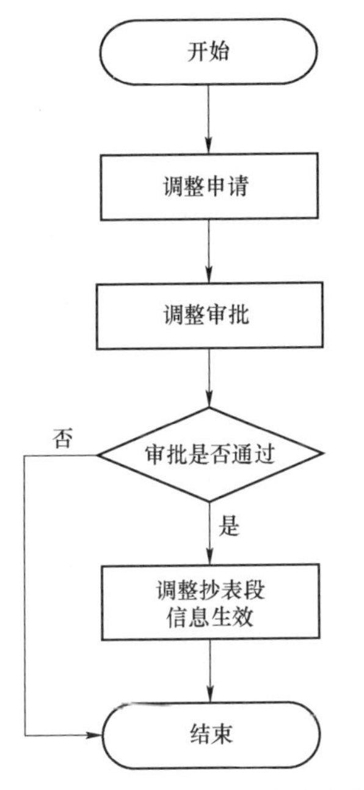

图 1–1–2　调整抄表段信息流程图

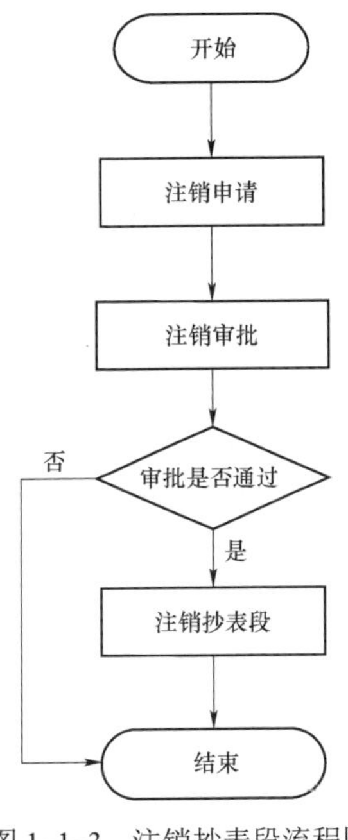

图 1–1–3　注销抄表段流程图

8. 抄表段维护流程

抄表段维护流程图如图 1–1–4 所示。

三、新户分配抄表段

根据新装客户计量装置安装地点所在的管理单位、抄表区域、线路、配电台区以及抄表周期、抄表方式、抄表段的分布范围等资料，为新装客户分配抄表段，及时开始新客户抄表。采用自动化方式抄表的客户也必须分配抄表段。一般地，新装客户的抄表段信息在方案勘察阶段已经收集了，在验收阶段确定。

1. 产生建议的抄表段

根据新装客户所在管理单位、抄表区域、线路、配电台区、抄表方式、抄表员工

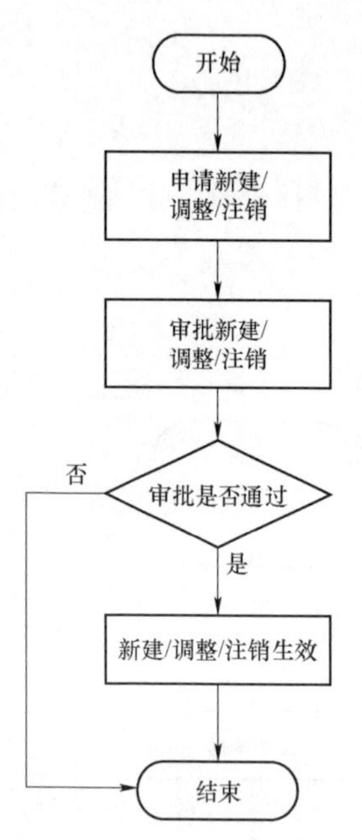

图 1-1-4 抄表段维护流程图

作量等条件，对在新装流程中没有预定抄表段的客户产生建议的抄表段。首先考虑系统中是否有合适的抄表段，如果有，选择适当的位置插进新客户；如果没有合适的抄表段，则应新增抄表段。批量新装客户与单户新装分配抄表段环节相似。

2. 确定新装客户抄表段

参考建议的抄表段，经现场勘察复核无误后对新装客户抄表段进行确认。

注意事项：

（1）应加强对新装客户抄表段的管理，杜绝因未及时分配抄表段造成现场电量积压的情况发生。

（2）新增客户应按台区分段，要考虑到地理环境对抄表工作的影响，尽量减少抄表员往返的路程，可提高工效。

（3）新增客户分段要方便线损的统计和考核。

四、调整抄表段

调整抄表段是指经审批将用电客户从原来所属的抄表段调整到另一个抄表段。对客户所属抄表段进行调整的目的是使客户所属抄表段更合理。

调整抄表段的原因有：抄表反馈的实际抄表路线不合理、抄表工作量或抄表区域进行了重新划分、抄表方式发生了变更、线路或配电台区有变更等。

1. 调整抄表段工作要求

（1）调整抄表段要经过审批。

（2）调整抄表段应在同一管理单位内。

（3）客户所属抄表段进行调整后，客户的历史电费、抄表收费等已发生的数据仍作为调整前原抄表段的数据，即历史数据仍保持在原来抄表段。

（4）调整抄表段时需考虑影响电费计算的相关客户的同步调整（如转供与被转供户）。

（5）对确需调整抄表周期或抄表例日的执行居民阶梯电价的居民客户，应事先告知客户，提醒客户因抄表周期或抄表例日调整而引起的用电基准电量变化，并严格履行审核、审批手续。

2. 调整抄表段流程

调整抄表段流程图如图 1-1-5 所示。

五、抄表顺序调整

抄表顺序是指一个抄表段内所有客户抄表时的先后顺序号，现场抄表时要求按抄表顺序抄表，目的是防止漏抄。抄表员可根据实际地理环境对抄表工作的影响，自己设计合理的抄表路线及抄表顺序，以减少往返的路程，提高工作效率。抄表员在工作中发现抄表路线设计不够合理，应经过审批后，在系统中调整抄表顺序。

六、抄表派工

确定抄表段的抄表人员即抄表派工。抄表派工主要考虑抄表工作量分配的合理性，同时考虑抄表执行情况反馈、抄表人员轮换要求等因素。

1. 抄表人员调整工作要求

（1）抄表人员调整要经过审批。

（2）抄表人员应进行周期轮换。

2. 抄表人员调整流程

抄表人员调整流程图如图 1–1–6 所示。

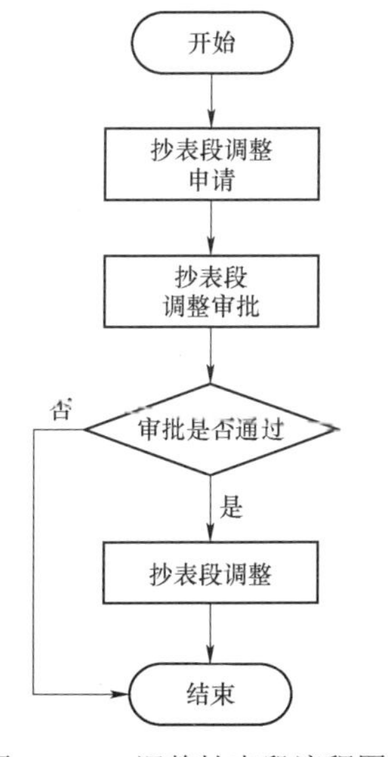

图 1–1–5　调整抄表段流程图

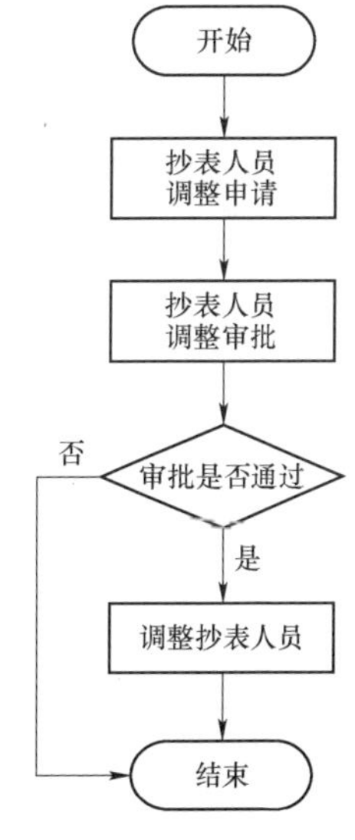

图 1–1–6　抄表人员调整流程图

3. 抄表人员调整工作内容

（1）本着合理分配抄表人员工作量的原则，根据抄表的难易程度等因素为抄表段分配现场抄表人员和抄表数据操作人员（即负责下载、上传、录入人员）。

（2）根据抄表员执行情况反馈、抄表人员轮换要求、抄表工作量统计情况，提出抄表人员调整要求，待审批通过后对没有在途抄表任务的抄表人员进行调整，同时建立包含原抄表段编号、调整后抄表段编号、调整日期、调整人员、调整原因等内容的调整日志。

4. 抄表工作质量要求

每月 25 日以后的抄表电量不得少于月售电量的 70%，其中，月末 24h 的抄表电量不得少于月售电量的 35%（《国家电网公司营业抄核收工作管理规定》第九条）。

【思考与练习】

1. 新建抄表段应注意哪些事项？
2. 在哪些情况下需要调整抄表段？
3. 在哪些情况下需要调整抄表方式？
4. 在哪些情况下需要调整抄表周期？

模块 2　抄表机管理（Z25E1002 Ⅰ）

【模块描述】本模块包含抄表机的发放、返修、返还、报废申请及故障维护等内容。通过概念描述、术语说明、图解示意、要点归纳，掌握抄表机管理的内容和方法。

【模块内容】

抄表机又称抄表器、抄表微机、掌上电脑、手持终端、数据采集器等。使用抄表机能加强抄表管理，提高抄表质量和提高工作效率。它除代替抄表册外，还能存储大量客户信息，同时在现场可对简单客户进行电费测算，判断客户用电有无异常。抄表工作结束后，可通过接口与计算机连接将抄表数据传入计算机。

抄表机应由专人集中管理，妥善保管，设专用橱柜放置，避免损坏。并建立健全抄表机领用制度及设备档案，对返修、返还、报废申请及故障维护等工作进行规范管理。

一、抄表机的发放

对新购入的抄表机应进行入库管理。对抄表机进行编号，在电力营销技术支持系统中设置状态为“入库”。发放抄表机时，将入库状态的抄表机分配给抄表员，则该抄表机的状态即变为“领用”。

（1）抄表员按抄表例日领取抄表机，检查抄表机能否正常开关，检查电池是否正常，电量是否充足。

（2）抄表机管理人员将抄表机发放给抄表员，记录抄表机编号、抄表机管理单位、领用人、领用数量、领用时间、抄表机型号等发放信息。

（3）抄表员对领用的抄表机必须妥善保管，防止丢失或损坏。

（4）抄表机发放功能界面图如图 1–2–1 所示。

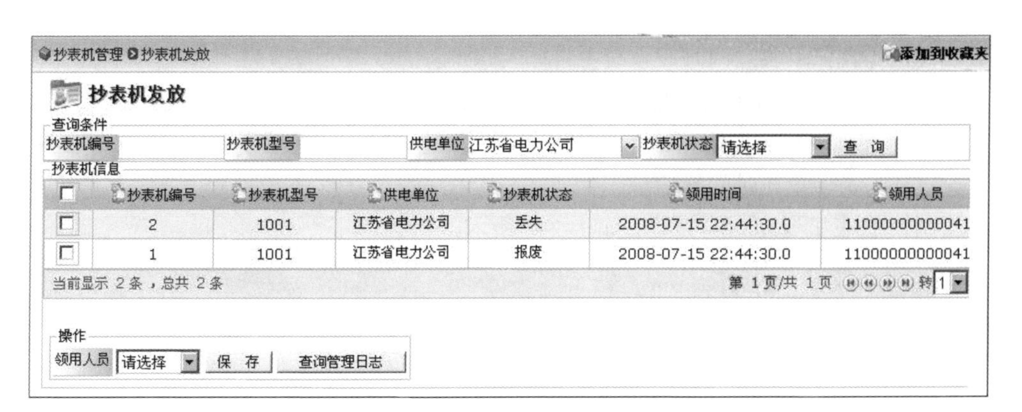

抄表机编号	抄表机型号	供电单位	抄表机状态	领用时间	领用人员
2	1001	江苏省电力公司	丢失	2008-07-15 22:44:30.0	11000000000041
1	1001	江苏省电力公司	报废	2008-07-15 22:44:30.0	11000000000041

图 1–2–1　抄表机发放功能界面图

（5）抄表机管理日志功能界面图如图 1–2–2 所示。

抄表机管理日志

查询管理日志

抄表机编号	抄表机型号	供电单位	抄表机状态	操作时间	抄表员	操作员
2	1001	江苏省电力公司	丢失	2008-07-15 22:45:01.0		1
2	1001	江苏省电力公司	领用	2008-07-15 22:44:30.0		1
2	1001	江苏省电力公司	报废	2008-07-15 20:14:57.0		1
2	1001	江苏省电力公司	领用	2008-07-15 20:14:23.0		1
2	1001	江苏省电力公司	领用	2008-07-15 20:11:39.0		1
2	1001	江苏省电力公司	领用	2008-07-15 17:16:28.0		1

当前显示 6 条，总共 6 条　　第 1 页/共 1 页 转 1 页

图 1–2–2　抄表机管理日志功能界面图

（6）操作过程描述：

1）启动程序，进入“抄表机发放”页面，如图 1–2–1 所示。系统默认显示所有抄表机信息。选择或输入查询条件，点击【查询】按钮，系统根据查询条件组合，显示相应的抄表机信息。

2）选择一条或多条抄表机信息，只能处理本单位抄表机发放，所选抄表机必须处于“备用”状态，在操作中选择“领用人员”，点击【保存】按钮，系统提示成功或失败。

3）选择一条抄表机信息，点击【查询管理日志】按钮，弹出“抄表机管理”窗口，如图 1–2–2 所示，可查询抄表机管理日志。

二、抄表机的返还

（1）抄表员完成工作后，按照规定的时间把抄表机送交抄表机管理人员。填写抄

表机交接签收记录表。同时在系统中将非入库状态的抄表机修改为“入库”状态。

（2）抄表机应防止抄表数据丢失，要求有硬盘、软盘或其他方式备份。

（3）在抄表员工作调整、人员转出、抄表机返修时，应返还抄表机，记录返还原因、返还人员、返还时间等信息。

（4）抄表机返还功能界面图如 1–2–3 所示。

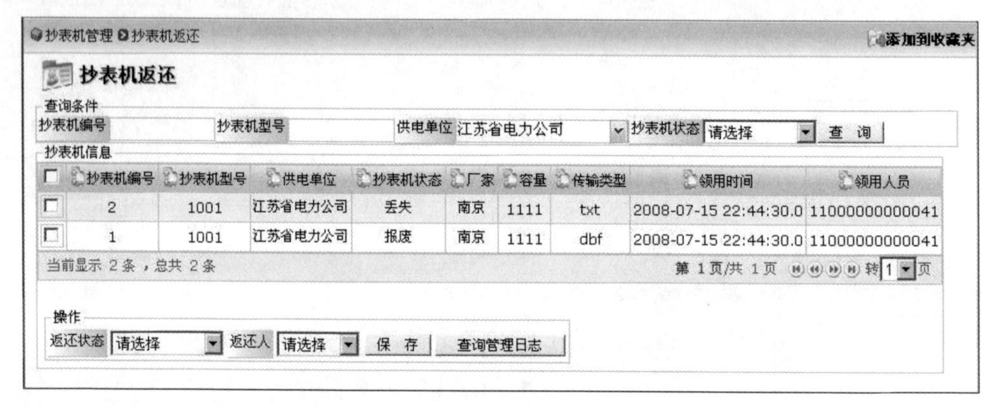

图 1–2–3 抄表机返还功能界面图

（5）抄表机管理日志功能界面图如图 1–2–4 所示。

http://172.23.0.92:7011 - 抄表机管理 - Microsoft Internet Explorer

抄表机管理日志

查询管理日志

抄表机编号	抄表机型号	供电单位	抄表机状态	操作时间	抄表员	操作员
1	1001	江苏省电力公司	报废	2008-07-15 22:44:48.0		1
1	1001	江苏省电力公司	领用	2008-07-15 22:44:31.0		1
1	1001	江苏省电力公司	报废	2008-07-15 21:41:43.0		1
1	1001	江苏省电力公司	领用	2008-07-15 21:41:30.0		1
1	1001	江苏省电力公司	领用	2008-07-15 20:05:13.0		1
1	1001	江苏省电力公司	领用	2008-07-15 17:05:31.0		1
1	1001	江苏省电力公司	领用	2008-07-15 17:04:51.0		1
1		江苏省电力公司	领用	2008-07-15 16:14:05.0		

当前显示 8 条，总共 8 条　　第 1 页/共 1 页 转 1 页

完毕　　Internet

图 1–2–4 抄表机管理日志功能界面图

（6）操作过程描述：

1）启动程序，进入“抄表机返还”页面，如图 1–2–3 所示。选择或输入查询条件，点击【查询】按钮，系统根据查询条件组合，显示相应的抄表机信息。

2）选择一条或多条抄表机信息，在操作中选择“返回状态”“返还人员”，只能处理本单位抄表机返还，校对抄表员返回抄表机类型、编号是否与领用一致，所选返还抄表机必须处于“领用”状态，点击【保存】按钮，系统提示成功或失败。

3）选择一条抄表机信息，点击【查询管理日志】按钮，弹出“抄表机管理日志”窗口，如图 1–2–4 所示。可查询抄表机管理日志。

三、抄表机的故障维护

（1）对抄表机进行定期检查，发现有故障或损坏的抄表机应及时鉴定，委托修复或进行更换，记录抄表机故障信息及修理结果。

（2）如抄表时抄表机发生损坏，应立即中断抄表，返回单位由专人对抄表机进行检查，同时填写抄表机损坏报告，并领用备用抄表机继续完成当日抄表定额。在系统中，应将需要修理的抄表机设置为“返修”状态。

（3）抄表机损坏无法修复时，向资产管理部门提出报废申请，在系统中将已经不能继续使用的抄表机设为“报废”状态。记录抄表机编号、报废原因、申请人员、申请日期等信息。

（4）使用抄表机应注意的如下事项：

1）必须及时给电池充电，防止抄表时电力不足。

2）抄表时若发现电力不足，应及时更新电池以防数据丢失。

3）抄表时，若光线太暗，请打开背光显示。

4）不要自行拆装维修抄表机，当抄表机处于颠簸运输状态下应采取减震措施。

5）长时间不用应将电池取出，防止电池漏液腐蚀抄表机。

6）液晶显示器较脆弱，使用时注意防止暴晒，禁止敲打、划伤、碰摔。

7）不要用手、有机溶剂或其他非柔性物品擦拭镜面，以保护显示区的整洁。

8）抄表机应避免接近高温、高湿和腐蚀的环境。

9）当外界温度有较大变化时，需调节显示器对比度，使抄表机处于最佳状态。

10）雨天中使用抄表机时，要采取防雨措施。抄表机若不慎进水，应及时取出电池，用电吹风的冷风或其他去湿设备清除机器内的积水，再送交维修。

11）当抄表机与计算机进行上（下）装数据出现异常时。首先检查抄表机与计算机连接与连接接口，确定其连接是否可靠。同时，检查抄表机电源是否打开，检查抄表机的传输速率与计算机设置是否一致，然后重新运行抄表机上装或下装程序。若仍不成功，则可以尝试更换抄表机的连接线或与另一台计算机连接后，再进行上装或下装。若属抄表机故障，抄表数据丢失，则需通知抄表人员到现场重新录入数据。

【思考与练习】

1. 如何进行抄表机发放、返还、报废？
2. 使用抄表机应注意哪些事项？
3. 当抄表机与计算机进行上（下）装数据出现异常时如何处理？

◢ 模块3 抄表计划管理（Z25E1003Ⅰ）

【模块描述】本模块包含抄表计划的制定和调整等内容。通过概念描述、术语说明、要点归纳，掌握抄表计划管理的内容和方法。

【模块内容】

抄表计划管理工作要按照各单位拟订的工作安排正常进行，定岗、定额、定任务，使所有工作人员都明确自己工作范围、职责。

抄表工作的安排，一般是根据各类客户数量、销售电量和电费回收总量等决定工作量的大小，同时再结合抄表方式及人员定编、工作定额制定例日工作方案。

一、抄表计划管理

抄表计划管理流程图如图1–3–1所示。

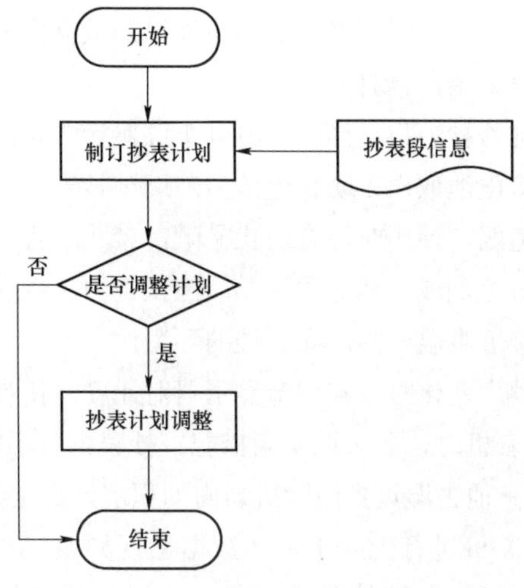

图1–3–1 抄表计划管理流程图

二、抄表计划

抄表计划是为了如期完成抄表工作，制订的各抄表段的抄表例日、抄表周期、抄表方式以及抄表人员等信息的计划。抄表计划的重点是抄表周期和抄表时间的设置。

1. 抄表周期

抄表周期是连续两次抄表间隔的时间。根据《国家电网公司营业抄核收工作管理规定》的规定，抄表周期按以下原则确定：

（1）对电力客户的抄表一般为每月一次。各地可根据实际情况，对居民客户实行双月抄表。

（2）对用电量较大的用电客户每月可多次抄表。

（3）对临时用电客户、租赁经营用电客户以及交纳电费信用等级较差的客户，应视其电费收缴风险程度，实行每月多次抄表并按国家有关规定或约定，预收或结算电费。

（4）对高压新装客户应在接电后的当月进行抄表。对在新装接电后当月抄表确有困难的其他客户，应在下一个抄表周期内完成抄表。

（5）对实行远程抄表及（预）购电卡表客户，至少每三个抄表周期对客户用电计量装置记录的数据进行现场核抄。对按照时段、阶梯、季节等方式计算电量电费的（预）购电卡表客户，每个抄表周期应到现场抄表。

2. 抄表例日

根据《国家电网公司营业抄核收工作管理规定》的规定，抄表例日按以下原则确定：

（1）每月 25 日以后的抄表电量不得少于月售电量的 70%，其中，月末 24h 的抄表电量不得少于月售电量的 35%。

（2）根据营业区范围内客户数量、客户用电量和客户分布情况确定客户抄表例日。

（3）抄表例日应考虑抄表、核算、发行的工作量，确保抄表、核算、发行工作任务能及时完成。

（4）在具体编排过程中，还需考虑许多其他因素：

1）合同约定。对于在供用电合同中明确约定了抄表日期的客户，在确定抄表例日时，一定要遵循供用电合同中的约定。

2）线损统计的准确性。抄表例日应合理安排，防止因抄表例日安排不科学，使供电量、售电量统计区间和统计天数不一致，造成线损率波动。如某配电变压器台区的一低压新装客户，其抄表日期的确定应与该配电变压器台区内其他客户一致。

3）电费回收情况。抄表例日向月末后移必然增大电费回收考核压力，同时也可能面临抄表力量不够的困难，因此在确定抄表例日时，必须考虑到电费回收的现实要求，合理确定抄表例日。每月多次抄表的客户，抄表日必须安排在应收电费发生的日历月内。

4）其他。对多电源供电客户，各电源点应尽量考虑安排在同一天抄表；安装了多功能电能表并按最大需量计算基本电费的客户，抄表时间必须与表内设定的抄表日同步。

例如某省电力公司抄表日期安排如下：

a. 低压电力客户抄表例日安排在每月15日前完成抄表工作。

b. 315kVA以下容量电力客户抄表例日安排在每月25日前完成抄表工作。

c. 315kVA及以上容量电力客户抄表例日安排在每月25日后完成抄表工作。

d. 月用电量超过100万kWh以上电力客户，抄表例日安排在月末24h抄表。

对于目前采用智能电能表的供电企业，抄表例日时抄表均应抄录智能电能表上月月末示数冻结值。

三、抄表计划制定和调整

根据抄表段的抄表例日、抄表周期以及抄表人员等信息以抄表段为单位产生抄表计划。经过审批调整抄表计划。

1. 制订抄表计划

在每月抄表工作开始前，应由抄表班负责人使用电力营销技术支持系统抄表计划管理功能，根据抄表段的抄表例日、抄表周期以及抄表人员等信息生成抄表计划，经过个别维护后，做好该月的抄表计划。采用负控、集抄方式抄表的客户，应单独设立抄表段，制订抄表计划。

抄表计划生成后，即可按计划进行抄表。对无法完成的，可按规定的流程调整抄表计划。

2. 抄表计划执行的注意事项

抄表计划一经生成就不能随意调整，这是因为：

（1）抄表计划的变化会引起线损的正确计算。

（2）抄表计划的变化会影响功率因数、基本电费、变压器损耗的正确计算。

（3）调整抄表计划还会影响到电费回收。

（4）若遇电价调整，抄表计划变化会引起电费纠纷。

（5）抄表周期变化不利于客户核算成本和产品单耗管理。

3. 调整抄表计划

当无法按抄表计划进行抄表时，经过审批在系统中对抄表计划中的抄表方式、抄表日期、抄表员等抄表计划属性进行调整，或终止已经生成的计划。

例如：由于灾害性天气、公共假期等原因，临时调整抄表例日；由于人员临时出差调整抄表员；由于集抄、负控终端故障造成区段抄表数据招测失败，临时将抄表方式改为抄表机抄表等。

抄表计划调整流程图如图1–3–2所示。

4. 注意事项

（1）客户抄表日期一经确定不得擅自变更，如需调整抄表日期的，必须上报审批。

（2）抄表日期变更时，应考虑到客户对阶梯电价的敏感性，抄表责任人员必须事前告知客户。

（3）新装客户的第一次抄表，必须在送电后的一个抄表周期内完成，严禁超周期抄表。

（4）对每月多次抄表的客户，严格按“供用电合同”条款约定的日期进行抄表。

（5）抄表计划的调整只影响本次的抄表计划，下次此抄表段生成抄表计划时，仍然是按照区段的原始数据形成计划。如果想彻底修改，需要到抄表段管理中进行调整。

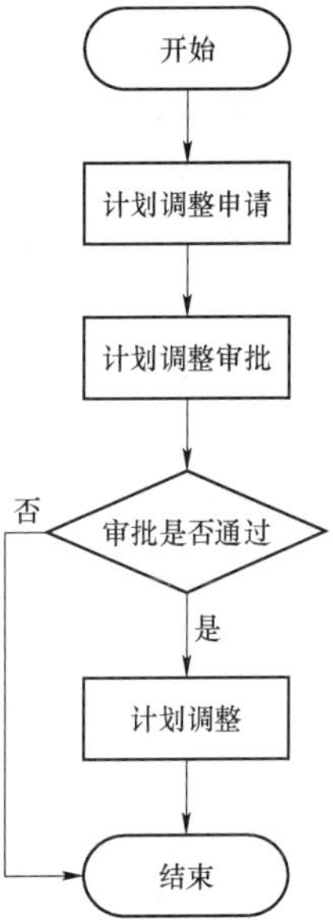

图1-3-2　抄表计划调整流程图

【思考与练习】

1. 抄表周期的确定应遵循哪些原则？
2. 抄表例日的确定应遵循什么原则？还应考虑哪些因素？
3. 如何制定抄表计划？
4. 制定和调整抄表计划有哪些注意事项？

模块4　抄表数据准备（Z25E1004Ⅰ）

【模块描述】本模块包含客户档案数据、客户变更信息以及抄表数据等内容。通过概念描述、术语说明、要点归纳，掌握抄表数据准备的内容及方法。

【模块内容】

抄表数据准备是指根据抄表计划和抄表计划的调整内容，获取抄表所需的客户档案数据及未结算处理的客户变更信息，生成所需的抄表数据，为本次抄表采集新的抄表数据以及下次抄表做准备。

一、客户档案数据

与抄表计费有关的客户档案数据内容主要有客户基本档案信息、客户计量点信息、客户计费信息。其中以下数据需要抄表员关注，现场进行抄表信息核对。

（1）客户基本档案信息：用电地址、用电类别、供电电压、负荷性质、合同容量。

（2）客户计量点信息：综合倍率、互感器电流变比、互感器电压变比。

（3）客户计费信息：用户电价、电价行业类别、功率因数标准、是否执行峰谷标志等。

二、客户变更信息

除正常抄表外，抄表数据还来源于变更、退补、示数撤回等。

例如，抄表机下装时，电力营销技术支持系统出现"××××客户处于变更中"的显示，表示客户正处于用电变更中，选择继续下装，下装的是该客户变更前的档案信息。在计算电费之前，收到该客户变更流程已经结束、信息已归档的通知，可根据客户信息变更的类型，对该户执行档案更新，重新提取档案和提取示数，提取的是变更后的抄表数据及档案信息，之后方可继续下一步的电费计算。

三、抄表数据

（一）抄表数据的主要内容

抄表数据的主要内容有：资产号、客户编号、客户名称、用电地址、电价、陈欠总金额、示数类型、本次示数、上次示数、综合倍率、抄表状态、抄表异常情况、上次抄表日期、本次抄表日期、抄见电量、上月电量、前三月平均电量、电费年月、抄表段编号、抄表顺序、表位数、联系人、联系电话。

红外抄表还应有以下几项数据：红外标志、实际抄表方式、表计对时前日期、表计对时前时间、是否是新装增容户、是否是变更户、资产编号。

（二）抄表数据准备工作的内容和方法

在生成抄表计划时，系统将根据当前的档案信息，自动生成抄表数据，以提供给抄表员下装抄表。抄表数据准备应在抄表计划日当日及之前完成。抄表数据准备前，应尽可能归档信息变更的客户，确保客户档案信息与现场一致。

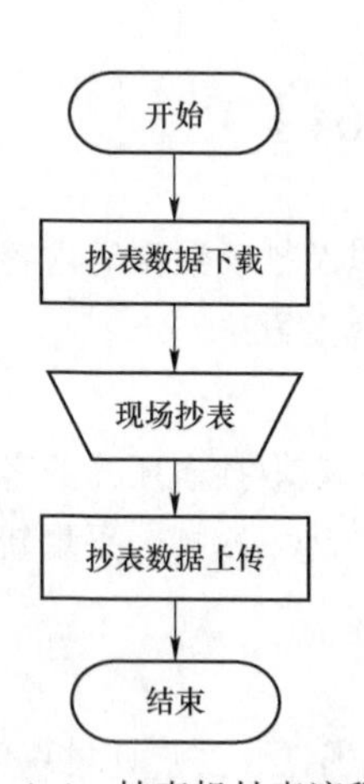

图 1–4–1　抄表机抄表流程图

（1）信息归档后在系统内准备抄表数据。

（2）数据准备必须在抄表计划日当日或之前操作。

（3）如果抄表计划为自动化抄表，则将抄表数据自动发送给电量信息采集模块。

（4）抄表机抄表流程图如图 1–4–1 所示。

（5）抄表数据下载。根据抄表计划，于抄表例日下载各抄表段的抄表数据或打印抄表清单，简称下装。

采用抄表机抄表方式的，抄表员进行下装后，新的抄表数据就下载到了抄表机中；采用手工抄表方式的，抄表员将抄表数据打印到抄表清单上。

（6）打印变更信息，便于现场核对。

（7）打印抄表通知单、催费通知单，之后到现场抄表。

（8）抄表数据上传。

抄表数据上传简称上装。原则上要求抄表当天上传抄表数据。

现场抄表机抄表完成后，按区段对抄表信息进行上装，将机内的抄表数据上传到营销技术支持系统，上传的主要抄表信息包括抄表段编号、客户编号、电能表资产号、示数类型、本次抄表示数、抄表状态、抄见电量、抄表异常情况；现场手工抄表结束后，抄表员应录入抄表清单或抄表卡片记录的抄表数据和异常信息；现场IC卡抄表完成后，将IC卡插入读卡器读出抄表卡中的信息，经复核、写卡后上装。

当抄表机与计算机进行上（下）装数据出现异常时。首先检查抄表机与计算机连接与连接接口，确定其连接是否可靠。同时，检查抄表机电源是否打开，检查抄表机的传输速率与计算机设置是否一致，然后重新运行抄表机上（下）装程序。若仍不成功，则可以尝试更换抄表机的连接线或与另一台计算机连接后，再进行上（下）装。若属抄表机故障，抄表数据丢失，则需通知抄表人员到现场重新录入数据。

上装时如遇到数据接收不成功的抄表段，可通过抄表机软件的数据接收和发送功能将抄表机内的数据备份到硬盘，终止、再恢复计划重新下装后，将备份的数据再发送到抄表机当中重新进行上装操作。

（9）打印未抄表客户明细及时补抄。

（10）注意事项：

1）抄表数据的下装应严格按抄表计划进行，抄表员须按例日进行下装操作。

2）下装时应注意核对抄表户数，检查抄表机内下载数据是否正确完整。

3）下装时要做好抄表机与服务器的对时工作。

4）下装抄表信息后，应核对抄表下装内容与抄表通知单、催费通知单等内容是否相符。

【思考与练习】

1. 抄表数据主要包括哪些内容？
2. 抄表数据下装时应注意什么？
3. 抄表数据准备工作的内容和方法？
4. 上装时如遇到数据接收不成功的抄表段如何处理？

模块5　现场抄表（Z25E1005Ⅰ）

【模块描述】本模块包含现场抄表的具体要求、抄表信息核对、计量装置的运行状态检查、抄表机抄表、手工抄表等内容。通过概念描述、术语说明、要点归纳、示例介绍，掌握现场抄表工作内容和方法，同时能在抄表过程中进行电能计量装置的运行状态检查。

【模块内容】

现场抄表是指现场抄表前的工作准备、现场抄表工作要求、现场异常处理及注意事项，现场不同抄表方式的相应要求及注意事项。

一、现场抄表的具体要求

（1）抄表工作人员应严格遵守国家法律法规和本电网企业的规章制度，切实履行本岗位工作职责。同时注意营销环境和客户用电情况的变化，不断正确地调整自己的工作方法。

（2）抄表人员应统一着装，佩戴工作牌。做到态度和蔼，言行得体，树立电网企业工作人员良好形象。

（3）抄表员应掌握抄表机的正确使用方法，了解个人抄表例日、工作量及地区收费例日与抄表例日的关系。

（4）抄表前应做好准备工作，备齐必要的抄表工具和用品，如完好的抄表机或抄表清单、抄表通知单、催费通知单等。

（5）抄表必须按例日实抄，不得估抄、漏抄。确因特殊情况不能按期抄表的，应按抄表制度的规定采取补抄措施。

（6）遵守电力企业的安全工作规程，熟悉电力企业各项反习惯性违章操作的规定，登高抄表作业落实好相关的安全措施；对高压客户现场抄表，进入现场应分清电压等级，保证足够的安全距离。

（7）严格遵守财经纪律及客户的保密、保卫制度和出入制度。

（8）严格遵守供电服务规范，尊重客户的风俗习惯，提高服务质量。

（9）做好电力法律、法规及国家有关制度规定的宣传解释工作。

二、抄表信息核对

抄表时要认真核对相关数据。对新装或有用电变更的客户，要对其用电容量、最大需量、电能表参数、互感器参数等进行认真核对确认，并有备查记录。抄表时发现异常情况要按规定的程序及时提出异常报告并按职责及时处理。

（1）核对现场电能表编号、表位数、厂家、户名、地址、户号是否与客户档案一致。

（2）核对现场电压互感器、电流互感器倍率等相关数据是否与客户档案一致。

（3）核对变压器的台数、容量；核对最大需量；核对高压电动机的台数、容量。

（4）核对现场用电类别、电价标准、用电结构比例分摊是否与客户档案相符，有无高电价用电接在低电价线路上，用电性质有无变化。

注意事项：

（1）应注意客户是否擅自将变压器上的铭牌容量进行涂改，是否将变压器上的铭牌去掉或使字迹不清无法辨认。

（2）对有多台变压器的客户，应注意客户变压器运行的启用（停用）情况，与实际结算电费的容量是否相符。

（3）对有多路电源电或备用电源的客户，不论是否启用，每月都应按时抄表，以免遗漏。同时应注意客户有无私自启用冷备用电源的情况。

抄表员在现场抄表时，必须做到：

（1）认真核对抄表机内电能表资产编号与现场是否一致，特别是对新客户或者发生变更用电的客户第一次抄表，必须认真核对确保数据正确。

（2）现场抄表，必须见表抄录示度。

（3）应根据电表计数器（液晶）上的示度抄录，一般客户抄全所有整数位数；如果客户装有计量互感器，还应抄录示数的小位数。

（4）对现场抄表过程中发现需要重新编排抄表顺序或需要调整抄表段的客户，做好记录，抄表完毕后进行调整，确保下月正常抄表。

（5）对于有分表的客户，除抄录客户的总表示度外，客户的所有分表也必须同步抄录。

（6）对于智能电能表、多功能表还应检查有无反向的有功、无功电量，如果有反向有功、无功电量，也应抄录反向有功、无功电量，并做好记录。多功能表的抄录时，要同时查看该表时钟。

（7）抄录当月最大需量的示度时，还必须抄录上月需量的冻结数，同时要查看该表日期是否正确。

（8）执行分时电价客户，需注意分时时间是否正确。

（9）抄表结束后，核对是否有漏抄客户并及时补抄。分时和无功电量。

抄表员在抄表过程中，应注意以下几方面：

（1）按照抄表计划抄表，对新客户发放缴费通知单并提出调整抄表线路的建议。

（2）抄表时要特别注意将整数位与小数位分清。字轮式计度器的窗口，整数位和小数位用不同颜色区分，中间有小数点“·”；若无小数点位，窗口各字轮均有乘系数的标识，如×10 000，×1000，×100，×10，×1，×0.1，个位数字的标注×1，小数位的标注×0.1 等。

（3）沿进户线方向或同一门牌内有两个或两个以上客户电表时，必须先核对电表表号后抄表，防止错抄。

（4）不得操作客户设备。

（5）借用客户物件需征得客户同意。

（6）对客户运行电能计量装置进行例行常规检查。如果发现或怀疑计量装置有故障，在现场不做处理结论，回公司后应及时开具工作联系单交相关班组或部门处理。

（7）如果发现客户有违约用电和窃电行为，应看好现场，并通知相关人员到现场处理，等人员到达现场后，方可离开。

（8）了解客户生产经营和财务运作状况，为及时足额回收电费提供依据。

（9）现场解答客户疑问，宣传安全、节约用电知识。

（10）对发现的抄表差错、电表故障及时进行处理工作的报办。

三、计量装置的运行状态检查

抄表前应对电能计量装置进行初步检查，看表计有无烧毁和损坏现象、分时表时钟显示情况、封印状态、互感器的二次接线是否正确等。如发现异常需记录下来待抄表结束后，填写工作单报告有关部门。必要时应立即电话汇报，并保护现场。具体检查项目包括电能计量装置故障现象检查和违约用电、窃电现象检查。

1. 电能计量装置故障现象检查

应注意观察：感应式电能表有无停走或时走时停，电能表内部是否磨盘、卡盘；计度器卡字、字盘数字脱落、表内发黄或烧坏、表位漏水或表内有汽蚀、潜动、漏电；电子式电能表脉冲发送、时钟是否正常，各种指示光标能否显示，分时表的时间、时段、自检信息是否正确；注意电子式电能表液晶故障是否有报警提示，如失压、失流、逆相序、超负荷、电池电量不足、过压等。

常见的电能表故障现象的检查：

（1）卡字：客户正常使用电能，但电能表的计数器停止不再翻转。如果发现电能表计数器中有一个或几个数字（不包括最后一位）始终显示一半，一般也会造成卡字。

（2）跳字：客户正常使用电能，但计数器的示数不正常地向上或向下翻转，造成客户电量得突增、突减。

（3）烧表：电能表容量选用不当、过负荷、雷击或其他原因导致电能表烧坏。

现场可以通过观察电能表外观有无异常现象来判别表是否烧坏：透过玻璃窗观察内部有无白、黄色斑痕，线圈绝缘是否被烧损，若发现电能表接线处烧焦、塑料表盖变形、铝盘和计数器运转异常，应检查电源是否超压；再检查保险丝是否熔断；若保险丝没有熔断，则说明保险丝容量大于电能表的额定电流值。

（4）潜动：潜动又称“无载自动”，也称空走。潜动是指电能表有正常电压且负载电流等于零时，感应式电能表的转盘仍然缓慢转动、电子式电能表脉冲指示灯还在缓慢闪烁的现象。

现场可以通过以下操作判断电能表是否潜动：在电能表通电的情况下，拉开负荷开关，观察电能表转盘是否连续转动，如转盘超过一转仍在转动，则可以判断该电能表潜动。

（5）表停：客户正在使用电能，电子表没有脉冲或机械表转盘不转。失压、失流、接线错以及其他表计故障均可能导致电能表不计量。电子式多功能电能表失压、失流时，应有失压、失流相别的报警或提示。

发现电能表不计量，通常先检查电能表进出线端子有无开路或接触不良，对经电压互感器接入的电能表，应检查电压互感器的熔丝保险是否熔断，二次回路接线有无松脱或断线，特别要注意皮连芯断的现象，检查电能表接线螺丝有无氧化、松动、发热、变色现象。

（6）接线错：检查互感器、电能表接线是否正确，如：电流互感器一次导线穿芯方向是否反穿，二次侧的 K1、K2 与电能表的进出线是否接反；三相四线电能表每相的电压线和电流线是否是相同相别。

对于单相机械式电能表，尤其注意中性线与相线的接线是否颠倒。电能表的相线、零线应采用不同颜色的导线并对号入孔，不得对调。因为这种接线方式在正常情况下也能正确计量电能，但在某些特殊情况下会造成漏计电能和增加不安全因素。如客户将自家的家用电器接到相线和大地相接触的设备（如暖气管、自来水管）之间，则负荷电流可以不流过或很少流过电能表的电流线路造成漏计电量，同时也给客户的用电安全带来了严重威胁。

注意分时、分相止码之和应该与总表码对应。当出现分时、分相止码之和与总表码不一致时，很可能是由于电能表接线错误造成的；注意逆相序提示，因为三相三线电能表或三相四线电能表逆相序安装接线都会造成计量错误；注意电流反向提示，电流反向有可能存在接线错误。

（7）倒走：感应式电能表圆盘反转。单相电能表接线接反、未止逆的无功表在客户向系统反送无功时、三相电能表存在接线错误、单相 380V 电焊机用电、电动机作为制动设备使用等都可能造成感应式电能表反转。

（8）表损坏：表计受外力损坏，包括外壳的损坏。

（9）电子表误发脉冲：客户没有用电或用电量很小时，电子表仍在不停地发脉冲计数。

（10）液晶无显示：电子表的液晶显示屏不能正常显示。

（11）其他：注意电池电量不足提示，电池电量不足时，显示屏“电池图标”会闪烁。如果电子表没有电池，会造成复费率表时钟飘移，分时计量不准；注意通信提示，当表计通信正常时，“电话图标”会在显示屏显示，安装了负控装置的计量装置通过通信端口，可以实现远程防窃电监控和停送电控制。

2. 违约用电、窃电现象检查

（1）检查封印、锁具等是否正常、完好。应认真检查核对表箱锁、计量装置的封印是否完好，电压互感器熔丝是否熔断，封印和封印线是否正常，有无封印痕迹不清、松动、封印号与原存档工作单登记不符、启动封印、无铅封的现象，防伪装置有无人为动过的痕迹。

（2）检查有无私拉乱接现象。

（3）检查有无拨码现象，注意核对上月电量与本月电量的变化情况。

（4）检查有无卡盘现象。

（5）查看接线和端钮，是否有失压和分流现象，重点是检查电压联片，有无摘电压钩现象。

（6）检查是否有绕越电表和外接电源，用钳表分别测电源侧电流以及负荷侧电流进行比较，也可以开灯试表、拉闸试表。

（7）检查有无相线和中性线反接，表后重复接地的：用钳形电流表分别测相线电流、中性线电流以及两电流的相量和（把相线和中性线同时放入钳形电流表内），正常现象是相线电流与中性线电流值相等，相线、中性线同时放入钳形电流表内应显示电流值为 0；反之，如果中性线电流大，相线电流很小，相线、中性线同时放入钳形电流表内电流值显示不为零且数值较大，则可确定异常。

3. 异常情况记录

把发现的异常情况或事项应记录在抄表机或异常清单上。

四、抄表机抄表

现场抄表机抄表：抄表人员在计划抄表日持抄表机到客户现场抄表，将电能表示数录入到抄表机，并记录现场发现的抄表异常情况。

注意事项：抄表前应检查确认抄表机电源情况，避免电力不足丢失数据的情况。

（1）首先进行抄表信息核对，核对无误后再开始抄表。

（2）然后进行计量装置的运行状态检查。发现电能表故障，应先按表计示数抄记，并在抄表机的指令栏内注明。

（3）开机进入抄表程序，根据抄表机的提示，按照抄表顺序或通过查询表号或客户快捷码找到待抄的客户，并将抄见示数逐项录入到抄表机内。

1）抄录电能表示数，照明表抄录到整数位，电力客户表应抄录到的小数位按照本单位规定执行。靠前位数是零时，以“0”填充，不得空缺。

2）出现抄录错误时，应使用删除键删除错误，再录入正确数据。

3）对按最大需量计收基本电费的客户，抄录最大需量时，应按冻结数据抄录，必须抄录总需量及各时段的最大需量，需量指示录入，应为整数及后 4 位小数。抄录机械式最大需量表后，应按双方约定的方式确认，将需量回零并重新加封。并以免事后发生争执。

抄录需量示数时除应按正常规定抄表外，还必须核对上月的需量冻结值，若发生冻结值大于上月结算数据时，必须记录上月最大需量，回公司后，填写《补收基本电费申请单》。

4）抄录复费率电能表时，除应抄总电量外，还应同步抄录峰、谷、平的电量，并核对峰、谷、平的电量和与总电量是否相符。同时检查峰、谷、平时段及时钟是否正确。注意分时、分相止码之和应该与总表码相符。当出现分时、分相止码之和大于总表码时，很可能是由于表计接线错误造成的。如有问题，应填写工作单交有关人员处理。

5）对实行力率考核客户的无功电量按照四个象限进行抄录，或按照本单位的规定抄录（如组合无功）。无功表电量必须和相应的有功表电量同步抄表，否则不能准确核算其功率因数和正确执行功率因数调整电费的增收或减收。

6）有显示反向电能时，必须抄录反向有功、无功示数。

7）如电能表有失压的报警或提示，则必须抄录失压记录。

8）对具备自动冻结电量功能的电能表，还应抄录冻结电量数据。

9）注意总表与分表的电量关系是否正常。

（4）现场抄表，发现封印脱落、表位移动、高价低接、用电性质发生变化等违约用电现象时，应在抄表机中键入异常代码。

（5）抄表时如对录入的数据有疑问，应及时进行核对并更正。

（6）抄表过程中，遇到表计安装在客户室内，客户锁门无法抄表时。抄表员应设法与客户取得联系入户抄表，或在抄表周期内另行安排时间补抄。对确实无法抄见的一般居民客户，可参照正常用电情况估算用电量。但必须在抄表机上按下抄表“估抄”键予以注明。允许连续估抄的次数按本单位规定执行。如系经常锁门客户，应向公司建议将客户表计移到室外。

（7）使用抄表机的红外抄表功能抄表：通过查询表号或客户号定位后，选择红外抄表功能，近距离对准被抄电能表扫描，既能抄录所有抄表数据。

（8）对现场抄表过程中发现需要重新编排抄表顺序或需要调整抄表段的客户，做好记录，抄表完毕后进行调整，确保下月正常抄表。

（9）对用电量较小的专变客户和连续六个月电量为零的客户，应查明原因，发现异常应填写工作单报告给相关部门。

（10）对具备红外线录入数据功能的抄表机抄表，除发生数据读取异常外，不应采用手工方式录入数据，同时应在现场完成电能表计度器显示数据与红外抄见数据的核对和电能表校时工作。

（11）抄表时进行计量装置外观完好情况检查，如电能表运行情况、接线情况、表计封印等是否存在异常。如发现表计烧坏、停走、空走、倒走、卡字、封印缺少、表计丢失、客户违章用电、窃电、用电量突增、突减等情况，需记录下来待抄表结束后，填写工作单报告有关部门；必要时应立即电话汇报，并保护现场。

（12）现场抄表结束时，应使用抄表机查询功能认真查询是否有漏抄客户，如有漏抄应及时进行补抄。

五、手工抄表

抄表人员按抄表周期在抄表例日持抄表清单到客户现场准确抄表。经核对抄表信息以及检查计量装置运行状态之后，记录抄见示数，并记录现场发现的抄表异常情况。

（1）抄表必须保质保量、按期到位、抄录准确，严禁违章作业，不得估抄、漏抄。确因特殊情况不能按期抄表的，应按抄表制度的规定采取补抄措施（《国家电网公司营业抄核收工作管理规定》第十条）。

（2）抄表时要认真核对相关数据。对新装或有用电变更的客户，要对其用电容量、最大需量、电能表参数、互感器参数等进行认真核对确认，并有备查记录（《国家电网公司营业抄核收工作管理规定》第十二条）。

（3）抄表人员在计划抄表日持抄表清单到客户现场抄表，记录抄见示数。

（4）对现场抄表过程中发现需要重新编排抄表顺序或需要调整抄表段的客户应做好记录，抄表完毕后进行调整，确保下月正常抄表。

（5）抄表时须认真核对抄表清单记录的电能表资产编号与现场是否一致，特别是对新客户或者发生变更用电的客户第一次抄表，必须认真核对确保数据正确。

（6）对用电量较小的专变客户和连续六个月电量为零的客户，应查明原因，发现异常应填写工作单报告给相关部门。

（7）按电能表有效位数全部抄录电能表示度数，靠前位数是零时，以“0”填充，不得空缺，且必须上下位数对齐。

（8）出现抄录错误时，应用删除线划掉，在删除数据上方再填写正确数据。

（9）抄表清单应保持整洁，完整，必须用蓝黑色墨水或碳素笔填写，增减数字时使用红色墨水，禁止使用铅笔或圆珠笔。

（10）抄表时进行计量装置外观完好情况检查，如电能表运行情况、接线情况、表计封印等是否存在异常。如发现表计烧坏、停走、空走、倒走、卡字、封印缺少、表计丢失、客户违章用电、窃电、用电量突增、突减等情况，需记录下来待抄表结束后，填写工作单报告有关部门；必要时应立即电话汇报，并保护现场。

（11）抄表人员应在计划抄表日当天到现场抄表。

手工抄表流程图如图 1-5-1 所示。

六、IC 卡抄表

抄表人员按抄表周期在抄表例日持抄表 IC 卡到客户电能表现场，经核对抄表信息以及检查计量装置运行状态之后，将 IC 卡插入预付费电能表，待表中数据读取到卡中后，抽出抄表卡，抄表结束。

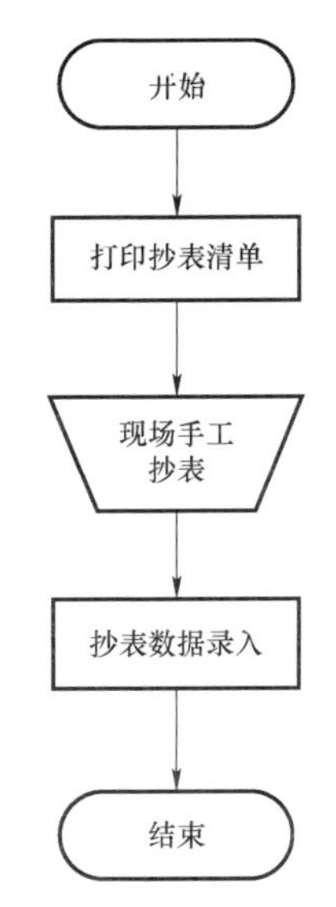

图 1–5–1　手工抄表流程图

七、现场抄表安全事项

（1）上变台抄表时应从变压器低压侧攀登，应戴好安全帽、穿绝缘鞋，抄表工作应由两人进行，一人操作，一人监护，并认真执行工作票制度。

（2）应检查登高工具（脚扣、登高板、梯子）是否齐全完好，使用移动梯子应有专人扶持，梯子上端应固定牢靠。

（3）抄表人员应使用安全带，防止脚下滑脱造成高空坠落。

（4）观察是否有马蜂窝，防止被蜇伤。

（5）抄表人员要与高低压带电部位保持安全距离（10kV 及以下，0.7m），防止误触设备带电部位。

（6）雷电天气时严禁进行登高抄表。

八、案例

【例 1–5–1】某公司异常事项记录类别。

某供电公司异常事项记录类别如表 1–5–1 所示。

表 1–5–1　　某供电公司异常事项记录类别

序号	异常现象	序号	异常现象	序号	异常现象	序号	异常现象
1	未抄	10	已抄表	19	TA 爆炸	28	电价错
2	正常	11	表停（盘停）	20	A 失压	29	箱无锁
3	锁门	12	档案错	21	B 失压	30	表箱坏
4	表烧	13	潜动	22	C 失压	31	户变变系错
5	故障	14	接线错	23	失压	32	表箱倾斜
6	表盗	15	液晶损	24	无铅封	33	表箱漏电
7	倒转	16	断熔丝	25	容量错	34	表位数错
8	过零	17	表损坏	26	倍率错	35	估抄
9	过零倒转	18	表异常	27	波动大		

【例 1–5–2】估抄电量出差错，应急不足被投诉。

[事件过程]

在居民抄表例日，抄表员赵某因雨雪冰冻不便出门。没有按照以往的周期抄表，而是对客户王某的电能表指示数进行估测，超出实际电量 350kWh，达到了客户平均月用电量的 3 倍多。当客户接到电费通知单后，与抄表员联系要求更正，但抄表员以工作忙为由，未能进行及时解决，造成客户不满，向报社反映此事，当地报社对此事进行了报道。

[造成影响]

事件发生后，当地报社以“抄表员查电竞靠猜”为题对事件进行了报道，引发了当地客户对供电公司职工的工作态度、责任心和抄表准确性的质疑，严重破坏了供电公司的形象，并造成了较大的负面影响。

[应急处理]

事件发生后，该供电公司立即派人上门核实现场情况，主动道歉，按实际电量重新计算电费，并对责任人进行考核。同时，请宣传部门协调报社，联合推出供电服务热线接听栏目，扭转不利影响。

[违规条款]

本事件违反了以下规定：

（1）《供电营业规则》第八十三条：“供电企业应在规定的日期抄录计费电能表读数。”

（2）《国家电网公司供电服务规范》第十九条第一款：“供电企业应在规定的日期准确抄录计费电能表读数。因客户的原因不能如期抄录计费电能表读数时，可通知客户待期补抄或暂按前次用电量计收电费，待下一次抄表时一并结清。确需调整抄表时间的，应事先通知客户。”

（3）《国家电网公司供电服务规范》第四条第二款：“真心实意为客户着想，尽量满足客户的合理要求。对客户的咨询、投诉等不推诿、不拒绝、不搪塞，及时、耐心、准确地给予解答。”

（4）《国家电网公司员工服务“十个不准”》第四条：“不准对客户投诉、咨询推诿塞责。”

[暴露问题]

（1）抄表员在服务意识、工作态度、责任心等方面有待进一步提升，规章制度执行不严、学习掌握不彻底，未真正使服务规范、工作标准落实到工作人员的思想和行动上。

（2）对投诉事件响应处理不及时。抄表员对事态发展可能带来的影响估计不足，认识不深刻，处理不及时，失去了正确处理的最佳时机，从而扩大了负面影响，形成被动局面。

（3）电费核算工作质量不高，未能及时发现电量异常，失去了控制事件发展的机会。

［点评］

抄、核、收工作是供电企业与客户交易结算的终端环节，是供用电双方公平交易的具体体现，也是客户最关注的服务内容之一。日常工作中，严格执行有关规章制度，培养员工高度的责任心和工作中的自觉规范意识，是做好抄、核、收工作的基本保障。本案例中，抄表员赵某以如此不负责任的态度对待客户，想要客户满意可就难了!与塑造供电企业良好服务形象要求的差距就更远了!

【例 1–5–3】规定日期未抄表，客户无法正常缴费。

［事件过程］

2010 年 4 月 12 日，电信公司的宋先生向 95598 反映从申请用电至今 6 个月了，只抄过一次表缴过一次电费。后经调查了解，宋先生在申请用电时填写的用电地址不对，抄表员在 2009 年 12 月和 2010 年 2 月两次抄表时都没有找到新安装的表计，便没有抄表。2010 年 4 月抄表时，抄表员才向所在班组的组长反映，组长随即查找勘察单才找到该户表计，并在 4 月发行了电费。

［应急处理］

事情反映后，及时与客户沟通，更正客户档案，并发行电费。

［违反条规］

《供电营业规则》第八十三条："供电公司应在规定的日期抄录计费电能表读数"。

［点评］

该户在系统中的用电地址不对，导致抄表员两次抄表时都没有找到该户表计，但抄表人员也未及时与业务受理、业务勘察、装表接电人员沟通，主动查找客户相关信息。而勘察人员、装表人员责任心需要加强，没有尽到应有的注意义务，致使录入系统的错误信息未及时更改，连环相扣导致电量未及时发行。正确地抄录电能表读数，准确地核算票据，及时地发行电量是供用电双方公平交易的具体体现，也是供电企业经营效益提升的重要保证。

营销各项业务相互关联，应树立"上道工序为下道工序服务，下道为上道工序补台"的意识，工作中存在的问题及时发现，及时协调解决。

【例 1–5–4】电能表表尾电流线反接一相窃电。

［事件过程］

抄表员现场抄表时发现某客户现场表箱铅封及锁被人为破坏，箱内电能表表尾铅封不见，电能表液晶显示$-I_b$（如图 1–5–2 所示），检查电表接线发现 B 相电流线反接（如图 1–5–3 所示），抄表员及时上报异常情况并保护现场。经用电检查人员现场取证后，发现电能表少计 2/3 电量。客户当场对窃电行为供认不讳，并在违章、窃电通知书上签字。

［点评］

在这起案件中，抄表员认真检查计量装置运行状态、及时上报并保护现场对这起窃电案的取证和处理起到了关键作用。

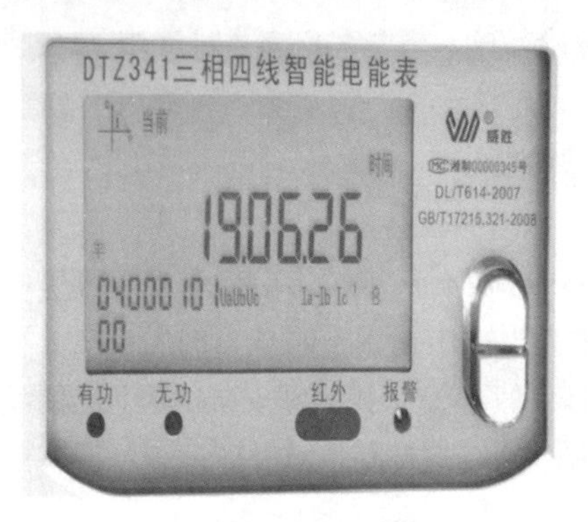

图 1–5–2　电能表液晶显示

图 1–5–3　电能表接线端子

【思考与练习】

1. 现场抄表有哪些具体要求？
2. 抄表时应核对哪些信息？
3. 如何进行计量装置的运行状态检查？
4. 如何分析判断简单的窃电现象？
5. 如何进行抄表机抄表和手工抄表？
6. 登高抄表落实好哪些安全措施？

◢ 模块 6　自动化抄表（Z25E1006 Ⅰ）

【模块描述】本模块包含本地自动抄表技术、远程自动抄表技术、电力负荷管理技术等内容。通过概念描述、术语说明、系统结构讲解、要点归纳、示例介绍，了解自动化抄表系统的抄表原理和作用，能使用自动化抄表系统进行数据采集。

【模块内容】

本模块自动化抄表内容，主要讲解自动化抄表技术及远程自动抄表系统的构成。

获取抄表数据的抄表方式中除了手工抄表、抄表机抄表、IC卡抄表之外，还有处于不断丰富和发展中的自动化抄表方式，自动遥抄客户端电能表记录数据。自动化抄表技术包括本地自动抄表技术、远程自动抄表（集中抄表）、电力负荷管理技术以及通过电力客户用电信息采集系统技术。

对采用自动化抄表方式的客户，应定期（至少3个月内）组织有关人员进行现场实抄，对远抄数据与客户端电能表记录数据进行一次校核。校核可采用抽测部分客户、采集多个不同时间点的抄表数据的方法，并保持远抄数据与客户端电能表记录数据采集时间的一致性。

如因故障不能取得全部客户抄表数据或对数据有疑问，可采用其他抄表方式补抄。

一、本地自动抄表技术

本地自动抄表指计量电能表的抄表数据是在表计运行的现场或本地一定范围内通过自动方式而获得。本地自动抄表系统是远程抄表系统的本地环节，目前主要用于现场监察、故障排除和现场调试，而早期的系统则主要用于抄表。

1. 本地红外抄表

本地红外抄表是利用红外通信技术实现的，若干电能表连接到一台红外采集器上，采集器完成对某一表箱中的所有电表的电量采集，抄表员手持红外抄表机到达现场，接收每块采集器中的抄表数据，然后返回主站，将红外抄表机中已抄收的电能表数据传送到主站计算机。

2. 本地RS485通信抄表

本地RS485通信抄表，是利用RS485总线将小范围的电表连接成网络，由采集器通过RS485网络对电能表进行电量抄读，并保存在采集器中，再通过红外抄表机或RS485设备现场抄读采集器内数据，抄表机与主站计算机进行通信，实现电量的最终抄读。

二、远程自动抄表抄表技术

远程自动抄表技术是利用特定的通信手段和远程通信介质将抄表数据内容实时传送至远端的电力营销计算机网络系统或其他需要抄表数据的系统。也称集中抄表系统。抄表时操作人员可以直接选择抄表段抄表即可以完成自动抄表，并可以采用无人干预方式自动抄表。

1. 远程自动抄表系统的构成

远程自动抄表系统种类很多，基本上由电能表、载波采集器、信道、集中器、主站组成。

（1）电能表为具有脉冲输出或RS485总线通信接口的表计，如脉冲电能表、电子式电能表、分时电表、多功能电能表。

（2）载波采集器是通过 RS485 接口进行电能表数据采集，并以载波中继形式将电表数据传送给集中器，从而实现电表数据载波通信的功能。

（3）信道即数据传输的通道。远程自动抄表系统中涉及的各段信道可以相同，也可以完全不一样，因此可以组合出各种不同的远程抄表系统。其中，集中器与主站之间的通信线路称为上行信道，可以采用电话线、无线（GPRS/CDMA/GSM）、专线等通信介质；集中器与采集器或电子式电能表之间的通信线路称为下行信道，主要有 485 总线、电力线载波两种通信方式。

（4）集中器主要完成与采集器的数据通信工作，向采集器下达电量数据冻结命令，定时循环接收采集器的电量数据，或根据系统要求接收某个电能表或某组电能表的数据。同时根据系统要求完成与主站的通信，将客户用电数据等主站需要的信息传送到主站数据库中。

（5）主站即主站管理系统，由抄表主机和数据服务器等设备组成的局域网组成。其中抄表主机负责进行抄表工作，通过网络 TCP/IP 协议与现场集中器进行通信，进行远程集中抄表，并存储到网络数据库，并可对抄表数据分析，检查数据有效性，以进行现场系统维护。

2. 载波式远程抄表

电力线载波是电力系统特有的通信方式。其特点是集中器与载波电能表之间的下行信道采用低压电力线载波通信。载波电能表由电能表加载波模块组成。每个客户室内装设的载波电能表就近与交流电源线相连接，电能表发出的信号经交流电源线送出，设置在抄表中心站的主机则定时通过低压用电线路以载波通信方式收集各客户电能表测得的用电数据信息。上行信道一般采用公用电话网或无线网络。

3. GPRS 无线远程抄表

GPRS 无线远程抄表是近年来发展较快的抄表通信方式。其特点是集中器与主站计算机之间的上行信道采用 GPRS 无线通信。集中器安装有 GPRS 通信接口，抄表数据发送到中国移动的 GPRS 数据网络，通过 GPRS 数据网络将数据传送至供电公司的主站，实现抄表数据和主站系统的实时在线连接。

CDMA、GSM 与 GPRS 无线远程抄表原理相似。

4. 总线式远程抄表

总线式远程抄表在集中器与电能表之间的下行信道采用，目前主要采用 RS485 通信方式，总线式是以一条串行总线连接各分散的采集器或电子式电能表，实行各节点的互联。集中器与主站之间的通信可选电话线、无线网、专线电缆等多种方式。

5. 其他远程抄表

抄表系统有很多种方式，随着通信技术的不断发展，无线蜂窝网、光纤以太网等远程通信方式也逐渐应用于电能表数据的远程抄读。

三、电力负荷管理技术

电力负荷管理系统是运用通信技术、计算机技术、自动控制技术对电力负荷进行全面管理的综合系统。该系统能够监视和控制地区及专变客户的用电负荷、电量、用电时间段等。其主要功能是遥控、遥信、遥测。各地供电企业在不断强化电力负荷管理系统基本功能的基础上，不断扩充了电力负荷管理系统的新功能。远方自动抄表功能已成为电力负荷管理系统这个综合系统的众多功能之一。

利用负荷管理系统对大客户进行远方抄表时必须严格按例日抄表，由负控员在负控系统中召测数据，电费抄核收人员通过局域网，登录系统按例日将各抄表段的抄表数据读回到营销技术支持系统中，实现自动远程抄读客户的各类用电量、电能表示数等数据，核对后用于电费结算，并及时了解实施预购电费客户的剩余电费情况，以及时提示客户预缴电费。

四、案例

集中抄表系统主要完成抄表数据的自动采集，同时能够利用自动化抄表系统的采集数据，对现场采集对象的运行状态进行监督管理。

【例 1–6–1】低压电力线载波集抄系统自动抄表。

［事件过程］

某供电公司采用低压电力线载波集抄系统自动抄表，抄表例日前分别遥抄多份数据以作备份，抄表例日当天再抄读例日数据，可以根据需要来设定自动抄表或人工集抄。

（1）进入集抄系统，选择台区，连接到该台区的集中器。

（2）进入到该集中器，口令检测成功后，表示主站与集中器连接上了。

（3）选择远程抄读方式，如例日抄读，读取集中器数据并保存，如图 1–6–1 所示。

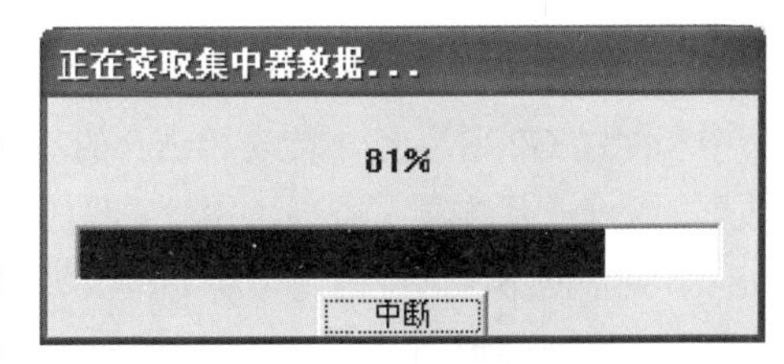

图 1–6–1 读取集中器数据

（4）对抄表失败的表计，再次进行抄表操作。

（5）打印再次抄表失败的客户清单和零电量客户清单（表号、地址等），通知抄表员当日补抄，现场核实，查明故障原因。

（6）抄表完毕，退出。

（7）全部抄完之后，进行集中抄表数据回读操作，从中间库中将集抄系统上传来的抄表数据回读到营销技术支持系统。

五、电力客户用电信息采集系统

电力客户用电信息采集系统从物理上可根据部署位置分为主站、通信信道、采集设备三部分。其中系统主站部分单独组网，与其他应用系统以及公网信道采用防火墙进行安全隔离。其他业务应用系统（如生产管理系统等）中的数据可统一由营销技术支持系统与用电信息采集系统进行数据交互。

1. 电力客户用电信息采集系统的结构

主站系统按照全覆盖、全采集、全费控的要求，在用电信息采集系统中实现数据采集管理、有序用电、预付费管理、电量统计、决策分析、增值服务等各种功能。主站软件集成在营销技术支持系统中，数据交互由营销技术支持系统统一与其他业务应用系统（如生产管理系统等）进行交互，充分满足各业务应用的需求，并为其他专业信息系统提供数据支持。

通信信道是主站和采集设备的纽带，提供了对各种可用的有线和无线通信信道的支持，为主站和终端的信息交互提供链路基础。主站支持所有主要的通信信道，包括230MHz 无线专网、GPRS 无线公网和光纤专网等。远程通信信道建设以光纤信道为主，在光纤信道暂未到达的地区利用 GPRS 无线公网信道辅助通信，现有 230MHz 无线专网信道、GPRS 无线公网信道继续保持，在光纤信道建成后转换成光纤通信。

采集设备是用电信息采集系统的信息底层，负责收集和提供整个系统的原始用电信息，包括各类专变客户的终端、集抄终端及电能表等设备。

大型专变客户继续应用安装Ⅰ型负荷管理终端，对中小型专变客户继续应用Ⅱ型负荷管理终端；低压电力客户的用电信息采集方案原则上以配电变压器台区为单元建设采集系统，实现台区下所有低压电力客户的用电信息采集，同时实现配电变压器关口电能信息采集。

2. 采集方式

（1）根据建筑的形式、电能表及配电变压器的不同布置特点，采用楼栋（道）局部集中和配置 GPRS 无线电能表相结合的基本模式实现低压电力客户及配电变压器电能量数据的采集、用电异常监测，并对采集的数据实现管理和远程传输，本地信道优先采用RS485 通信网络，远程信道采用 GPRS 专线网络通信。网络通信如图 1–6–2 所示。

根据现场的情况，单个集抄终端连接尽可能多的电能表；少量零散的低压电力客户以 RS485 电缆接入就近的集抄终端或更换为带 GPRS 模块的智能电能表。配电变压器安装带 GPRS 模块的智能电能表。一个台区可分多个集抄终端采集。

以一台集抄终端及其连接的所有电能表为一个采集子单元，采集子单元内所有连接均采用有线方式；为避免开挖、减少对小区原有建筑、环境的破坏、提高施工效率，采集子单元设置范围原则上不出楼。

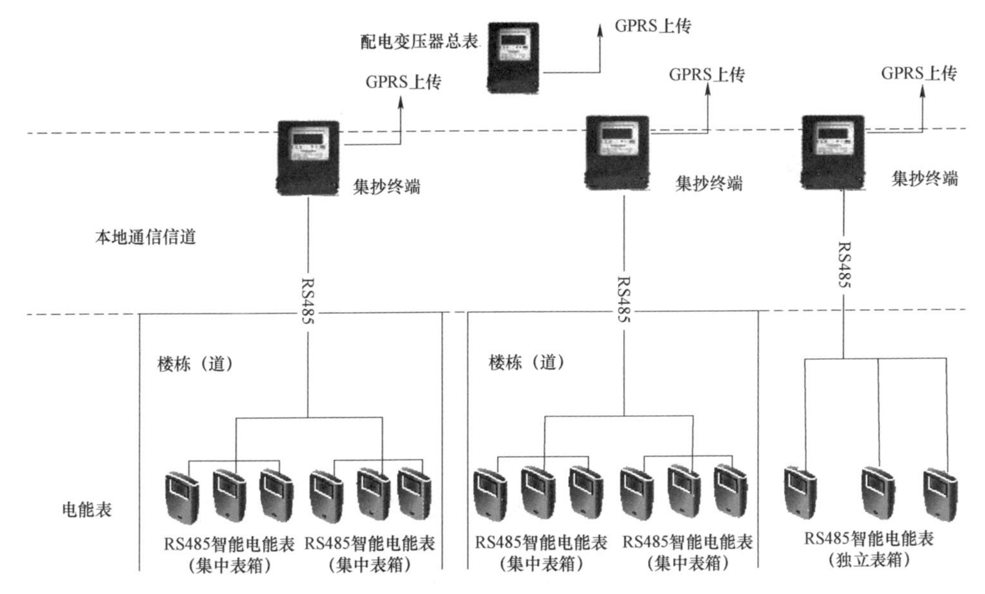

图 1–6–2　网络通信

（2）用电信息采集（载波）集抄系统。载波集抄系统是针对分散的城市、农村低压居民客户，因电能表计比较分散，主要采用电力线载波方案：智能电能表（RS485）+采集器+集中器进行组合实现数据采集。

（3）用电信息采集（无线）集抄系统。用电信息采集（无线）集抄系统是针对表计相对集中的城镇低压居民客户，主要采用 GPRS 无线采集终端+智能电能表（RS485）实现数据采集。

3. 用电信息低压采集抄表系统优势

低压采集抄表系统还具备用电信息的监视和管理功能，它所提供的各种用电信息可使供电管理部门用来计费出账和分析统计用电状况，为更好、更科学的用电管理提供许多有价值的资料，也是今后抄表技术的发展方向。因此有以下特点：

（1）低压采集抄表的的优越性。

1）有效提高客户电表实抄率。在居民小区中，不少楼房住户在楼道中装设了防盗设施，使得安装于楼梯过道口的电表抄录也变得非常困难，一定程度上影响了电表的实抄率，低压采集抄表系统的使用，使得这些问题迎刃而解。

2）低压采集抄表，可以减少人为因素的抄录误差，有效杜绝错抄、少抄、漏抄、人情抄等现象，使抄表准确性得以可靠保证。

3）为客户和计量表计监测提供有效手段。通过巡测监视和设定异常电量分析，可以及时发现故障电表和窃电苗头，大大减少了企业的经济损失，维护了企业合法权益。

4）为及时进行台变线损分析提供了有力的保证。通过配电变压器监测仪记录的配电变压器总电量与集中抄表系统抄录的居民总电量的比较，可及时掌握台变的线损状况，为线损管理及反窃电提供了技术手段。

5）最大负荷的采样，人工的方法根本无法实现。而集抄系统可非常容易的进行定时间隔，同时对各表进行表数据的抄录，依靠这些数据得来的最大负荷情况是准确的，做出的曲线分析是可靠的。

6）使用远方自动抄表系统后可非常容易的根据每天抄收的数据实现三相平衡的分析。

（2）强化供电企业的优质服务。随着低压采集抄表系统的运用，使得供电企业在许多环节上进一步方便了客户，客观上提高了服务水平，主要体现在：

1）抄表不出门，减少了抄表工作人员在抄表时对客户的打扰。

2）客户办理迁址、搬家、过户等变更用电手续时，由于可以采用远程抄表抄录电量，减少了现场抄录电表的环节，节省了客户的等待时间。

3）随着抄表人员的精减，可以有更多的营销人员投入到需求侧管理和优质服务工作中，使供电企业能更好地把握居民客户的用电需求和服务要求，从而制定出相应的服务措施。

（3）健全了电力营销信息系统。电压采集抄表系统采集的是营销信息系统中最大量的电量数据，它的应用，填补了电力营销自动化系统的空白。通过低压采集抄表系统与营销管理信息系统，供电—银行联网收费系统的有机结合，就使得从客户申请、业务处理、电量抄录到电费交纳等所有营销环节形成了一个完整的电力营销自动化系统，为提高内部管理和加强对外服务提供了有力的技术支持。

【思考与练习】

1. 如何利用集中抄表系统进行抄表？
2. 如何利用负荷控制系统进行抄表？
3. 用电信息低压采集抄表系统优势？
4. 用电信息采集（载波）集抄系统针对范围？
5. 用电信息采集（无线）集抄系统针对范围？

◢ 模块 7　抄表数据复核（Z25E1007Ⅱ）

【模块描述】本模块包含抄表数据的复核、新装户计量信息的复核以及数据变动日志的记录等内容。通过概念描述、术语说明、要点归纳、示例介绍，掌握人工复核抄表数据的内容和方法，能发现电量异常和抄表差错。

【模块内容】

本模块抄表数据复核主要阐述抄表数据的复核要求、复核内容。

一、复核抄表数据

现场抄表机抄表完毕时，抄表员要应用抄表机的复核功能对抄表数据进行初步复核，核对抄见示数和抄见电量，检查各项内容有无漏抄误抄等现象，发现抄表数据录入差错及时修正，无误后上传抄表数据。上装后应利用电力营销技术支持系统对抄表数据进行复核，人工选择各种复核条件，由系统自动进行复核并显示复核结果。

1. 抄表数据复核的主要工作

（1）对抄表数据进行复核：检查本次抄见电量与上次抄见电量或去年同期相比突增突减的客户、电量超某一定值的客户、总电量与各时段电量不平的客户，核对抄见读数和抄见电量，发现抄表数据录入差错及时修正，如有漏抄或数据有疑问，及时进行补抄或现场核实。

（2）复核新装户的计量信息，包括资产编号、表计、倍率、变压器容量、计量方式等。

（3）抄表数据发生变化时，记录数据变动日志，包括变化前后数值、修改人员、修改时间、客户端地址等信息。

2. 抄表数据复核的重点内容

（1）峰平谷电量之和大于总电量的。

（2）峰谷电量之和大于总电量的。

（3）本月示数小于上月示数的。

（4）零电量、电表循环、未抄、有协议电量或修改过示数的。

（5）抄表自动带回的异常：反转、估抄等。

（6）与同期或历史数据比较进行查看：指定 n 个月（一般用前三个月的）平均电量做比较，核对电量突增突减的客户。

（7）按电量范围进行查看：指定电量范围，查看客户数据是否正确。

（8）连续 3 个月估抄或连续 3 个月划零的。

由系统复核检测出来的客户异常电量、电量突变等异常情况，要填写打印电量异常信息清单，提交有关人员重新到现场进行抄表核实。再次抄回的表示数经确认正确后，履行相关手续进行电量更正，方可做发行处理。

对抄表员现场核实抄表数据后仍有疑问的其他抄表异常，应发起相关处理流程。

对采用负控抄表和集抄方式抄表的客户，经复核后如发现数据异常，应安排抄表员到现场核对数据，如确认是计量装置或通信线路故障的，应发起相关处理流程。

负控抄表和集抄方式抄表应定期（至少 3 个月内）组织有关人员进行现场实抄，

对远抄数据与客户端电能表记录数据进行一次校核。

二、复核新装户的计量信息

对新装用电、变更用电、电能计量装置变更的客户，其业务流程处理完毕信息归档后的首次电量电费计算前，应在系统中逐户复核计量信息，包括资产编号、表计、倍率、变压器容量、计量方式等。

三、记录数据变动日志

当抄表数据发生变化时，系统记录数据变动日志，包括变化前后数值、修改人员、修改时间、客户端地址等信息。同时应办理相关手续存档。

四、案例

【例 1–7–1】 抄表数据复核后错误示数的修改。

某供电公司抄表数据复核时，发现一居民客户电量过大，两个月电量过万，经分析可能的原因是表位数弄错了，或用抄表机抄表时人为录入出现错误，也可能是表故障。对复核出的异常电量打印“电量异常信息提交表”，并转交抄表员进行现场核实，抄表员到现场查明原因，确认是录入数据出错，抄表员填写“修改示数申请单”进行电量更正，如表 1–7–1 所示，经审批修改了本次抄表数据。

表 1–7–1　　修改示数申请单

客户号	××××××××	抄表段编号	××××××××
申请人签字	黎明	处理人签字	张晨
申请日期	2009 年 6 月 8 日	处理日期	2009 年 6 月 8 日
示数修改原因	录入错误	处理意见	同意修改
班长签字	陈宇	日期	2009 年 6 月 8 日

【思考与练习】

1. 抄表数据复核的主要内容有哪些？
2. 对抄表复核中发现的异常应如何处理？
3. 抄表数据复核的主要工作有哪些？

模块 8　抄表工作量管理（Z25E1008Ⅱ）

【模块描述】 本模块包含抄表系数定义、抄表日志的编制等内容。通过概念描述、术语说明、要点归纳、示例介绍，掌握抄表日志的构成与填写方法，能统计抄表工作量。

【模块内容】

本模块抄表工作量管理主要讲解抄表工作量管理的相关内容与要求。

一、抄表系数定义

抄表系数是抄表工作难度的权重系数。同样抄表，抄不同客户电能表所需付出的工作量是不同的，与客户类型、客户地理位置远近、电能表的类型、客户计量装置的安装位置（集中、分层、散户）位置、抄表方式等要素有关。例如农村地区客户居住分散性较强，且抄表员现场抄表需要登高操作，同城区居民小区相比，抄表数量相同时，工作难度则相对较大。

抄表系数应根据客户类型、客户区域、表类型、表位置、抄表方式等来确定。其定义标准应尽量做到客观、公正。根据抄表系数定义标准，以管理单位、抄表段、客户为单位自动生成每块运行表的抄表系数，然后人工修正。当客户的客户类型、客户区域以及客户表的表类型、表位置、抄表方式等要素发生变化时应及时修改抄表系数。

各单位应根据本公司的实际合理分配和调整抄表员的工作量。

二、抄表工作量管理内容

（1）以网省公司为单位根据客户类型、客户区域、表类型、表位置、抄表方式等要素确定抄表系数定义标准。

（2）根据抄表系数定义标准，以管理单位、抄表段、客户为单位自动生成每块运行表的抄表系数，然后人工修正。

（3）当客户的客户类型、客户区域以及客户表的表类型、表位置、抄表方式等要素发生变化时修改抄表系数。

（4）新装表在业务流程归档后，生成默认抄表系数，然后人工修正。

三、抄表日志的编制

抄表日志又称抄表日报，抄表日志主要记录每天抄表人员所完成抄表总户数与发行的总电量，是反映日常抄表工作情况的综合报表。目前一般通过营销技术支持系统功能自动生成。

抄表员个人抄表日志的汇总即为总的抄表日志。主要内容有抄表员、区段、客户类型、抄表例日、抄表日期、零度户数、退补电量、户数及电量（照明、动力、商业、合计等）、应抄户数、实抄户数、未抄户数、实抄率、划零户数、估抄户数、异常户数、差错率等。凭总抄表日志，可以推测抄、核、收工作衔接程度，既可以掌握总进度，还能从汇总电量与上期或同期对比看户数增减与电量增减，预测损失率完成情况，以及全体抄表人员的实抄率完成情况。

抄表日志是营业工作上的“三大表”之一，除抄表员的抄表日志与每日汇总之外，每月还应汇总抄表月报，它能反映一个单位每个月里每个抄表人员完成工作的总情况，显示个人当月抄表的总户数和应收的总电量和个人实抄率。既有数量，也有质量内容，借此可以比较明显地看出个人工作量的完成情况，为考核提供依据。

抄表日志的另外一个作用就是作为抄表月报的形式供给有关方面了解工作完成情况。抄表日志是三大表互相核实的一个基础，用抄表日志的总应收电量与应收电量发行表的总电量核对，再以应收电费发行表的应收电费与收费日志核对。由此可见抄表日志的正确填记是十分重要的。

随着信息化系统的深入应用，抄表日志信息可以通过营销技术支持系统直接统计查询，并可实现按抄表段、抄表员、抄表日程多样化的查询方法。数据的唯一性取代了原来三大表的核对功能。

四、抄表工作量统计

统计每月抄表人员、抄表段、班组、管理单位的抄表工作量可以利用营销技术支持系统相关功能进行。其中，每块运行表的抄表工作量是根据不同电能表的抄表系数计算的，抄表工作量是统计范围内所抄电能表抄表系数之和。统计不同时间段内抄表人员、抄表段、班组或者管理单位的抄表工作量，实际上是计算统计范围内抄录的各类电表数量与其抄表系数乘积的和。

五、抄表后期整理工作

抄表日报是抄表人员在每天抄表工作完成后，必须将逐户抄计的电量、电费按抄表簿（册）进行分类汇总编制的报表，也是供电企业向各类客户售电，按原始记录汇总的日报。为了防止漏抄、漏计或多计客户电量或电费，使电费能准确及时地收回，因此对抄表日报应进行认真审核。

电费核算人员对抄表日报的审核，要一丝不苟、逐项审核，把好质量关。审核时，主要要做到以下几点：

（1）按户审核。逐户按电费收据审核电量和电费计算以及填写是否正确，包括实用电量、倍率、电价、金额、子母表关系、加减变压器损耗电量、灯力比分算电量、基本电费、实际功率因数、调整电费的处理和计算等。

（2）汇总审核。审核抄表人员编制的抄表日报各栏数据，应与电费收据的各项数据相一致。

以上审核过程是传统的手工方法。在电费管理已普遍应用计算机的情况下，这些方法仍可作为编制电费核算程序及核算人员培训时的参考。

抄表日报应用钢笔书写，数据应填写整齐，字迹清楚。写错时要按规定的订正办法处理，非经本人认定，他人无权更改。

例如要统计某抄表段的抄表工作量，这个抄表段有 100 块表，其中 60 块表的抄表系数是 1，40 块表的抄表系数是 2，那么该抄表段的抄表工作量就是 $60\times1+40\times2=140$。

六、案例

【例 1-8-1】抄表难度系数定义。

某供电公司的抄表难度系数如表 1-8-1 所示。

表 1-8-1 某供电公司的抄表难度系数

序号	客户分类	抄表系数
001	大工业客户或专变客户	5.00
002	收费困难的商网和机关客户	4.00
003	一般机关、远郊客户、农排	3.00
004	居民平房和居民收费困难户	2.00
005	居民楼房户	1.00

【例 1-8-2】抄表日志月报。

某供电公司抄表日志月报如表 1-8-2 所示。

表 1-8-2 某供电公司抄表日志月报

序号	日期		区段	户数				实抄率（%）	抄见电量（kWh）	备注
	月	日		应抄户数	实抄户数	其中				
						划零户	估抄户			
1	6	5	01100～01170	1245	1221	20	4	98.07	1 568 796	
2	6	6	01171～01240	1254	1249	2	3	99.6	1 589 646	
3	6	12	01241～01300	1578	1565	8	5	99.18	1 689 543	
4	6	13	01301～01400	1684	1678	2	4	99.64	1 895 444	
5	6	15	01401～01450	985	985	0	0	100	698 215	
6	6	16	01451～01540	1965	1956	9	0	99.54	1 568 745	
7	6	27	01541～01670	2468	2367	78	23	95.91	1 105 684	
8	6	28	01171～01700	66	66	0	0	100	2 434 296	
合计				11 245	11 087	119	39	98.59	12 550 369	

【思考与练习】

1. 抄表日志主要包括哪些内容？
2. 抄表日志的作用是什么？
3. 抄表工作量与抄表系数有何关系？

4. 抄表系数定义？

5. 抄表工作量管理内容？

模块9 自备电厂、能效电厂电能表抄录（Z25E1009Ⅲ）

【模块描述】本模块介绍自备电厂、能效电厂电能表示数抄录的要求，通过学习，掌握自备电厂、能效电厂电能表示数抄录。本文还涉及了相关概念及相关电价政策。

【模块内容】

本模块介绍自备电厂的概念，以及关口电量的相关电量数据的计算方式与要求。

一、基本概念

1. 企业自备电厂

在国家电网有限公司供电范围内的工矿企业，结合生产需要或基建配套工程兴办的火力发电厂或余气、余热电厂，称为企业自备电厂。企业自备电厂电量可分为基本发电量、上网电量、网供电量、自发自用电量。

（1）基本发电量：基本发电量指根据资源综合利用、热电联产“以热定电”规定和自发自用的原则确定的企业自备电厂年度发电量。

（2）上网电量：上网电量指企业自备电厂生产的电能企业自用有余，供电公司根据电网需求同意收购的电能在上网计量点的计量值。

（3）网供电量：网供电量指供电公司向企业提供的电能在网供计量点的计量值。

（4）自发自用电量：自发自用电量指企业自备电厂所发电量用于供电公司核定范围内企业所属用电设备的使用电量。

计算公式为：

自发自用电量=企业自备电厂发电量×（1–上年综合厂用电率）–上网电量

综合厂用电率=（发电用厂用电量+供热用厂用电量+主变损耗+母线损耗）/发电量

修配车间、计划大修、技改工程及非生产（办公室、宿舍、食堂等）等用电不属于厂用电范围。

2. 能效电厂

能效电厂（efficiency power plant，EPP）是一种虚拟电厂，即通过实施一揽子节电计划和能效项目，获得需方节约的电力资源。国际能源界将实施电力需求侧管理，开发、调度需方资源所形成的能力，形象地命名为能效电厂。“能效电厂”把各种节能措施、节能项目打包，通过实施一揽子节能计划，形成规模化的节电能力，减少电力客户的电力消耗需求，从而达到与扩建电力供应系统相同的目的。

能效电厂是解决电力短缺和能源可持续利用问题的“好帮手”。能效电厂虽是虚拟电厂，但在满足电力需求和电网电力平衡工作中，却和供方（发、输、配、售电）能力有着同等的重要性，与建设一个常规电厂相比，EPP 具有建设周期短、零排放、零污染、供电成本低、响应速度快等显著优势，是实施电力需求侧管理、实现节能减排的一种有效、直观的途径，有利于大规模、低成本的外部资金的进入。

能效电厂可实时调度的调峰能力。它包括：实施电力负荷控制、错峰、避峰、调整生产工艺等有序用电项目转移的电力负荷；推广电蓄冷蓄热技术和蓄电池技术、实施峰谷分时电价、尖峰电价和可中断电价激励客户改变用电方式项目转移的高峰负荷；采用太阳能、风能、地热、沼气、天然气的用能项目替代的电力供应。

能效电厂的发电量是需方的节约电量。它包括：实施高效照明器具、高效节能家用电器、高效电动机与调速装置、热泵技术、变配电节电技术、余压余热利用、建筑节能等项目节约的电力电量。

能效电厂融资方式同供方能力建设一样，主要依靠银行贷款，还款方式纳入电价。建设资金的运作模式有以下四种。

模式一：电网公司作为实施主体，资金计入供电成本。可配合采用阶梯式电价、基于不同效率水平定价、配额制等措施，强化节能效果。

模式二：电网公司作为实施主体，资金来源于附加在电价上的系统效益收费。

模式三：政府提供资金，以现有的或新的税收收入弥补能效电厂所需的成本，补贴客户参加能效项目增加的投入。由政府指定机构对能效电厂进行监督。

模式四：节能企业或客户直接承担成本，能效电厂的成本直接向终端客户征收，能效电厂的实施可由政府指定机构进行监督。

3. 分布式电源

分布式电源是指在客户所在场地或附近建设安装、运行方式以客户侧自发自用为主、多余电量上网，且在配电网系统平衡调节为特征的发电设施或有电力输出的能量综合梯级利用多联供设施，包括太阳能、天然气、生物质能、风能、地热能、海洋能、资源综合利用发电等。

分布式电源适用于以下两种类型分布式电源（不含小水电）：

第一类：10kV 及以下电压等级接入，且单个并网点总装机容量不超过 6MW 的分布式电源。

第二类：35kV 电压等级接入，年自发自用电量比例大于 50%的分布式电源；或 10kV 电压等级接入且单个并网点总装机容量超过 6MW，年自发自用电量比例大于 50%的分布式电源。

接入点为公共连接点、发电量全部上网的发电项目、小水电，除第一、第二类以外的分布式电源项目，本着简便高效原则，根据项目发电性质（公用电厂或企业自备电厂），执行国家电网有限公司、省级电网公司常规电源相关管理规定并做好并网服务。

二、相关电价政策

1. 系统备用容量费

与公用电网连接的所有企业自备电厂均应向接网的电网公司支付系统备用费。根据《关于进一步落实差别电价及自备电厂收费政策有关问题的通知》（发改电〔2004〕159 号）规定，系统备用费标准可参照所在省电网现行大工业销售电价中基本电价水平（按变压器容量计收标准）确定，也可按自备电厂与电网已协商一致的水平确定。

企业自备电厂系统备用费按并网协议中约定的电网所能提供的备用容量缴纳；对没有约定备用容量的，按企业变压器容量或最大需量扣减电网向其供电的平均负荷确定。具体水平由省级价格主管部门按以上原则制定，报国家发展和改革委员会备案。

系统备用费与基本电费不能同时收取。

2. 基金、附加征收

自备电厂基金：可再生能源电价附加、国家重大水利工程建设基金、农网还贷基金、城市公用事业附加、国家大中型水库移民后期扶持资金和地方小型水库移民后期扶持资金。

在确认自备电厂项目符合国家产业政策并根据国家规定认定为资源综合利用电厂（或热电联产电厂）期间，可以免交农网还贷基金、城市公用事业附加、国家大中型水库移民后期扶持资金和地方小型水库移民后期扶持资金。

三、关口计量装置的要求

（1）计量点处应装设符合国家有关规定的电子式多功能、双向分时电能量计费计量（有功、无功、最大需量）装置，并与主站端通信连接，分别计量企业的网供电量和上网电量。电能量计量装置按《电能计量装置配置规范》（DB 32/991—2007）的要求配置，安装前必须由计量检验机构验收合格。电能量计量装置的安装、投运验收、周期校验与监督由计量管理有权部门或其授权机构负责。计费计量装置不得擅自更改。

（2）电能量计量装置在电压互感器二次回路中不得装设隔离开关辅助接点，不得接入任何形式的电压补偿装置。

（3）自备电厂的机端电能表计和厂用电计量表计按关口表计管理，在营销管理信息系统中建立表计、互感器资产信息，并符合关口计量精度要求，按规定进行校验。

四、自动化抄表的要求

（1）所有自备电厂发电机出口和上、下网电能计量装置均实行月末零点抄表，每月月末日 24 时，供电企业通过远程抄表系统（电力负荷管理系统、用电信息采集系统）按时对自备电厂的相关电量进行抄取，并应做到数据自动采集。所录数据经双方审核无误后，作为一方向另一方支付电费的依据之一。

（2）企业自备电厂的负荷管理终端采集数据传至营销技术支持系统后原则上不得手工更改。

（3）远程抄表时，应定期与客户端用电计量装置记录的有关用电计费数据进行现场核对。在采用远程抄表方式后的三个抄表周期内，应每月进行现场核对抄表。发现数据异常，立即报相应部门进行处理。正常运行后，至少每三个抄表周期与现场计费电能表记录数据进行一次现场核对。对连续两个抄表周期出现抄表数据为零电量的客户，应立即进行现场核实。

五、现场核对抄表的要求

（1）现场抄表时，应按抄表机（卡）指示路线和表位到达现场后，找到需抄见的电能计量装置。

（2）抄表时应认真核对客户电能表箱位、表位、抄表机（卡）客户户名、地址、表号、用电性质、表计位数等记载与现场是否一致，做好核对记录。

（3）抄表时须认真核对抄表清单记录的电能表资产编号与现场是否一致，特别是对新客户或者发生变更用电的客户第一次抄表，必须认真核对确保数据正确。

（4）抄表时应集中精力、正对表位，确保抄录数据准确。使用抄表卡抄录的电能表数据应将表码数据上下对齐，按电能表的实际位数录入。

（5）企业自备电厂客户，抄表时必须记录上月的最大需量值。

【思考与练习】

1. 企业自备电厂的含义。
2. 能效电厂的含义。
3. 对企业自备电厂关口计量装置的要求。
4. 对企业自备电厂自动化抄表的要求。
5. 对企业自备电厂现场核对抄表的要求。

模块 10　抄表工作质量管理（Z25E1010Ⅲ）

【模块描述】本模块包含抄表稽查管理、抄表工作统计等内容。通过概念描述、术语说明、要点归纳、示例介绍，掌握抄表工作质量管理的内容和方法，能以系统分析、现场抽查等方式对抄表质量进行监督。

【模块内容】

本模块抄表工作质量管理主要讲解抄表稽查管理的工作内容与要求。

一、抄表稽查管理

抄表稽查可以及时发现现场管理中存在的问题，如现场信息与档案不符、电价类别不对、表封不全、锁具管理不善等，从而检查发现抄表不到位、工作不认真负责，甚至与客户勾结积压电量等违法违纪问题，并有针对性地加强抄表工作质量管理。

二、抄表稽查管理工作内容

（1）对完成的抄表任务采用随机抽查、指定抄表人员或抄表段的方法建立抄表稽查计划，重点检查存在客户投诉抄表差错的抄表段；或通过分析各抄表段每时段抄表数量分布图得到可能估抄的抄表段，建立抄表稽查计划。

（2）对营销技术支持系统中长期零电量客户、电量突增突减客户和采用手工抄表、抄表机抄表客户进行初步分析比对，排除正常客户，对疑似抄表质量、表计故障等问题客户采取用采数据核对、现场抄表比对等手段进行稽核。

（3）运用用电信息采集系统相关功能，对营销技术支持系统核查出电量异常或其他相关渠道反馈电量异常客户进行远程数据比对，查找电量异常原因。

1）运用用电信息采集系统电表数据招测功能，对电量异常客户表计进行抄表例日当日或实时数据招测，再与营销技术支持系统客户该月结算数据比较，当计费抄表数据大于实时数据时，可以判断计费抄表数据为估抄。当计费抄表数据小于抄表例日当日招测数据时，可根据客户日用电量（或小时用电量）进行判别。

2）运用用电信息采集系统日抄表数据比对功能，对营销技术支持系统手工抄表方式录入示数客户进行抄表数据比对。该功能对手工抄表或抄表及抄表方式录入数据客户表计进行抄表，对抄表例日前后两日日冻结数据进行招测，再与营销技术支持系统客户该月结算数据比较，当计费抄表数据大于后一日日冻结数据或小于前一日日冻结数据时，可以判断计费抄表数据为估抄。

（4）运用负荷管理系统数据招测和负荷曲线功能，对安装无线电负荷控制终端客户进行抄表数据比对。当计费抄表示数大于负控实时抄表示数时，可判断计费抄表数据为估抄。当计费抄表示数大于负控实时抄表示数时，可运用客户月负荷曲线和日负荷曲线进行精确判断客户表计计费示数是否估抄。

（5）运用负荷管理系统数据招测功能，对营销技术支持系统全额暂停客户进行不定期数据招测（特别是抄表例日），可以防止因客户提前复容抄表员不知情漏抄情况，也可以防止客户私自复容等违约用电情况。

（6）如需现场抄表的，可采用手工或抄表机现场稽查抄表。

（7）稽查抄表完成后，将现场示数录入或上传到系统，与该客户该月抄表示数进行比较：

1）当现场稽查抄表示数小于计费抄表示数时，计费抄表示数为估抄。

2）当稽查抄表示数大于计费抄表示数时，稽查折算抄见电量扣除计费抄见电量，与计费抄见电量比较波动率超过一定比例即可初步判断为估抄，但需管理部门确认。

3）稽查折算抄见电量=稽查抄表抄见电量–日均用电量×（稽查抄表日期–计费抄表日期）。

4）日均用电量=稽查抄表抄见电量/（稽查抄表日期–上次计费抄表日期）。

（8）管理部门参考稽查结果判断抄表质量。

三、抄表稽查管理工作具体要求

（1）检查是否制订了抄表计划。抄表计划的制订是否符合有关规定，对完成的抄表任务采用随机抽查、指定抄表人员或抄表段的方法制定抄表稽查计划，重点检查存在客户投诉抄表差错的抄表段，或通过分析可能估抄的抄表段。

（2）检查抄表计划执行情况。检查抄表人员是否按计划在固定抄表周期抄录电表，检查抄表本记录或抄表机上下装日期，抄表机反映的抄表日期是否与规定时间相一致。如需现场抄表的，可采用手工或抄表机现场稽查抄表。

抄表稽查工作的重点是：

1）检查抄表人员是否严格按照抄表例日到现场抄表。

2）检查抄表时是否认真核对抄表信息：例如现场互感器倍率与系统档案互感器倍率不符，同一套互感器变比不一致，互感器倍率不对应，计量方式与电价不一致，低压客户执行高压电价，高压客户执行低压电价，用电类别与电价不一致，高压非居民客户未考核力率，以及是否存在抄表员擅自更改用电类别及比例、电价和计量方式等现象。

3）检查计量装置运行状态，是否有抄表时发现计量装置及其他异常情况不做记录、不及时处理的问题：

a. 电能表烧坏、停走、空转、倒走、卡字、封印损坏、失窃、表位移动、表位不当、互感器烧坏等。

b. 用电量突增、突减、零电量、长期不用电（6个月及以上）、分表电量大于总表电量等异常现象。

4）检查是否有串户和抄错电能表读数及表位数的问题。

5）检查抄表记录与现场是否相符，本月抄见度数是否小于上月抄见度数、是否连续。

6）核对计费清单与抄表档案客户数是否一致。

7）检查是否存在估抄、漏抄及非正常划零。

8）检查是否存在现场电量积压。

9）检查是否有发现违章用电、窃电行为未按规定进行上报处理。

10）检查是否存在利用职务或工作上的便利，凭借供电设施、计量等器具，教唆、传授窃电技术，或为他人窃电提供便利、内外勾结窃取电能的行为。

11）检查是否有其他违反抄表规定的行为。

（3）自动化抄表重点检查抄表正确率、抄表及时率偏低的抄表段：

1）检查是否按例日召抄或回读抄表数据。

2）检查发现抄表系统故障或对数据有疑问，是否及时上报处理。

3）检查是否定期对远抄数据与客户端电能表记录数据进行现场校核。

（4）稽查抄表完成后，将现场示数录入或上传到电力营销技术支持系统，与该客户该月抄表示数进行比较：

1）当现场稽查抄表示数小于计费抄表示数时，计费抄表示数为估抄（特殊情况除外）。

2）当稽查抄表示数大于计费抄表示数时，稽查折算抄见电量扣除计费抄见电量，与计费抄见电量比较波动率超过一定比例即可初步判断为估抄，但需管理部门确认。其中：

a. 稽查折算抄见电量=稽查抄表抄见电量–日均用电量×（稽查抄表日期–计费抄表日期）。

b. 日均用电量=稽查抄表抄见电量/（稽查抄表日期–上次计费抄表日期）。

（5）列出连续数月零度户清单，根据零度户清单，核查客户不用电的原因，确保零度户信息准确无误。对于连续多月用电量为零的客户，派专人进行检查。

零度户指在一个抄表周期内，用电量为零的用电客户。按照形成原因分为正常和非正常两大类，正常零度户包括未用电零度户、新装表零度户、备用电源零度户、客户暂停零度户等；非正常零度户包括计量故障零度户、有户头无电表零度户、窃电零度户、抄表错误或未抄表零度户等。

（6）参考稽查结果判断抄表质量。

（7）对抄表稽查中发现的异常问题，分类启动处理流程。对抄表人员工作质量问题，按照相关考核办法对责任人进行处理。

四、抄表工作统计

1. 抄表工作统计要求

（1）建立抄表质量评价及监督考核制度。对实抄率、抄表正确率、抄表信息完整率进行考核。

（2）统计中，户数为合同户。

应抄户数=月抄表计划的户数。

实抄户数=月抄表计划的实抄户数。

未抄户数=月抄表计划的未抄户数。

估抄户数=月抄表计划的估抄户数。

超期户数=实际抄表日期大于计划抄表日的总户数。

提前抄表户数=实际抄表日期小于计划抄表日的总户数。

实抄率=（实抄户数/应抄户数）×100%。

计划完成率=（计划抄表日的抄表户数/计划抄表户数）×100%。

抄表正确率=（实抄户数–差错户数）/实抄户数×100%。

抄表及时率=（按抄表例日完成的抄表户数/实抄户数）×100%。

月末抄表电量比重=（每月25日及以后的抄见户售电量之和/月售电量）×100%。

零点抄表电量比重=（月末24h抄见户售电量之和/月售电量）×100%。

每月25日以后的抄表电量不得少于月售电量的70%，其中月末24h的抄表电量不得少于月售电量的35%（《国家电网公司营业抄核收工作管理规定》第九条）。

2. 抄表工作统计内容

利用营销技术支持系统相关功能，按人员、管理单位统计实抄表率、抄表正确率、抄表及时率、月末抄表电量比重、零点抄表电量比重，并根据管理单位、抄表状态、抄表方式汇总得出应抄户数、实抄户数、未抄户数、估抄户数、超期户数、提前抄表户数等。

通过抄表工作数据的统计结果，判断抄表工作质量，及时发现问题。例如采用自动化抄表方式时，抄表及时率偏低，反映未能及时按例日召测或回读抄表数据，抄表正确率偏低，则反映存在通信网络、电能表质量、线路连接质量或其他方面存在技术问题。

现场抄表主要通过现场抽查的方式进行，在系统中录入抽查的数据进行统计。

自动化抄表可直接在系统中统计，随时反馈抄表工作质量。

五、［案例］

【例1–10–1】抄表员抄表情况抽查。

［事件过程］

某抄表员负责的某抄表段，抄表段总户数495户，抽查户数54户，现场发现一户数据存在问题，具体数据为：客户号0200101132，抄表员本月抄表示数4172kWh，稽查抄表示数5060kWh。差888kWh。

经计算，稽查抄表与抄表例日相差6天，经计算该客户日均用电量20.8kWh，稽查抄表示数5060kWh大于计费抄表示数4172kWh。

稽查折算抄见电量=稽查抄表抄见电量–日均用电量×（稽查抄表日期–计费抄表日期）=5060–20.8×6=4935kWh

即计费抄见示数应为4935kWh左右，允许有合理的上下浮动，而4935kWh与计费抄见示数4172kWh比较相差763kWh，波动超过了合理的水平，经调查核实抄表员实际未到现场抄表，确认估抄。

【思考与练习】

1. 什么是实抄率、抄表正确率？
2. 抄表稽查工作的重点有哪些？
3. 检查计量装置运行状态时应重点检查哪些项目？
4. 抄表稽查管理工作内容？
5. 检查抄表自动化抄表正确率、抄表及时率偏低的抄表段时重点检查哪些内容？

模块 11　抄表异常处理（Z25E1011Ⅰ）

【模块描述】本模块包含抄表异常分类、抄表异常的处理流程等内容。通过概念描述、术语说明、流程介绍、要点归纳，掌握抄表异常信息的分析方法并能按业务流程处理。

【模块内容】

本模块抄表处理讲解抄表异常处理的工作要求与内容，包括异常分类、异常处理方法及流程要求。

一、抄表异常处理工作要求

抄表时发现异常情况要按规定的程序及时提出异常报告并按职责及时处理（《国家电网公司营业抄核收工作管理规定》第十三条）。

二、抄表异常处理工作内容

（1）根据现场手工抄表提供的“抄表异常清单”填写工作单反映抄表时发现的表计烧坏、停走、空走、倒走、卡字、封印缺少、表计丢失、客户违约用电、窃电、用电量突增、突减等异常内容。

（2）对现场手工抄表填写工作单或抄表机上传所反映的异常内容进行分析，也可现场核查对问题进一步分析，根据问题分类，发起相应处理流程。

三、抄表异常分类

1. 计量装置故障

电能计量装置故障是指各类电能表、电流互感器、电压互感器、断压断流计时仪以及相连接的二次回路等出现故障，造成电能计量装置不能准确计量。

（1）计量装置的正常运行计量设备（含电能表、互感器、专用接线盒、二次回路及其他相关设备）运行无异常、接线方式正确无误、全部封印完好无损等内容。

（2）造成电能计量装置故障的原因：

1）构成电能计量装置的各组成部分（电能表、互感器等）本身出现故障。

2）电能计量装置接线错误。

3）窃电引起的计量失准。

4）外界因素造成的电能计量装置故障，如雷击、过负荷烧坏等。

2. 违约用电、窃电

违约用电行为指危害供用电安全、扰乱正常供用电秩序的行为；窃电行为指以非法占用电能为目的，采用秘密手段实施的下列不计或者少计电量的用电行为。

3. 电量电费差错

（1）估抄、虚抄、错抄、漏抄、错算、漏算造成抄表电量电费与实际情况不符。

（2）因营销技术支持系统中电价参数或计算公式设置错误，造成电量电费计算错误。

（3）电价政策执行错误，造成电费计收错误。如错误执行用电类别及比例、电价和计量方式。

（4）计量装置有异常情况，未及时处理，造成电量、电费多收、少收。

（5）换表时错记、漏记电能表底数而造成电量、电费多收或少收。

（6）不按规定程序办理新装、增容和变更用电业务，造成营业费用和电费错收、漏收或不能收回。

（7）未按规定业务流程及时传递工作单及相关资料，造成电量电费计收错误。

（8）其他原因造成的电量电费差错。

4. 档案差错

由于工作人员失误造成档案资料出现差错，造成电量电费计收错误或无法计收。

（1）客户档案资料未建立或档案资料不健全，例如现场有表无档案。

（2）现场情况与档案不符，例如现场户名、表型、表号及倍率与档案（抄表机）上所显示的不符。

（3）用电业务变更后档案修改不及时。

（4）保管不当导致档案资料丢失。

（5）其他原因造成的档案差错。

四、抄表异常处理的流程

抄表异常处理的流程图如图 1–11–1 所示。

五、抄表时发现异常的处理方法

抄表时发现异常情况要按规定的程序及时提出异常报告，填写工作单并按职责及时分类启动处理流程，转相关部门按规定的职责处理。例如抄表员发现表计故障，应填写事故换表申请单，发起换表流程。

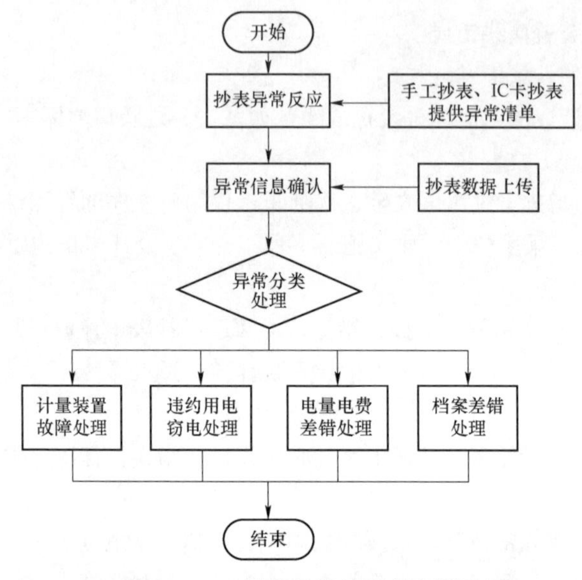

图 1–11–1 抄表异常的处理流程图

1. 客户用电性质、用电结构、受电容量等发生变化的处理

如发现客户用电性质、用电结构、受电容量等发生变化时及时传递业务工作单，启动相关流程进行处理，并通知客户办理有关手续。

2. 发现电量异常时的处理

（1）发现客户用电量或最大需量出现突增突减（如30%以上）时，应核对抄录示数、倍率是否正确，对电量进行复算，并检查计量装置是否故障，防止因错抄而错计电量和最大需量，并且要进一步查对客户变电所运行记录，了解客户的生产情况查明原因，客户有无非正当用电手段等。如属客户用非正常手段用电，应保护现场和证据，及时报告公司有关人员进行处理，同时在抄表机中记录异常情况；如电能表运行正常且客户用电量确实增减较大，应在抄表机异常设置中选择为“正常”；如表计有故障，则应根据故障性质在抄表机上异常设置中选择对应的故障类别，填写工作单报告处理并根据规定推算电量。

（2）发现无功表不正常时，应了解客户电容器的投入和切除情况。

（3）现场抄表时，对用电量为零的客户，应查明原因。

（4）对用电量较小的专变客户和连续六个月电量为零的客户，应查明原因，发现异常应填写工作单报告给相关部门。

3. 抄表过程中发现窃电时的处理

现场抄表，发现窃电现象时，抄表员应在抄表机中键入异常代码做好记录，不得自行处理，应不惊动客户并保护现场，可以先用手机现场拍照固定证据，及时与公司用电检查人员或班组联系，等公司有关人员到达现场取证后，方可离开。

4. 抄表过程中发现客户违约用电时的处理

现场抄表，发现封印脱落、表位移动、高价低接、用电性质变化等违约用电现象时，应在抄表机中键入异常代码，抄表员现场不得自行处理，并不惊动客户，应及时与用电检查人员联系或回公司后填写违约用电工作单交相关班组或人员处理。

5. 抄表时发现计量装置故障时的处理

抄表员在抄表时发现计量装置故障后，首先在现场分析了解，设法取得故障发生的时间和原因，如客户的值班记录，客户上次抄表后至今的生产情况，客户有无私自增容的情况。其次，将计量装置的故障情况及相关数据记录下来，如电能表当时的示数、负荷情况、客户生产班次及休息情况等，回公司后及时传递业务工作单，启动相关流程进行处理。

对于能确认表计故障（如停走、过载烧坏）的一般居民客户，本月抄见电量按各公司规定处理（如零电量、根据上月用电量或前三个月平均电量与客户协议电量等），并启动相关流程进行处理。

6. 采用用电量收益监测系统抄表通信不成功或异常的处理

应检查抄表机的规约类型是否正确、通信地址是否一致、费率顺序是否正确、连接线接触是否良好。如果现场无法即时解决，不得手工抄录，并及时通知相关人员尽快处理。

采用自动化抄表方式抄表发现数据异常时，应安排抄表员到现场核对数据。若确定采集数据不正确，则通知相关装置维护部门查找原因作出相应处理。

7. 抄表时发现表号不符或电能表遗失时的处理

现场抄表，发现表号不符或有表无档案时（如黑户、漏编错编抄表区段的移表客户、新装客户）时，应核对是否为供电公司的电能表，如果客户私自换表，应立即通知公司派员到现场进行处理；若是供电公司的电能表，应在抄表机中键入异常代码，录入电能表的示数，并做好表号等纪录，回公司后填写工作传票，交相关班组处理。

现场抄表，发现失表时，应在抄表机中键入异常代码，录入上一个抄表周期的电量，并做好相应的记录，回公司后填写工作单，交相关班组处理。

抄表员在抄表现场发现抄表机内无抄表信息但实际在装的电能表（黑户）时，应在机外记录在装电能表的公司编号、户号及电能表内记录的各项数据，回单位后汇报主管领导进行处理。

对抄表信息不一致的情况均要记录异常情况报告有关部门。防止发生档案建错、漏建档案及丢户、丢量的发生。

8. 抄表时发现客户移表时的处理

抄表时发现客户表计（即电能表）移位后，先向客户查询是否办理有关手续，并做好记录。抄表员回公司后，应核对客户移表有关手续。如是私自移表，应填写工作传票，启动相关流程进行处理。

9. 抄表时发现其他情况时的处理

（1）现场发现客户有影响抄表工作行为时的处理。现场发现客户有堆放物品、占用表位、阻塞抄表路径等影响正常抄表工作的行为，应立即向客户指出，并要求其立即进行整改，恢复原样。如客户拒不整改，应及时向公司反映，由公司派专人进行处理。

（2）抄表时如果客户怀疑表不准时的处理。抄表时如果客户怀疑表不准，应耐心解答客户提出的问题，请客户申请验表。并介绍相关政策规定：根据《供电营业规则》第七十九条规定，客户认为供电企业装设的计费电能表不准时，有权向供电企业提出校验申请，在客户交付验表费后，供电企业应在 7 天内校验，并将校验结果通知客户。如计费电能表的误差在允许范围内，验表费不退；如计费电能表的误差超出允许范围时，除退还验表费外，并应按规定退补电费。客户对检验结果有异议时，可向供电企业上级计量鉴定机构申请检定。客户在申请验表期间，其电费仍应按期交纳，验表结果确认后，再行退补电费。

受理客户计费电能表校验申请后，5 个工作日内出具检测结果。客户提出抄表数据异常后，7 个工作日内核实并答复。

如果居民客户怀疑电表走字不准，询问简易的自行测试电能表方法时，可做简要介绍：

一般在电表的标牌上均标注着每耗用 1kWh 铝盘转动多少圈，例如标注 3000r/kWh 的字样，便知道该表每耗用 1kWh 铝盘转动 3000r。如果连续点一盏 100W 的灯泡每小时耗电 0.1kWh，便知铝盘应该转动 300r，那么平均每分钟铝盘应转 5r 左右，经过这样简单测试便知道电表走字是否正常，当测试结果与实际误差很大时，应怀疑电表有问题。

【思考与练习】

1. 抄表时发现计量电能表故障应如何处理？
2. 抄表时发现表号不符或电能表遗失应如何处理？
3. 抄表过程中发现窃电、违约用电应如何处理？
4. 抄表时如果客户怀疑表不准应如何处理？
5. 抄表时发现客户电量异常应如何处理？

模块 12　负控、用电信息采集抄表异常初判与报办（Z25E1012Ⅲ）

【模块描述】本模块包含采用负控、用电信息采集自动化抄表异常初步判断及报办处理等内容。通过概念描述、术语说明、流程介绍、要点归纳，掌握负控、用电信息采集自动化抄表异常初步判断及报办处理。

【模块内容】

本模块负控、用电信息采集抄表异常初判与报办讲解用电信息采集系统分类及相应的架构体系，介绍用电信息采集的相关考核指标与业务流程。

一、基本概念

用电信息采集系统是对电力客户的用电信息进行采集、处理和实时监控的系统。其管理对象包括关口客户、高压客户、低压电力客户和配电变压器关口。信息分析应用范围包括自动抄表、数据统计分析、量控管理、费控管理、远程停复电、计量装置在线监测、线损计算、配电变压器监测等。

用电信息采集系统包含电力负荷管理系统和低压电力客户用电信息采集系统。

1. 电力负荷管理系统

电力负荷管理系统由基站、通道、前置机、电力负荷管理终端（以下简称负控终端）组成。基站、通道和前置机实现对所采集的用电信息存储、分析、应用，包括硬件、软件和网络及安全设备、运行环境；负控终端是一种实现对客户用电信息的采集、储存、传输以及执行控制命令的设备。负控终端分为Ⅰ型电力负荷管理终端，Ⅱ型电力负荷管理终端和Ⅲ型电力负荷管理终端。其中Ⅰ型电力负荷管理终端以 230MHz 无线专网为主要通信方式，Ⅱ型、Ⅲ型电力负荷管理终端以 GPRS/CDMA 等公网信道为通信方式。

2. 低压电力客户用电信息采集系统

低压电力客户用电信息采集系统由主站、通信信道和低压电力客户用电信息采集终端（以下简称低压采集终端）组成。主站是实现对所采集的用电信息进行存储、分析、应用的软硬件设备的总称，包括主站硬件、主站软件和网络及安全设备、运行环境；通信信道实现主站和采集终端之间的信息传输，主要分为 GPRS/CDMA 无线公网和光纤电力专网两种方式；低压采集终端是一种实现对客户用电信息的采集、储存、传输及透传控制命令的设备，主要包括低压集抄终端、低压集中器（采集器）、无线智能电能表、配变监测（计量）终端等。

用电信息采集系统框架结构图如图 1–12–1 所示。

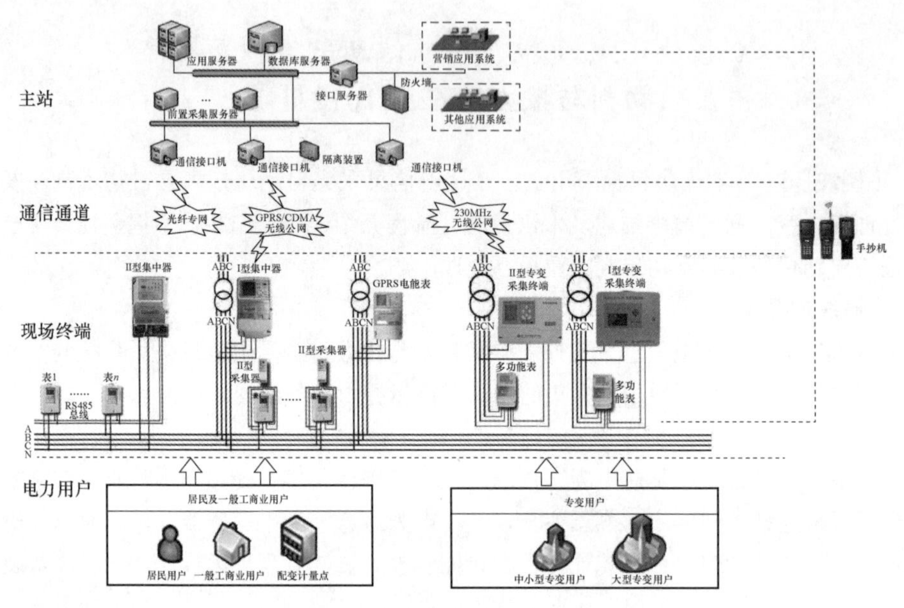

图 1–12–1 用电信息采集系统框架结构

二、术语说明

1. 采集成功率和终端在线率

终端在线率=集抄在线运行终端数/集抄运行终端总数×100%。

采集成功率=采集成功电表数/应采电表数×100%。

应采电表数：已投运终端下挂接的非暂停电表数（已投运：终端运行状态包括运行、故障、停运）。

2. 抄表成功率

为保证电量数据发布，主站运行人员应监控所有费控客户抄表成功率和 5 日内要发行的抄表计划抄表成功率。当抄表成功率未达到 100%，应启动分析机制。

抄表成功率业务流程图如图 1–12–2 所示。

3. 数据发布

采集系统每天自动同步营销抄表计划，依据营销抄表计划自动将校核合格的数据发布到营销技术支持系统供抄表结算使用。客户可通过此功能页面查看营销抄表计划信息，并提供实时同步当日抄表计划功能，方便客户及时查看抄表计划发布、接收情况，并能及时作出处理，提高工作效率。

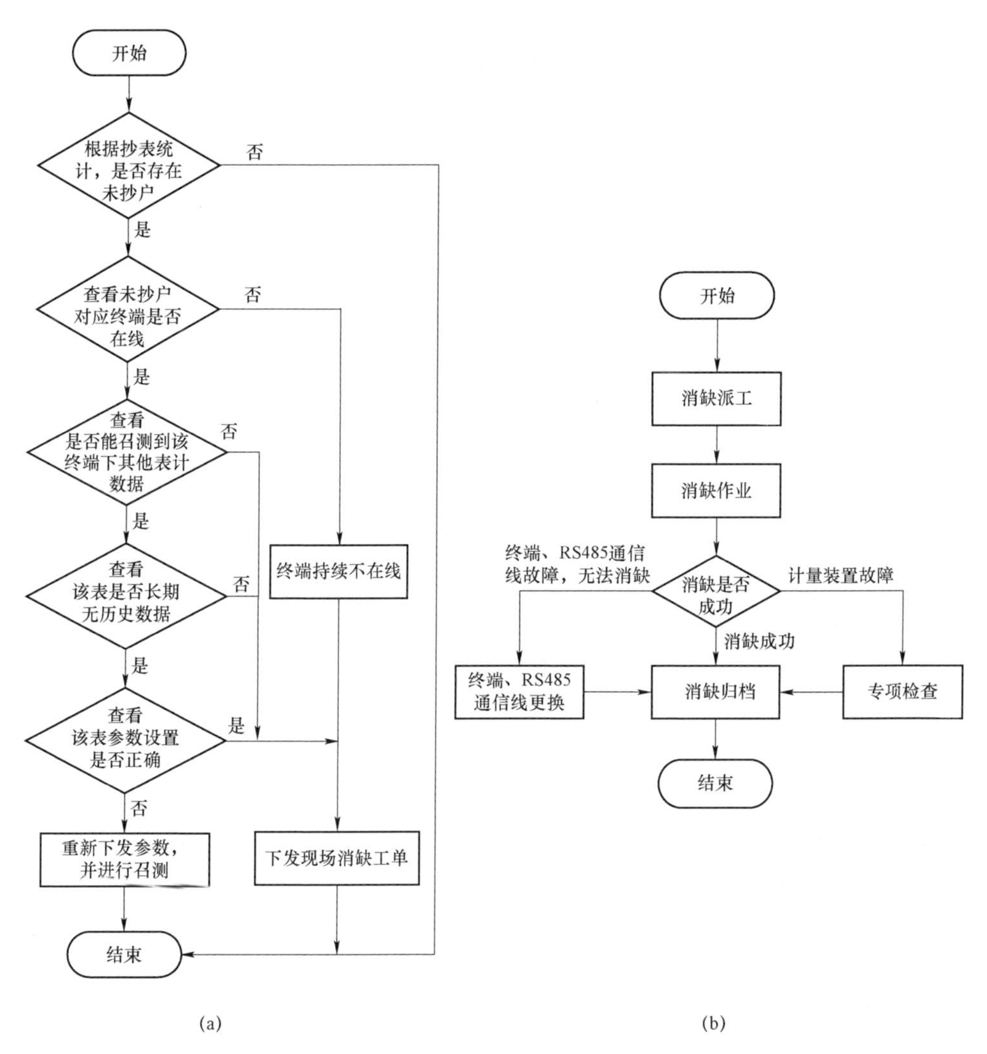

(a) (b)

图 1–12–2 抄表成功率业务流程图

（a）主站；（b）现场

点击功能菜单【基本应用】→【数据采集管理】→【数据发布管理】。

数据发布业务流程图如图 1–12–3 所示。

4. 抄表数据比对

对所属客户的人工抄表数据和采集系统自动抄表数据的差异性的比对，并能够进行手工比对。

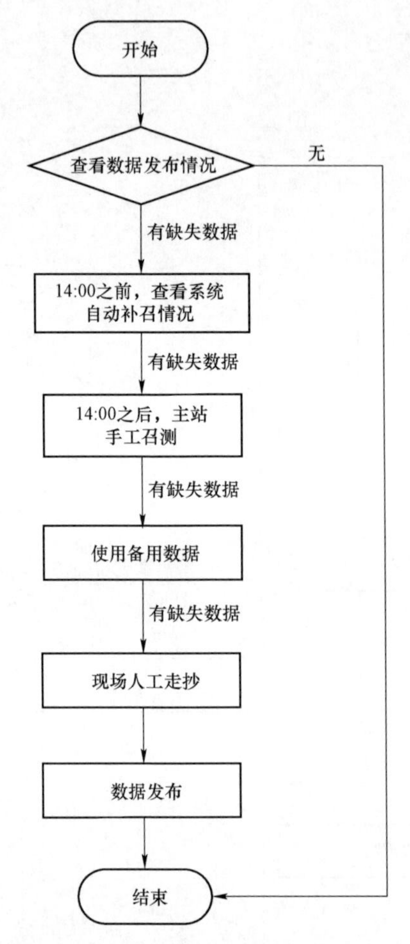

图 1–12–3 数据发布业务流程图

抄表数据比对业务流程图如图 1–12–4 所示。

5. 数据校核

主要用于查询校验不合格的电表数据，并可进行查看历史数据进行人工校核。

数据校核业务流程图如图 1–12–5 所示。

6. 电表时钟偏差统计及校时

针对主站透抄到的电能表时间超差信息进行汇总分析，实现对各地区存在的时钟误差统计，为现场处理及故障定位提供依据。其业务流程图如图 1–12–6 所示。

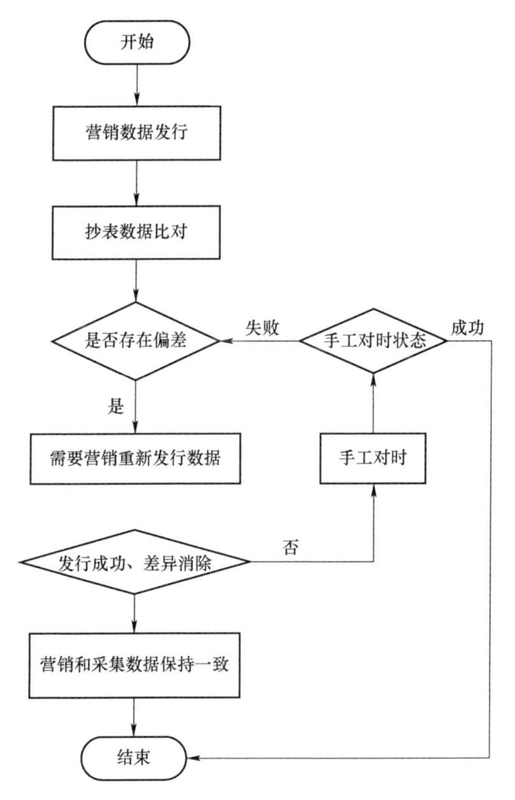

图 1-12-4　抄表数据比对业务流程图

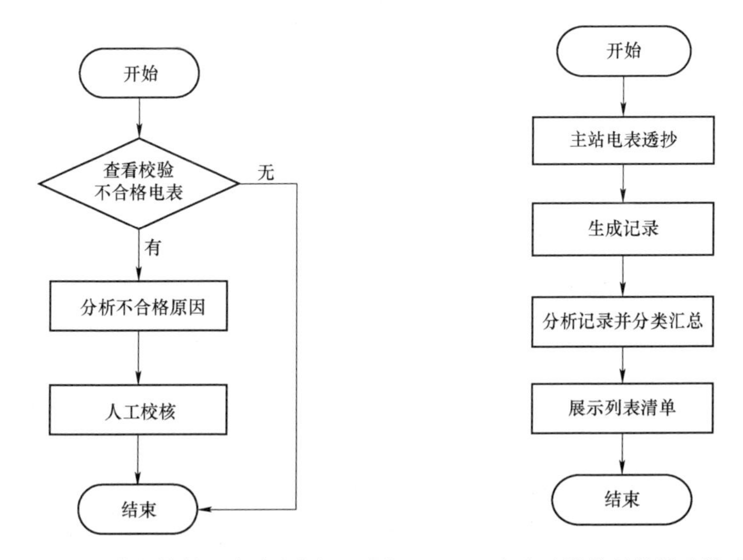

图 1-12-5　数据校核业务流程图　　图 1-12-6　电表时钟偏差统计及校时业务流程图

三、故障处理方法及简单判断

1. 处理流程

根据异常信息，填写故障终端电表的相关信息，如故障现象、故障发现人、发现时间等。发起一张传票后，交由运行管理岗位进行处理。

处理流程业务流程图如图1–12–7所示。

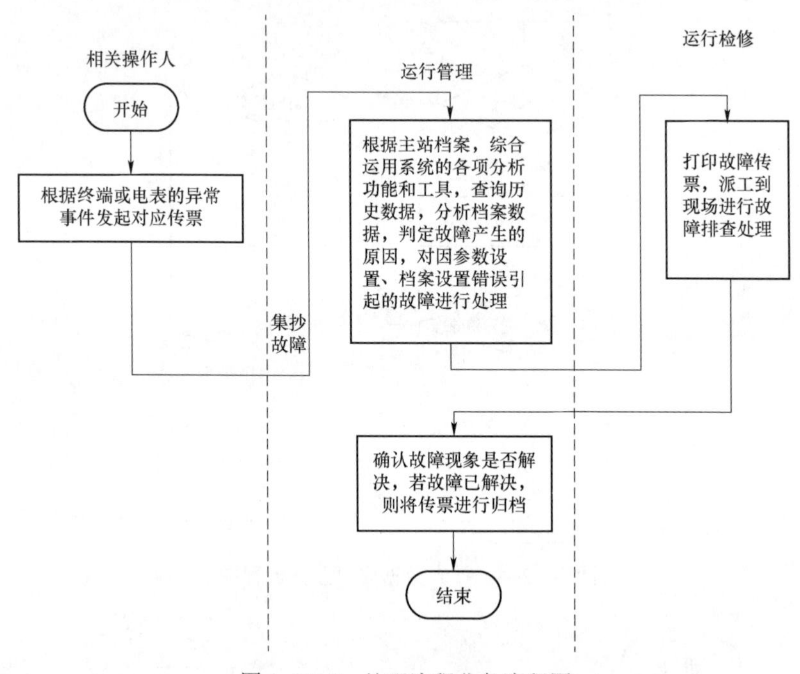

图1–12–7 处理流程业务流程图

2. 故障简单判断及处理方法

（1）终端通信故障（主站与终端之间）。

1）终端停电：终端上报停电事件，当前在线状态为停电（不通信）。

处理方法：可能为终端故障、终端断电或被拆除，需现场处理。

2）SIM卡异常：通过SIM卡状态判断，非“正常使用”状态。

处理方法：需现场更换SIM卡。

3）终端时钟偏差：终端时钟快15min或慢1h，表现为终端数据冻结不成功，采集失败。

处理方法：终端对时，对于无法对时的终端需更换。

4）终端无法通信（未知）：表现为当前在线状态为故障或停电，并且最近一次通信时间超过 24h。

处理方法：可能为电源、终端故障、SIM 卡坏等问题，需要现场确认并处理。

5）终端通信堵塞：终端登录、事件上报频繁，数据采集不稳定或不齐全（昨日登录次数超过 6 次，或事件上报次数超过 30 次，或昨日终端通信流量大于 500K）。

处理方法：此类现象的主要原因为终端的软件处理机制及参数配置问题，需终端厂家处理。移动信号差也可能对此类现场有影响。

6）终端信号不稳定：终端信号弱且电表部分失败或数据不齐全（偶尔失败与数据不齐全电表之和占总表数比例大于 20%）。

处理方法：需现场判断可能为现场信号弱，终端安装位置信号弱（应改变安装位置），天线、馈线或连接有问题及终端自身通信模块存在问题。

（2）电表采集故障（终端与电表之间）。

1）非运行电表：现场被拆除或更换的电表。

处理方法：现场被拆除或更换的电表，应及时在营销技术支持系统进行归档、在采集系统修改终端电表档案、下发参数。

2）电表档案不正确：电表档案，参数配置不正确或者参数未下发，表现为不采集或者采集失败。

参数未下发：电表测量点参数下发状态为未下发。

参数配置不正确：电表局编号与电表地址不匹配，或电表类别与规约不匹配，或电表类别与波特率不匹配，或者终端型号与端口号不匹配；电表局编号录入错误：电表归属部门与同一终端下的其他采集成功电表归属部门不一致。

处理方法：主站重新下发正确的电表参数。

3）非正常用电：包括季节性用电客户、临时用电客户，表现为不用电时采集失败。

4）卡表客户：

处理方法：对于无法通信的卡表，可加快费控业务的应用，将其更换。或者置为暂停抄表。

5）电表时钟偏差：采集失败的智能表中，电表时钟偏差超过 15min。

处理方法：对于偏差较小的智能表主站校时，对偏差较大的智能表，需现场更换。

6）未知原因：主站无法判断需现场核实。全部电表失败原因分析：原因可能为前置档案错误（采集点前置档案）、485 总线故障、终端通信口故障、485 线接错或者断开。部分电表失败原因分析：原因可能为客户自己停电、Ⅱ型采集器故障、载波通信路径故障、485 局部线故障、电表 485 端口故障。

处理方法：除前置档案错误外，其余需现场确认处理，详见现场采集失败处理。再现场确认，无问题后，请主站协助判断是否为前置档案错误并处理。

（3）计量设备异常。

1）设备故障。

a. 数据无效：电表故障会造成采集示数出现分时电量和不等于总电量的现象，对于频繁出现这种示数的电表，会造成营销不能正常计费或计费错误，需要现场更换表计来解决此类问题。

b. 示数下降：电表故障会造成示数下降的现象，当日示数小于昨日示数，会造成营销不能正常计费或计费错误，需要现场更换表计来解决此类问题。

c. 电表时钟偏差：电表时钟偏差是电表本身故障造成，对于严重偏差的电表，会造成终端冻结示数失败，进一步造成主站采集失败的后果，需要通过主站对时或者更换电表的方式来解决此类问题。

2）接线错误。

a. 反接线：电表正反向接线错误会导致反向示数走字，且日反向电量大于正向电量，最终影响到营销计费，需要现场检查设备接线情况，并更正错误接线。

b. 功率反向：现场接线错误会导致有功功率出现负值，需要现场检查设备接线情况，并更正错误接线。

3）计量回路故障。

a. 失压、欠压。针对低计三相四线制客户，高计三相三线制客户，计量回路故障或接触不良，引起该项电压测量不正确，需现场检查计量设备以及布线情况，进一步分析确认再解决问题。

b. 断相。针对低计三相四线制客户，单相变或者线路故障导致外部失去一相电源，客户实际仅两相供电，或者客户故意断开相跳过表计，引起电压电流表现不正常，需现场分析排查故障原因。

c. 欠流、TA 开路、三相负载不平衡。针对低计三相四线制客户，计量回路故障或接触不良，引起该项电流表现不正常，需现场分析排查故障原因。

d. 中性线电流超限。计量回路故障导致中性线电流表现不正常，需现场分析排查故障原因。

4）客户用电异常。

a. 电量异常。

（a）日电量突增、连续用电量为零：根据客户日电量情况，分析客户用电行为，对于非正常用电现象形成事件提示，不一定是客户用电异常，可作为辅助分析手段。

（b）月电量突增、月电量为零：根据客户月电量情况，分析客户用电行为，对于非正常用电现象形成事件提示，不一定是客户用电异常，可作为辅助分析手段。

（c）停电客户有电量：营销已执行停电的客户，每日电表还在走字，需现场分析客户用电行为，排查原因。

b. 超容、欠容异常。

（a）超额定容量、超运行容量、欠运行容量：超容用电会损坏变压器，影响电网安全，需现场核实情况后规范客户用电行为，欠容是客户用电行为记录，说明客户实际负荷不饱和，可作为辅助分析。

（b）功率因素超低限、无功过补偿：月总加组无功电量大于有功电量，功率因数低会引起供用电效率差，影响电网的供电质量和运行质量。无功过补偿会引起功率因素低，需现场排查分析具体原因。

c. 功率异常。营业报停客户有负荷：已暂停用电专变客户的实际负荷超过最低限制负荷，需现场分析排查客户用电行为来解决问题。

【思考与练习】

1. 何谓采集成功率和终端在线率？

2. 用电信息采集系统有哪些常见故障？

3. 计量回路故障可能会出现哪些故障？

第二部分

电　费　回　收

第二章

电费回收与风险防范

模块1　常用电费回收渠道、方法和结算方式（Z25F1001Ⅰ）

【模块描述】本模块包含常用缴费渠道、方式和资金结算方式的介绍等内容。通过概念描述、术语说明、流程讲解、要点归纳、示例介绍，掌握各类简单电费回收方式的工作内容及处理流程。

【模块内容】

参与缴费过程的收费服务提供商有供电企业、金融机构、非金融机构；服务提供商提供给客户缴纳电费的渠道有坐收、走收、代扣、代收多种方式；客户可通过现金缴款、POS刷卡、支票、银行直接划转缴纳电费。

以下重点介绍常见缴费方式及业务处理和常用的电费资金结算方式。

一、收费渠道

电费缴费渠道是供电企业销售电能，获得收入的渠道。电费缴费的方式层出不穷，根据参与缴费过程的收费服务提供商的不同，客户缴纳电费的渠道可以分为以下三类。

1. 供电企业

供电企业作为电能产品的供应商，也是多年来电能的唯一销售商，是历史最悠久、最被客户认知的电费缴费渠道。

2. 金融机构

各银行为拓展业务能力，树立金融品牌形象，与供电企业合作开通代收电费业务，成为电力客户缴纳电费的新渠道。随着邮局、银联等特殊金融企业的加入，该缴费渠道服务的客户群体范围得到了更全面纵深的发展。

3. 非金融机构

随着代收电费中间业务的发展，电信等通信行业、大型商场、超市、特殊行业的连锁专卖店、通过保证金授权的个体经营者等各类社会化代收电费渠道纷纷诞生，并不乏取得巨大经济效益和社会效益的成功案例，现已成为十分受客户欢迎的缴费渠道。

二、常见缴费方式及业务处理

1. 坐收

坐收指收费人员在设置的收费柜台使用本单位收费系统以现金、POS刷卡、支票、汇票等结算方式，收取客户电费、违约金或预缴费用，并出具收费凭证的一种收费方式。

坐收的场所大多在供电营业窗口，供电企业在本单位以外的区域通过VPN虚拟专网、无线通信等通信技术与内部系统通信，还可实现“移动坐收”，如在人流量大的社区、超市租用场地指派工作人员开展坐收，或通过改装车、无线通信便携电脑组合，设立移动收费车坐收电费。坐收业务处理流程如下：

（1）受理缴费申请。根据客户编号查询客户应缴电费、违约金，确认缴费或预收电费。

（2）票据核查及费用收取。收取费用，根据客户交纳资金的不同形式，审验资金，确认资金的有效性。

（3）确认收费并开具收费凭证。根据客户缴款性质（结清电费、部分缴费、预付电费），为客户开具电费发票或收据。

（4）日终清点。一日收费终止，统计生成当日各类坐收资金的实收报表，将收款笔数、金额与已开具的电费发票、收据及实际资金进行盘点，不相符查找原因，处理收费差错，直至报表、票据、资金三账完全相符。最后，清点各类票据、发票存根联、作废发票、未用发票等。

（5）解款。根据不同资金形式解款的方法将资金进账到指定的电费收入账户。

（6）票据交接。将资金解款的原始凭据以及“日实收电费交接报表”等上交相关人员，票据交接需双方签字确认。

坐收电费成本较高，自然收费的实收率较低，但却是知晓度最高且必不可少的一种方式。

坐收电费面对的客户群体，通常是时间充裕、周转资金少的低端低压客户或未办理自动划拨电费的高压客户群体，当一个区域内坐收客户比例较高时，说明该区域内开通的缴费方式不够丰富，应努力创新收费渠道。

供电企业窗口收费人员在开展坐收电费时，应注意以下事项：

（1）电费收取应做到日清月结，及时解款，票款相符，按期统计实收报表，财务资金实收与业务账相符（《国家电网公司营业抄核收工作管理规定》第二十四条）。

（2）不得将未收到或预计收到的电费计入电费实收。

（3）为提高收费效率，可以对客户电费进行调尾处理。调尾的额度可以是角或元，采用取整或舍去尾数的方式。

（4）当允许坐收在途电费时，对于处在走收或代扣等方式在途状态的应收电费，坐收收费人员应主动询问客户是否继续收费，尽可能避免引起重复收费，减少客户不满。

（5）因卡纸等原因造成发票未完整打印，需重新补打印时，应注意作废原发票，保障发票不被重复发放。

2. 走收

走收指收费员带着打印好的电费发票到客户现场或设置的收费点手工收取电费的收费方式，收费结束后，核对所收款项，存入银行，并将相关票据及时交接。

（1）走收电费的业务流程如下：

1）确定走收对象，按台区、抄表段等方式准备单据（包括应收清单、收款凭证、电费发票等）。

2）走收收费人员领取票据，核对应收。检查领取的发票和应收费清单是否相符，对于一户多笔电费的高压客户，检查发票累计是否与实际要求客户缴款的收款凭证相符。

3）现场收费。对客户交付的现金、支票按不同资金结算方式的清点要求进行审核、清点，确认无误后将发票提交给客户，做到票款两清，不允许多收少收。

4）银行解款。核对所收各类资金是否与已收费发票的存根联金额一致，应收、未收票据及实收资金是否相符，不一致应查找原因。核对正确后，将资金及时存入指定电费资金账户。解款后，在收费清单上注明所解款电费的解款日期。

5）票据交接与销账。收费人员在规定时间内返回单位，将已收发票存根、未收发票、资金进账凭据交相关人员审核，确认无误后相关人员在营销技术支持系统内登记销账。

6）日终清点。相关人员统计生成实收报表，再次与应收清单、资金进账凭据、已收费发票存根、未收发票等凭据进行平账，做到应、实、未收相符，确认无误后，交接双方应签字确认，出现差错的，配合收费人员及时查找原因并处理。

7）客户未交电费的发票处理。重新走收时，电费违约金发生变化的，将原发票作废，重新打印发票。没有发生变化的，可以使用原先的发票。

（2）走收方式需逐户上门，效率较低，且资金在途风险较大，主要适用于以下两类客户：

1）农村或偏远地区的低压客户，缴纳的电费资金多为现金。

2）部分不方便柜面缴费且未开通银行代扣的高压客户，在走收人员上门时，多以支票形式结算电费。

（3）开展走收电费工作时，应注意以下事项：

1）电费收取应做到日清月结，并编制实收电费日报表、日累计报表、月报表，不得将未收到或预计收到的电费计入电费实收（《国家电网公司营业抄核收工作管理规定》第二十四条）。

2）按收费片区固定上门收费时间，需要调整的应提前通知客户。

3）开展走收的单位，应事先明确每个走收人员负责的客户范围。走收电费的应收清单和发票打印、实收销账等工作应由专人负责，并与走收人员核对确认，保障对走收工作质量的有效监督。

4）收取的电费资金应及时全额存入银行账户，不得存放他处，严禁挪用电费资金。

5）收费人员在预定的返回日期内应及时交接现金解款回单、票据进账单、已收费发票存根、未收费发票等凭据，及时进行销账处理。

3. 代扣

代扣指客户与供电企业或银行签订委托自动扣划电费的协议，银行按期从供电企业获取客户待缴电费信息，从客户账户扣款，并将扣款结果返回给供电企业的一种销账收费方式。

（1）委托代扣缴费方式又分为文件批扣模式、实时请求模式两种。

1）文件批扣模式。客户与供电企业签约，指定扣款账户，应收电费产生后，供电企业生成批量扣款文件，向指定银行申请扣款，银行返回扣款结果，供电企业依据扣款结果批量销账，未成功划款的形成欠费。

2）实时请求模式。客户与银行签约，委托银行不定期向供电企业查询欠费，发现有未结清电费，则通过代收方式从客户指定账户扣划电费，缴纳到供电企业账户中。

实时请求模式的收费业务处理与供电企业无关，这类客户在供电企业被视为柜台缴费客户，供电企业只需负责客户对应收电费疑问的答复及欠费催收工作，当抄核收人员查出有超期未缴电费时，可直接对其进行催费。

（2）文件批扣模式的收费处理涉及多个部门和岗位，其流程如下：

1）签约。客户到供电营业窗口或银行柜面，填写委托代扣协议，柜面人员登记协议，并将协议资料记录到供电企业的系统中。

2）代扣处理。供电企业查询出所有代扣客户的未结清电费，按银行生成批量扣款文件，发送到银行（或由银行按约定时间提取），银行进行批量扣款，生成扣款结果文件，返回给供电企业进行批量销账，不成功户还原为欠费。

3）收费整理。供电企业汇总每批扣款文件的应收、实收、欠费是否相符，查收银行实际到账资金是否与系统登记实收相符，对不符账项查明原因，及时处理，并在系统内登记实收资金。

4）欠费催收。责任催收人员对扣款不成功客户进行分析，对于账户错误的，与客户联系核实账户，另行扣款；对于资金不足的通知客户及时存款再扣，仍不能解决的，由催费人员上门催收。

5）客户取票。确认电费缴纳成功后，客户到供电营业窗口或约定银行网点索取电费发票，也可由供电企业主动邮寄或银行直接送达客户，具体方式由各地区供电企业与当地合作银行协商确认业务流程，并通过业务系统实施。

代扣方式扣款效率高，大大减轻手工收款工作量，服务成本低，并能为银行带来资金沉淀，但要求供电企业在客户的开户银行设立电费资金账户。

目前，几乎国内所有商业银行都有与供电企业开通代扣电费业务的实例，邮局也因其网点广泛、服务于低端客户群体的特性，在代收电费业务中占有一定比例。近年来，随着供电企业与银联的合作，具有银联标识银行卡客户，在任何银行签订代扣协议，供电企业都可通过银联扣划电费，这将使代扣业务发展更为迅速、广泛。

4. 代收

代收指供电企业以外的金融、非金融机构或个人与供电企业签订委托协议，代为收取电费的一种收费方式。代收电费可以采取脱机方式（买票收费，独立于供电企业之外），也可以采取联网方式。目前最常用的是供电企业与代收机构间中间业务平台互联，实现实时联网收取电费的联网方式。

代收电费模式的推出与应用日趋成熟，使供电企业的营业窗口得到了无限拓展，营业时间从 8h 发展到了 24h，窗口形式从固定柜台发展到自助柜台、电话服务站、网上商户、移动服务终端、空中充值平台等各种形式。代收电费给代收机构带来宣传效应，为供电企业延伸了柜面，只要代收电费资金安全且手续费成本合理，这种方式是值得大力推广的。

常用的电费回收方式还有网上缴费、手机缴费、自助缴费、电子（预）托收、预购电、电费预结算，具体内容详见本章模块 5“复杂电费回收的方法和结算方式”。

三、常用的电费资金结算方式

1. 现金缴款

现金缴款指用现金来交纳电费的一种资金形式，主要用于居民或电费额度不高的低压非居民客户。收费人员接受客户的现金后，应当面认真地检验票面的真伪，防止收到假钞带来不必要的损失。日终收费结束后，应清点资金，打印或填写现金解款单，及时进账到指定的电费资金账户中。

2. POS 刷卡

POS 刷卡指在收费柜台安装 POS 机具，通过客户刷卡消费方式，将应缴电费从客户银行卡账户划转到供电企业指定电费资金账户的一种结算方式。

POS 收费的业务处理包括以下内容：

（1）每日上班前，检查打印部件并进行 POS 机具签到，做好刷卡收费准备，日终

POS 收费结束时，进行签退。

（2）开展 POS 收费时，根据合作方规定的验卡常识验卡；确认卡有效后在 POS 机具上确认交费金额，要求客户确认金额，输入密码，完成交费；交费成功后，打印出当笔交易的 POS 凭条，柜面收费员再次确认凭条打印的卡号是否与卡面卡号一致，防止伪卡消费；确认后请客户在存根凭条上签字确认消费金额；收费员将客户在凭条上的签名与缴费的银行卡背书签名核对，核对无误后，交易完成，将客户的银行卡退还给客户。

（3）POS 存根保存。按合作方规定，按日装订保管好带有客户签名的 POS 交易凭条存根联，随时备查。

在开展 POS 收费时，还应注意按金融行业验卡要求进行验卡，保障交易资金安全到账。验卡一般要求如下：

（1）确认持卡人出示的卡为银联（合作银行）识别的银行卡。

（2）确认卡正面的卡号印制清晰且未被涂改。

（3）确认卡背面的签名清晰且未被涂改，签名条上没有“样卡、作废卡、测试卡”等非正常签名的字样。

（4）确认银行卡无打孔、剪角、毁坏或涂改的痕迹。

（5）如是信用卡，确认银行卡是在有效期内使用。

3. 支票

支票指由出票人签发的，委托办理支票存款业务的银行或者其他金融机构在见票时无条件支付确定金额给收款人或者持票人的票据。支票是目前客户用于缴纳电费最常见的一种票据形式。

按支票的功能分，支票通常可以分为现金支票（见图 2–1–1）、转账支票（见图 2–1–2）、普通支票。其中现金支票上印有“现金支票”字样，用于提取现金；转账

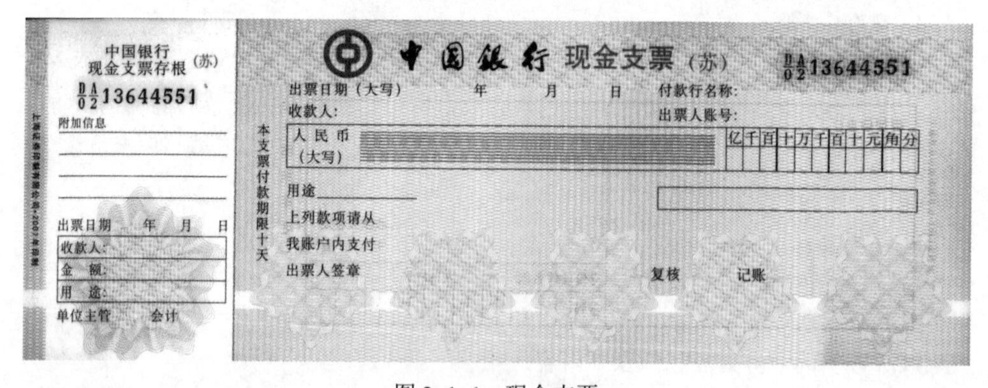

中国银行
现金支票存根（苏）
DA 02 13644551
附加信息
出票日期 年 月 日
收款人：
金 额：
用 途：
单位主管 会计

中国银行 现金支票（苏） DA 02 13644551
出票日期（大写） 年 月 日 付款行名称：
收款人： 出票人账号：
本支票付款期限十天
人民币（大写） 亿 千 百 十 万 千 百 十 元 角 分
用途
上列款项请从
我账户内支付
出票人签章 复核 记账

图 2–1–1 现金支票

支票上印有“转账支票”字样，用于账户转账，普通支票未印有现金或转账字样，即可以作为现金支票使用，又可以作为转账支票使用。通常在电费收费工作中最常见到的是现金支票和转账支票。

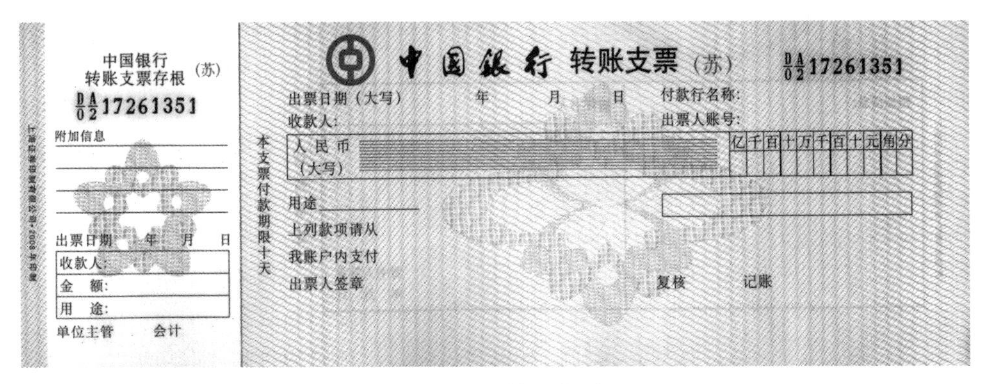
中国银行
转账支票存根 (苏)
DA 02 17261351
附加信息
出票日期 年 月 日
收款人:
金 额:
用 途:
单位主管 会计

中国银行 转账支票 (苏) DA 02 17261351
出票日期（大写） 年 月 日 付款行名称:
收款人: 出票人账号:
本支票付款期限十天
人民币（大写）

亿	千	百	十	万	千	百	十	元	角	分

用途
上列款项请从
我账户内支付
出票人签章 复核 记账

图 2–1–2　转账支票

收费人员在收到支票后，首先应审核支票的有效性，防止因支票填写问题导致退票，影响电费资金回收。支票验票通常应核对支票的收款人、付款人的全称、开户银行、账号等填写是否准确、规范、无涂改；金额大小写是否一致、正确；出票日期是否在有效期内；印鉴是否完整、清晰；对于背书转让支票，还应审核被背书人是否确为供电企业收款账户收款人，背书是否连续，无“不准转让”字样，支票付款账户与收款账户是否在同一属地。支票审验合格，确认收费后，应尽快到银行办理进账手续。

现金支票只能到付款账户开户银行提取现金，收费人员使用现金支票提取现金后，应立即存入供电企业指定的资金账户中。

转账支票进账可以到付款账户开户行或收款账户开户行办理。直接到客户开户行进账，银行柜面不但可以验明票据的有效性，还可审核账户余额是否充足，一般银行确认后即进账成功，基本上不会发生退票，资金转账安全、高效，建议收费员采用这种方式进账。

在转账支票进账时还需填写进账单，进账成功后，银行将确认支票进账行为的进账单回执联盖章退还给进账人作为进账依据。当从付款账户开户行进账，收款人信息填写不正确或进账单左右联转账金额不相符时，也可能导致收款账户银行退票，收款人银行将资金退还到付款人银行并上账到付款账户，出现这种问题时，资金周转期较长，将严重影响电费回收，因此进账单填写也同样重要，收费员一定要认真对待。

有些地区的供电企业为规范资金管理，要求客户缴纳电费时不直接缴纳支票，而是缴纳支票从其开户银行进账后的进账单回执联，供电企业确认收到资金后再进行实收销账。采用这种方式电费资金到账安全、及时，实收销账准确、可靠，值得推广。

4. 银行直接划转

客户通过网上银行、转账汇款、银行柜面电子兑对等形式直接将资金进账到供电企业指定的电费资金账户中的电费资金回收形式即为银行直接划转。客户在成功进账后，将通过各种方式通知供电企业缴费事实，收费人员只需审核确认资金到账属实，即可登记当笔到账资金并进行电费销账。

通过代收机构缴纳电费的客户，其电费资金由代收机构及时进账到供电企业指定的电费账户中，其资金形式也为银行直接划转。由于机构代收电费多采用实时交易模式，在代收的同时也对供电企业系统内电费进行了销账，因此无须另行销账。

银行直接划转这种电费资金回收形式确保了先回收资金、再销账，不但资金安全可靠，业务流程也科学合理，是一种值得推广使用的资金结算形式。但在实际收费工作中，还应注意及时查收落实资金，进行电费销账，避免出现已缴费客户被催费停电而引起客户服务差错事故。

四、电费回收的特殊处理

1. 多种缴费方式混用

随着代扣代收电费业务的多样化发展，客户经常变更缴费方式或多种方式混用，例如签订代扣协议的客户可直接通过代收网点缴纳电费，采用充值缴费的客户到柜面缴清电费尾款等。客户通过不同方式成功缴纳的每笔电费，供电企业均完整、清晰地记录其日期、收费人员、收取金额等重要交易信息，以准确进行电费销账及备查。

2. 多种资金结算形式混合收费

为方便客户，一笔电费可以通过多种资金形式缴纳，例如，一部分现金、另一部分支票，业务处理时，可以对每笔实收资金如实收记入客户预存电费中，待足额后通过预收转电费的形式进行电费销账。

3. 关联缴费

根据用电客户的委托缴费协议，多个客户可以委托一个客户缴费。若供电企业与客户签订了该类缴费协议，应主动建立（变更、终止）委托缴费对象的关联关系，当关联客户有新电费发行时，可由委托缴费对象缴费。通常一个客户需要支付多个下属用电客户的电费或一批低压客户希望集中缴费时，可以通过这种方式并笔缴费、销账、出票，即简化了操作，也方便了客户。

五、案例

以下是某供电公司代收电费业务开通及发展情况实例。

【例 2–1–1】某供电公司是国家电网有限公司下属的特大型供电企业，营业户数 200 万户以上，户数每年增长约 10%，低压客户占公司营业户数的 98.7%，其中低收入、低文化程度客户群体占50%以上，营业窗口配套建设远不能满足客户增长的需要，缴费难问题一直困扰着该供电企业。

从2002年起，率先与招商银行合作，开通代收电费业务。在短短几年时间内，代收电费的合作银行发展到九家，业务范围涉及柜面、电话银行、网上银行，同时，为解决低收入、高年龄层客户群体，开通邮政网点代收电费业务，一时间，该地区缴纳电费的营业网点延伸到1000个以上，通过代收代扣方式缴纳电费的客户达到60%以上。

2006年起，为从根本上解决缴费难问题，该公司对市场进行了深入的分析、研究、调查，确定了开辟非金融行业的社会化代收电费合作伙伴的方针，先后与通信行业、大型商业企业、网络支付平台运营商合作，开辟新的代收电费渠道，较好地满足了现金缴费客户群体的需求。

与此同时，该公司注意到中国银行卡业务的兴起和快速发展，与银联公司合作，将代收电费业务移植到银联公司开发的公共支付平台，实现了国内商业银行全面代收电费功能，并基于银联公共支付平台，研发、推广了一批具有自助缴纳电费功能的自助终端机、移动POS等设备，代收电费业务被广泛地应用于银联合作商户的衍射产品中，如固网支付、手机钱包业务等，代收电费业务整合各类合作方的资源优势，缴费渠道拓展的能力、宽度、速度远远超出了公司自身的规划。

该公司通过发展多种收费方式，彻底解决了缴费难问题，同时得到社会公众的广泛认同。

【思考与练习】

1. 请简述客户缴纳电费的渠道有几种？
2. 试述坐收电费的业务流程，并简述开展坐收电费应注意哪些业务规范？
3. 请阐述坐收、走收、代扣、代收几类收费方式收取电费的利与弊。
4. 采用POS刷卡收费时应如何验卡？
5. 请简述收到支票后如何审验支票的有效性？
6. 请简述常用的电费资金结算形式有哪些？

模块2 收费业务处理（Z25F1002Ⅰ）

【模块描述】本模块包含电费、业务费收取、退费及调账等内容。通过概念描述、术语说明、流程图解示意、要点归纳、计算示例，掌握收费业务处理。

【模块内容】

供电企业面向客户的收费业务范围包括电费及业务费收取，其中业务费是供电企业办理客户用电时根据国家有关政策所收取的必要开支，是保障业务正常开展的必要环节；电费回收是供电企业获得销售收入、实现利润目标的途径。收费业务开展不好，将引起供电企业流动资金周转缓滞，再生产受阻，经营成本增加，利润减少等一系列后果，电费回收考核等指标已成为衡量各级供电企业经营水平的一个重要考核标准。

以下重点介绍电费考核相关指标、电费的催收管理、收费的特殊业务处理、电费坏账核销，内容还涉及电价政策及标准。

一、电费回收

（一）基本概念

电费回收工作内容：按电费通知、电费收缴、欠费催收、欠费停复电、欠费司法救济、电费坏账核销顺序开展应收电费的收取、催收、欠费处理工作，保证供电企业主营收入任务的全面完成。

电费回收目标为：当年不发生新欠电费，陈欠电费逐年下降，确保应收电费余额下降。

电费回收基本要求：采取任何方式收取的电费资金应做到日清月结，并编制实收电费日报表、日累计报表、月报表，不得将未收到或预计收到的电费计入电费实收（《国家电网公司营业抄核收工作管理规定》第二十四条）。

电费回收考核指标：电费回收工作质量的好坏，通常用电费回收率、应收电费余额、应收电费余额占月均应收电费比重（%）、往年陈欠电费、预结算电费占应收电费比重（%）5 项指标来考核。

1. 电费回收率

（1）电费回收率指截止电费回收考核日，累计实收电费总额占累计应收电费总额的百分比。电费回收率考核指标分为当月电费回收率、往月累计电费回收率、年度电费回收率。

1）电费：考核的电费回收指销售电价收入，包括目录电价电费收入、农村低维费、国家规定的基金及附加等。

2）应收电费：指供电公司应向客户收取的电费。

3）实收电费：指供电公司实际收到电力客户交纳并已销账的电费。

4）分类：根据应、实收电费性质，电费回收率又分为每月电费回收率、往月累计电费回收率、年度电费回收率，分别对应于每月、往月累计、年度欠费的当前实收。

（2）计算公式：

1）每月电费回收率=本月实收电费/本月应收电费×100%。

2）往月累计电费回收率=累计往月实收电费/累计往月应收电费×100%。

3）年度电费回收率=年度实收电费/年度应收电费×100%。

2. 应收电费余额

应收电费余额指按财务口径在月末、年末24时的应收电费账面余额。其中，应收电费指当期按国家规定向客户征收的全口径电费。包括目录电费、库区建设基金、可再生能源电价附加等国家规定的代征费。

3. 应收电费余额占月均应收电费比重

（1）应收电费余额占月均应收电费比重（%）是指在考核期内的当月应收客户电费余额（财务口径）与当年月均应收客户电费的比值。

（2）计算公式：应收电费余额占月均应收电费比重=当月应收客户电费余额/当年月均应收客户电费。

4. 往年陈欠电费

往年陈欠电费指截至当年12月31日24时尚未收回的本年度以前结转的欠费（不包括财务已核销的电费坏账）。

5. 预结算电费占应收电费比重

（1）预结算电费占应收电费比重（%）指在考核期内客户当月预结算电费与当月应收电费的比值。

（2）计算公式：

预结算电费占应收电费比重（%）=（上月转入暂存额+本月发生额−转入下月暂存额）/当月销售到户应收电费总额×100%

（二）电费通知

（1）常用通知方式有以下几类：

1）主动通知。供电企业通过各种手段，在电费发行后，主动通知客户应缴电费信息。例如《电费通知单》上门送达、《电费通知书》邮寄、《电费账单》电话或传真通知等。

2）被动通知。供电企业不主动通知客户，保持抄表日程相对固定，提供电费查询平台，使客户自觉在抄表结算期查询电费后及时缴费。目前，全国各地区的电力“95598”客户服务系统均已实现自动语音电量电费及欠费查询功能。

3）委托通知。电力公司委托第三方，通过其特殊资源，通知客户应缴电费信息。例如，与移动、联通、电信等通信运营商合作，通过其语音、短信平台发布电费通知信息；又如，通过代收机构的网点、特殊服务方式对其客户群体发布电费通知信息等。

（2）电费通知的内容一般包括以下内容：

1）当期电量、电价、应缴电费信息。

2）客户缴费期限、当前缴费方式、当前预存余额等信息。

3）代扣客户当前欠费退票原因。

（三）电费收缴

电费通知到位后，收费员可根据各种收费方式的业务流程开展电费收费工作。各类收费方式的业务流程、工作内容、相关规定等详见电费回收渠道方法及结算方式等模块。

（四）电费催收管理

在规定的缴费期限内，客户未按约定的缴费方式交纳电费，则形成欠费。供电企业必须通过各种催收手段开展电费催缴，才能保证电费顺利、足额回收。

依据《电力供应与使用条例》第二十七条、第三十九条，对于逾期不缴纳电费的客户，供电企业可以采取加收违约金或终止供电两种催收手段。通过这两种手段，绝大部分欠费能及时回收，为充分用好电费回收手段，以下分别介绍与电费催收相关的法规、基本概念及方法。

1. 电费的交费期限

根据《供电营业规则》第八十二条中的描述，客户应按供电企业规定的期限和交费方式交清电费，不得拖延或拒交电费。

法规中对供电企业规定的客户缴纳电费的期限未做明确说明，通常该期限以与客户签订的《供用电合同》为准。因此，在与客户签订《供用电合同》时，应充分考虑不同客户类型、区域抄表日程因素，使确定的期限既合理又能保障电费在较短周期内回收，降低资金风险，提高回收效率。

2. 电费违约金的计算

电费违约金是客户在未能履行供用电双方签订的《供用电合同》，未在供电企业规定的电费缴纳期限内交清电费时，应承担电费滞纳的违约责任，向供电企业交付延期付费的经济补偿费用，又称为电费滞纳金。电费违约金是法定违约金，是维护供用电双方合法权益的措施之一。

依据《供电营业规则》第九十八条，电费违约金从逾期之日起计算至交纳日止。每日电费违约金按下列规定计算：

（1）居民客户每日按欠费总额的千分之一计算。

（2）其他客户：

1）当年欠费部分，每日按欠费总额的千分之二计算。

2）跨年度欠费部分，每日按欠费总额的千分之三计算。

3）电费违约金收取总额按日累加计收，总额不足 1 元者按 1 元收取。

在违约金计算时还应注意以下事项：

（1）欠费金额为当笔电费的实欠金额，当客户有预存电费或采取分期结算已回收部分电费时，应将当笔应收电费扣减已收部分后作为欠费，计算违约金。

（2）计算应以每笔电费为依据，按当笔电费执行电价为判断标准，不足 1 元取 1 元。

（3）电费违约金只能计算一次，不得将已计算的违约金数额纳入欠费基数再次计算违约金。

（4）经催交仍未交付电费者，供电企业可依照规定程序停止供电，但电费违约金应继续按规定计收。

3. 欠费分析与催收

欠费分析与催缴工作的主要内容是确定欠费催缴责任人、考核指标，由责任人按要求有计划地开展欠费的分析及催费工作。

（五）欠费停复电

根据《电力供应与使用条例》第三十九条，自逾期之日起计算超过 30 日，经催交仍未交付电费的，供电企业可按照国家规定的程序停止供电。停电催费的程序应遵守相关法规。

（六）欠费风险防范

对于通过欠费停电程序催费后仍未缴纳电费的客户，供电企业建立电费风险防范的预警制度，按其欠费性质、额度分类管理，并运用法律手段追讨电费。

（七）电费坏账核销

电费坏账指经法院依法宣告破产的欠费、因企业关停、倒闭或企业被工商部门注销以及账龄超过三年以上的经确认难以收回的电费。电费坏账作为电力企业的无法追回的债权性资产损失，需进行“账销案存”（即核销）处理。

所谓账销案存资产指企业通过清产核资经确认核准为资产损失，进行账务核销，但尚未形成最终事实损失，按规定应当建立专门档案和进行专项管理的债权性、股权性及实物性资产。

为规范和加强资产管理，促进账销案存资产的清理回收，盘活不良资产，防止国有资产流失，国务院国有资产监督管理委员会下发了《关于印发中央企业账销案存资产管理工作规定的通知》（国资发评价〔2005〕13 号），国家电网有限公司也出台了《国家电网公司账销案存资产管理实施办法》，对电费坏账的清查、核销作出了明确规定，现将电费坏账核销的必要认定条件及办理程序介绍如下：

1. 必要认定条件

（1）电费债务单位被宣告破产的，应当取得法院破产清算的清偿文件及执行完毕证明。

（2）电费债务单位被注销、吊销工商登记或被政府部门责令关闭的，应当取得清算报告及清算完毕证明。

（3）电费债务人失踪、死亡（或被宣告失踪、死亡）的，应当取得有关方面出具的债务人已失踪、死亡的证明及其遗产（或代管财产）已经清偿完毕、无法清偿或没有承债人可以清偿的证明。

（4）涉及诉讼的，应当取得司法机关的判决或裁定及执行完毕的证据；无法执行或债务人无偿还能力被法院终止执行的，应当取得法院的终止执行裁定书等法律文件。

（5）涉及仲裁的，应当取得相应仲裁机构出具的仲裁裁决书，以及仲裁裁决执行完毕的相关证明。

（6）与债务人进行债务重组的，应当取得债务重组协议及执行完毕证明。

（7）电费债权超过诉讼时效的，应当取得债权超过诉讼时效的法律文件。

（8）清欠收入不足以弥补清欠成本的，应当取得清欠部门的情况说明及企业董事会或总经理办公会等讨论批准的会议纪要。

（9）其他足以证明债权确实无法收回的合法、有效证据。

2. 办理程序

（1）供电企业内部相关业务部门提出销案报告，说明对账销案存资产的损失原因和清理追索工作情况，并提供符合规定的销案证据材料。

（2）供电企业内部审计、监察、法律或其他相关部门对资产损失发生原因及处理情况进行审核，并提出审核意见。

（3）供电企业财务部门对销案报告和销案证据材料进行复核，并提出复核意见。

（4）供电企业销案报告报经总经理办公会等决策机构审议批准，并形成会议纪要（单项资产备查账簿账面金额在5000万元以上的，报国家电网有限公司总部核准）。

（5）根据本单位决策机构会议纪要、上级单位核准批复及相关证据，由供电企业负责人、总会计师（或主管财务负责人）签字确认后，进行账销案存资产的销案。

（6）财务销案后在电力营销业务系统中进行核销登记。

电费坏账核销涉及抄核收人员的主要工作是根据实际用电环境，认真分析、甄别陈欠电费，确定需申报坏账，收集必要的认定证明材料，在完成账销案存资产的销案程序后，进行业务系统内的销账。抄核收人员应当充分认识到电费收入作为国有资产的重要性质，与管理人员一起，对清产核资中清理出的各类欠费资产损失进行认真剖析，查找原因，明确责任，提出整改措施，同时应当按照《国有企业清产核资办法》规定，组织对账销案存资产进行进一步清理和追索，通过法律诉讼等多种途径尽可能收回资金或残值，防止国有资产流失。对账销案存资产清理和追索收回的电费资金，应当按国家和国网公司有关财务会计制度规定及时入账，不得形成“小金库”或账外资产。账销案存资产备查账簿是辅助会计账簿，用于辅助管理，各单位不得通过备查账截留资金收入。

二、业务费收取

1. 业务费的基本概念

供电企业在核准的供电营业区内享有电力经销专营权，有依法向客户收取电费和相关费用的权利。

2. 业务费收取的工作内容及流程

业务费收取的方式有坐收、银行代收两种，其工作内容为通过各种方式收取费用，进行收取资金的平账、解款与交接，流程图如图 2-2-1 所示。通常供电营业窗口坐收的方式被更为普遍的使用。

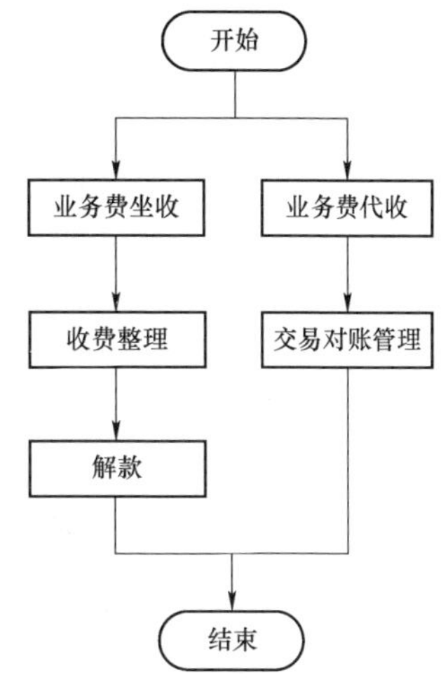

图 2-2-1　业务费收费流程图

3. 业务费坐收

收费人员在收费柜台使用本单位收费系统查询出客户应缴业务费，以现金、POS 刷卡、支票、汇票等结算方式，完成收缴，并出具收费凭证。

4. 业务费代收

金融机构和非金融机构代为收取用电客户业务费。代收业务费可以采取脱机方式（买票收费，独立于供电企业之外），也可以采取联网方式，实时从供电企业获取代收业务费信息，收费并为客户开具业务费发票。

代收单位未给缴费客户出具业务费发票的，供电企业应凭缴费凭证为客户换取业务费发票，需要增值税发票的应按国家有关增值税发票的规定开具。

采取代收方式收取业务费，应及时与代收单位进行交易对账，核对缴费数据，如果有单边账应及时处理，保障代收业务费资金与代收业务费记账相符。

三、收费的特殊业务处理

1. 错收业务处理

（1）处理方法。出现错收电费或业务费时通常有以下几种处理方法：

1）当日冲正。当日解款前发现的错收费用可进行冲正处理，撤销当笔错误操作，重新按正确客户及金额收取费用。冲正处理时记录冲正原因，如果发票已打印的，收回并作废。冲正只能全额操作，不允许部分冲正。

2）隔日退费。当错收电费已确认实收并解款后，无法撤销错误操作，可在次日或发现差错的当日申请退费，经过规定的审批流程后，确认退费，按当笔收费的资金形式退还费用，日终实收报表将如实反映当日实际收款及退款情况。

3）隔日调账。当错收电费已确认实收并解款后，无法撤销错误操作，但当笔收费系客户确认错、所收资金正确时，可在次日或发现差错的当日申请调账，经过规定的审批流程后，确认调账，将错收电费调减，重新收取到应收客户的相关费用中。这种方式当日实收款汇总不发生变化，只是将费用从一个客户调到另一个客户。

4）资金冻结。在极特殊的情况下，收费人员发现错收事实，但不知道当笔费用实际应计到哪个客户时，应将当笔费用转至预存中并冻结起来，待查出应计或应退客户后再行处理。

（2）处理原则。退费、调账是收费差错处理与考核的关键环节，关系到电费资金的准确安全，在业务处理中应始终坚持以下原则：

1）谁收谁退原则。退费、调账必须由当事人核准确认差错后处理，确保处理正确，防止错退、错调电费（业务费）引起的差错风险。对于银行或其他机构代收引起的差错，应由代收机构核准并出具书面说明后，由供电企业代收对账员统一审核后，以代收机构身份处理。

2）原资金结算形式退费原则。确认退费、调账后，收费人员应查明收取当笔费用的资金结算形式，在审批流程通过后按原资金结算形式将错收费用退还给客户，以防止出现支票、POS 刷卡缴费后通过现金退费等违规套现行为。

3）确认到账后处理原则。对于采取支票等非现金方式错缴的电费，应在确认资金到账后方能进行退费处理，防止出现空套现象。

4）严格审批手续原则。若退费调账不经审批手续，则随时可能出现新欠费，导致过去实收不准、考核不准，被利用为虚假上报回收指标完成的工具，因此严格的审批流程是十分重要的，通过审批流程，还可以对收费差错予以精确考核。

为方便处理，搞好被错收电费客户的服务工作，退费、调账处理一般按金额、资金形式实行分级审批，简化那些出现较频繁、资金量小、服务时限要求高的小额退费调账业务流程，扁平透明化控制大额特殊退费及调账业务。各地区的退费、调账审批流程由网省级供电单位制定并监督执行。

5）客户确认原则。在办理退款、调账时，应确认客户身份证明，要求客户在退款凭证上签字，已为客户开具发票的还应收回原发票（或开具红字发票由客户签字确认）。

2. 处理流程

错收电费退费、调账的处理流程包括申请、审批、打印凭据、确认处理几个环节，对于退费，由账务部门从经费账户中列支，以现金或支票等形式支付给客户，并收回客户签字确认的退款凭证。

为保障供电企业合法的营业外收入，有效制约违约行为，违约金、违约使用电费等费用不得随意减收或免收，必须经过严格的审批流程方能执行。审批权限按待减收金额分为多个级别，分别由营业班长、营业所主任、县市公司电费分管领导、地市公司分管领导等审核。具体流程设计制定由省级供电单位确定。

四、案例

【例 2–2–1】居民客户李某，与供电公司签订供用电合同，条款中约定“抄表例日为每月 15 日，客户方应在供电方抄表计费后当月内结清电费，否则按相关规定加收违约金。经催交仍未交付电费达 30 天及以上者，依照规定程序停止供电”。2008 年 5、6 月期间，客户因工作原因未能按期缴纳电费，两个月电费金额分别为 88.24 元及 145.54 元，7 月 5 日，该客户到附件供电营业厅缴纳电费，请计算他应缴纳多少违约金？

分析：客户欠两个月电费，将超过免交违约金的合同约定日期，其中 5 月电费迟交 35 天（合同约定当月内结清电费，从次月 1 日起收取，共 30+5=35 天），6 月电费迟 5 天（从 7 月 1 日算起），因其为居民客户，按千分之一收取，因此，分别计算两月的违约金如下：

5 月：88.24×35×0.001=3.09（元）

6 月：145.54×5×0.001=0.73（元）

不足 1 元取整到 1 元，两月违约金累计 4.09 元。

【例 2–2–2】某企业在申请用电时，与供电企业签订电费结算协议，采用分期结算方式缴纳电费，每月 5 日、15 日定额缴纳 5 万元电费，月末 25 日抄表后结算尾款，多退少补。合同双方约定在抄表后 7 天内结清尾款电费，付费方式为银行电子托收，若未按期缴纳，从退票之日起加收违约金。该企业为一茶叶加工制作企业，用电性质为普通工业，2012 年年底，资金出现问题，从 11 月起连续三个月出现欠费，供电企业经催缴后仍未能收回电费，于 2013 年 2 月实施停电，2013 年 4 月 10 日，客户前来供电营业窗口缴纳电费并申请复电，表 2–2–1 列举了其 2012 年 11 月以来的欠费及缴费情况，请计算其应缴纳的违约金金额。

表 2–2–1　　某企业 2012 年 11 月以来的欠费及缴费情况　　（元）

时间	电费金额	5 日缴费金额	15 日缴费金额	25 日应缴金额	退票日期	实际结清日期
2012 年 11 月	121 992.15	50 000.00	50 000.00	21 992.15	2012 年 11 月 27 日	2012 年 12 月 5 日
2012 年 12 月	70 806.96	50 000.00	0.00	20 806.96	2012 年 12 月 27 日	2013 年 4 月 10 日
2013 年 1 月	39 117.77	0.00	0.00	39 117.77	2013 年 1 月 29 日	2013 年 4 月 10 日

分析：从表 2–2–1 中可以看出，2012 年 11 月，客户虽未结清尾款，但次月首次分期结算款到账，按欠费管理规定，该首次分期结算款应首先冲抵 11 月所欠电费，因此 11 月结清电费日期为 2012 年 12 月 5 日，为电费产生后第 10 日，大于 7 天，应加收违约金，超期天数从退票之日算起，天数为 4+5=9 天，且为当年非居民欠费，加收

违约金执行标准千分之二，计算违约金金额如下：

21 992.15×9×0.002=395.86（元）

2012 年 12 月分期结算的电费，扣除 11 月应结清欠费后，实际余下预存电费为：

50 000–21 992.15–395.86=27 611.99（元）

2012 年 12 月实际跨年度欠费为：

70 806.96–27 611.99=43 194.97（元）

2012 年 12 月欠费超期天数为 5+31+29+31+10=106 天，因其为跨年欠费，加收违约金执行标准千分之三，计算违约金金额如下：

43 194.97×106×0.003=13 736（元）

2013 年 1 月欠费超期天数为 3+28+31+10=72 天，因其为当年欠费，加收违约金执行标准千分之二，计算违约金金额如下：

39 117.77×72×0.002=5632.96（元）

根据以上计算，三个月应收取电费 43 194.97+39 117.77=82 312.74 元，收取违约金金额 13 736+5632.96=19 368.96 元。违约金收取情况如表 2–2–2 所示。

表 2–2–2　违约金收取情况　（元）

时间	欠费	实际计算欠费	退票日期	实际结清日期	违约天数（天）	计算标准	违约金金额
2012 年 11 月	21 992.15	21 992.15	2012 年 11 月 27 日	2007 年 12 月 5 日	9	0.002	395.86
2012 年 12 月	20 806.96	43 194.97	2012 年 12 月 27 日	2008 年 4 月 10 日	106	0.003	13 736.00
2013 年 1 月	39 117.77	39 117.77	2013 年 1 月 29 日	2008 年 4 月 10 日	73	0.002	5632.96

五、电价政策和电价标准

1. 电价的构成

电能是一种特殊的商品，它的产、供、销在同一时刻完成，电价是电能价值的货币表现。电价由电力生产成本、税金和利润三部分组成，由国家统一制定。

2. 电价的分类

根据电能所处的环节不同，电价可分为上网电价、电网间的互供电价和销售电价。

3. 电价标准

《中华人民共和国电力法》第三十九条规定：国家实行分类电价和分时电价。分类标准和分时办法由国务院确定。对同一电网内的同一电压等级、同一用电类别的客户，执行相同的电价标准。任何单位不得超越电价管理权限制定电价。供电企业不得擅自变更电价。

4. 制订电价的原则

《中华人民共和国电力法》第三十六条规定：制定电价，应当合理补偿成本，合理确定收益，依法计入税金，坚持公平负担，促进电力建设。

5. 核定客户电价的依据

各类不同的电价依据用电性质、电压等级和受电容量确定。还要依据国家有关政策（如贫困县农业排灌等）确定。

【思考与练习】

1. 电费回收的基本要求是什么？电费回收的主要考核指标有哪些？

2. 请简述电费回收的工作内容。

3. 请简述退费调账的处理原则。

4. 计算题：某企业与供电企业签订电费结算协议，月末 25 日抄表，合同双方约定在抄表后 7 天内结清电费，付费方式为银行电子托收，若未按期缴纳，从退票之日起回收违约金。该企业用电性质为商业用电，累计欠 2012 年 4、5 月电费分别为 4233.60 元、4692.24 元，退票日期分别为 29 日、27 日。6 月 18 日客户结清电费，请计算其应缴纳的违约金金额。

5. 请叙述电费坏账核销的办理程序。

6. 核定客户电价的依据是什么？

模块 3　普通客户催缴电费、欠费停限电通知书内容和要求（Z25F1003 Ⅰ）

【模块描述】本模块包含普通客户催缴电费、欠费停限电通知书的内容和要求等内容。通过概念描述、术语说明、流程图解示意、要点归纳、示例介绍，熟悉催缴电费、欠费停限电通知书的内容，掌握填写要求和发送程序。

【模块内容】

电费催费人员要掌握普通客户催缴电费通知书、普通客户欠费停（限）电通知书的填写内容及要求。停（限）电是一项政策性很强，影响很大，要求很高的工作，一方面影响客户的正常秩序，另一方面也影响供电部门市场销售，对双方都没有好处，停（限）电主要目的是促使客户积极交纳拖欠的电费，同时也杜绝新欠电费的发生。在采取停（限）电前一定要严格按审批程序进行，做好停（限）电的申报、审批和送达工作。

以下重点介绍普通客户催缴电费通知书和普通客户欠费停（限）电通知书的填写、催缴电费通知书的发送、欠费停（限）电通知书的申报、审批和发送。

一、普通客户催缴电费通知书

1. 填写内容及要求

对普通欠费客户进行催费时填写客户催缴电费通知书，填写内容如下：

（1）年月：填写催缴电费的年份和月份。

（2）抄表段：客户所在供电部门抄表区段。

（3）户号：营销技术支持系统中客户编号。

（4）户名：欠费客户的名称。

（5）截止日期：客户欠费截止日期。

（6）通知日期：通知客户日期。

（7）欠费金额（元）：客户欠费金额。

（8）签收人：接受催缴电费通知书人姓名。

（9）催款电话：供电企业负责催缴电费部门电话。

（10）陈欠电费（元）：客户本月之前欠费金额。

（11）本月电费（元）：客户本月欠费金额。

（12）合计欠费（元）：陈欠电费和本月欠费合计数。

（13）通知人：送达催缴电费通知书人姓名。

（14）供电单位：供电单位名称。

在填写普通客户催缴电费通知书时应注意，签收人必须手工填写本人姓名，其他项由信息系统打印。

2. 催缴电费通知书的发送

对当月欠费未缴的客户，要根据欠费信息制定催费计划，发送催缴电费通知书。

催缴电费通知书必须按填写要求填齐项目内容，送到客户手中，并请客户在催缴电费通知书签收人处签字。如确实找不到人，应采用客户愿意接受的方式送达。如放在客户报箱处、张贴在门上、请邻居转交等方式，同时要注意避免丢失。

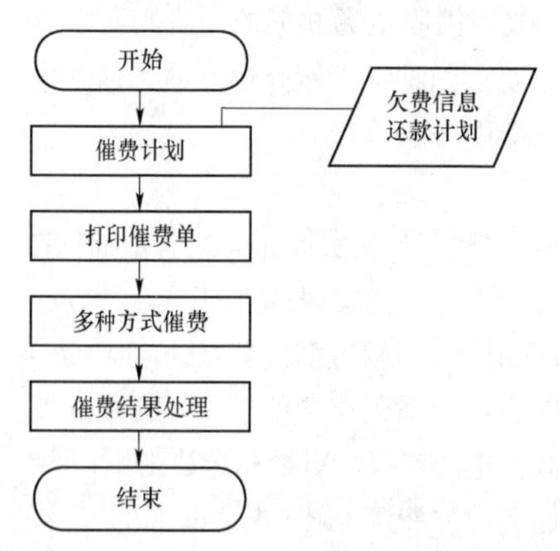

图 2–3–1 普通客户催缴电费流程图

催缴电费通知书要按规定时间填写、发放。

3. 业务流程

普通客户催缴电费流程图如图 2–3–1 所示。

催费后，要记录催费结果。对于确有困难无法一次还清欠费的，应同客户签订还款计划，对还款计划进行记录和归档，并监督是否按计划执行。

二、普通客户欠费停（限）电通知书

1. 填写内容及要求

（1）客户名称：欠费客户名称。

（2）停（限）电类别：停限电原因，本例为欠费。

（3）填写时间：填写欠费停（限）电通知时间。

（4）处理单号：停（限）电处理单编号。

（5）通知书编号：通知书顺序号。

（6）欠费起始时间：客户欠费开始月份和截止月份。

（7）停（限）电时间：计划对客户进行停（限）电的时间。

（8）欠费金额：当年欠费和旧欠电费及违约金合计数。

（9）当年欠费：当年欠费金额。

（10）陈欠电费：上年底以前欠费金额。

（11）客户签收人：签收停（限）电通知书人姓名。

（12）承办送达人：送达停（限）电通知书人姓名。

（13）留置送达见证人：见证停（限）电通知书留置送达人姓名。

（14）送签收地点：停（限）电通知书送达签收地点。

（15）送达签收时间：停（限）电通知书送达签收时间。

在填写普通客户欠费停限电通知书时应注意，客户签收人、承办送达人、留置送达见证人、送签收地点、送达签收时间等，必须手工填写，其他项由信息系统打印。

2. 欠费停（限）电通知书的申报

对普通欠费客户，经多次催缴仍未结清电费的，由催收人或营销（所）班长提出欠费停（限）电申请，注明停（限）电的原因、时间及欠费客户停（限）电的范围。向上级部门进行申报，批准后方可向客户下达欠费停（限）电通知书。

3. 欠费停（限）电通知书的审批

各类客户按责任权限进行审批（批准权限和程序由省电网经营企业制定）。

4. 欠费停（限）电通知书的发送

根据批准后的停限电申请，制定欠费停限电计划，打印欠费停限电通知书，加盖公章后，由催收人提前 7 天将停（限）电通知书送达客户。

停（限）电通知书的送达主要有三种方式：直接送达、留置送达、公证送达。

（1）直接送达。直接送达指将停（限）电通知书直接送交给客户的方式。

客户是居民的，应当是客户本人签收。如果客户本人不在，交由客户的同住成年家属签收；客户是法人或者其他组织的，应当由法人的法定代表人、其他组织的主要负责人或者该法人、组织负责收件的人签收。在签收时请签收人在停（限）电通知书的签收人、签收地点、签收时间处签字。

停（限）电通知书如果不是客户本人签收，应当注意的是其他人员签收不能等同于客户签收，其中可能涉及举证责任，因此必须对签收人的身份和在停（限）电通知书上的签名进行审核。审核时要注意两个方面：一是签名人的身份。如果是居民客户应当是与客户同住的成年家属；如果是法人或其他组织的，应当是该法人、组织负责收件的人。二是签名人在通知书上所签的姓名应与其本人身份证姓名相符。

（2）留置送达。留置送达指客户拒绝签收停（限）电通知书时，把所送达的停（限）电通知书留放在客户处的送达方式。

采取留置送达的方式发送停（限）电通知书时，必须要有见证人。供电部门应邀请第三人，如当地派出所、司法部门、社区、居（村）委会等部门人员，对停（限）电通知书进行留置送达见证，并请见证人在留置送达见证人处签字，将欠费停（限）电通知书留放在客户处。

（3）公证送达。公证送达指当客户拒绝签收停（限）电通知书时，由公证机构证明供电部门将停（限）电通知书送达于客户的一种送达方式。

当送达停（限）电通知书客户无故拒绝签收时，供电部门即可申请公证机构派员现场监督，记录有关情况。从供电部门送达通知书开始至送达到客户的用电地址，公证员参与其中，对送达全过程实施法律监督。当客户拒绝签收或无人时，由公证员制作现场笔录，证明客户拒收的事实或现场情况，而后将停（限）电通知书留置客户处，并出具送达公证书。供电部门拿到送达公证书，就达到了停（限）电通知书送达的目的。

三、案例

【例 2–3–1】普通客户催缴电费通知书。

某客户，客户编号为0101001002；抄表段为0101001；客户名称为镁砂厂；欠费金额为850 975.12元；截止日期为2013年5月25日；通知日期为2013年5月26日；通知人为林伟；签收人为刘德利；催款电话为95598。按表2–3–1填写催缴电费通知书。

表 2–3–1　　普通客户催缴电费通知书

客户编号	0101001002	户名	镁砂厂
抄表段	0101001	地址	开发区和平路49号
陈欠电费（元）		本月电费（元）	合计欠费（元）
321 079.00		529 896.12	850 975.12

注：你户上述欠费至今尚未付清（若因本通知单送达时间与银行发送信息时间差的原因而通知错误时，谨请谅解），请务必于2013年5月30日前到开发区供电局缴清电费及违约金，否则按《电力法》和国家有关规定对你户暂停用电时会给您诸多不便。

特此通知，谢谢合作

通知人：林伟　　　　供电单位（盖章）：

【例 2–3–2】普通客户欠费停限电通知书。

普通客户欠费停限电通知书如表 2–3–2 所示。

停（限）电通知书

表 2–3–2　　×××供电公司（电力公司）停（限）电通知书

停（限）电类别	欠费	填写时间	2013 年 6 月 23 日
处理单号	50082	通知书编号	500856
客户名称：镁砂厂 贵户自 2012 年 12 月起至 2013 年 5 月止，共欠电费 850 975.12 元。其中：当年欠费 529 896.12 元，陈欠电费 321 079.00 元。虽经多次催收，但仍未履行双方签订的协议，根据《电力法》以及《电力供应与使用条例》第三十九条的规定，并按程序批准将对贵单位从 2013 年 6 月 30 日 9 时起对线路（或设施）实行限电（或停电）。 鉴此，我们非常抱歉地通知贵客户，请您们提前做好生产、生活用电安排，并承担由此所带来的一切不良影响。 特此通知			
客户签收人：刘德利		承办送达人：林伟（盖章）：	

留置送达见证人：张忠送　　签收地点：镁砂厂厂长办送达　　签收时间：2013 年 6 月 23 日 9 时

注：本通知书一式两份，供电企业与用电客户各一份。

【思考与练习】

1. 普通客户催缴电费通知书有哪些内容？
2. 普通客户欠费停（限）电通知书有哪些内容？
3. 对需要采取停限电的欠费客户，什么时间向客户送达停（限）电通知书？
4. 客户拒绝签收停（限）电通知书，应该如何处理？
5. 停（限）电通知书的送达方式有几种？

模块 4　普通客户停限电操作程序和注意事项（Z25F1004 Ⅰ）

【模块描述】本模块包含普通客户停限电操作程序和注意事项等内容。通过概念描述、术语说明、流程图解示意、要点归纳、示例介绍，掌握停限电操作程序和停限电注意事项。

【模块内容】

停限电操作人员在实施停限电操作时必须严格按规定、规程审慎停电，依规定操作。利用智能表、远程费控模块实施催费告警、欠费停限电、复电操作时，要准确对应营销技术支持系统与采集系统的户表关系，完成停限电、复电流程与采集系统的衔接。

以下重点介绍普通客户停限电操作程序和注意事项。以下内容还涉及利用智能表、远程费控模块实施催费告警、欠费停限电操作。

一、普通客户欠费停限电操作程序及注意事项

以下内容着重介绍普通客户欠费时所采取的停限电操作程序、注意事项和危险点控制，欠费结清或符合复电要求，进行复电程序。

1. 相关规定及操作程序

规范停限电操作程序，掌握停限电操作中的注意事项，是供电企业防范经营风险，减少或避免法律纠纷的重要环节。对客户停限电必须严格按照相关法律法规的规定执行。

（1）按《电力供应与使用条例》第三十九条规定："逾期未交付电费的，供电企业可以从逾期之日起，每日按照电费总额的千分之一至千分之三加收违约金，具体比例由供用电双方在供用电合同中约定；自逾期之日起计算超过30日，经催交仍未交付电费的，供电企业可以按照国家规定的程序停止供电"。

（2）《供电营业规则》第六十七条规定：

"除因故中止供电外，供电企业需对客户停止供电时，应按下列程序办理停电手续：

1）应将停电的客户、原因、时间报本单位负责人批准。批准权限和程序由省电网经营企业制定。

2）在停电前3～7天内，将停电通知书送达客户。对重要客户的停电，应将停电通知书报送同级电力管理部门。

3）在停电前30min，将停电时间再通知客户一次，方可在通知规定时间实施停电"。

（3）《供电营业规则》第六十九条规定："引起停电或限电的原因消除后，供电企业应在三日内恢复供电。不能在三日内恢复供电的，供电企业应向客户说明原因"。

（4）严格按照停（限）电通知书上确定的时间实施停电操作。

（5）停电客户仍未交清电费的但申请恢复送电，经审批同意后实施复电。

2. 业务流程

普通客户停限电操作流程图如图2–4–1所示。

3. 注意事项及危险点控制

对需要采用停限电的欠费客户首先要制定停限电计划，并按分级审批的原则报相关部门审批；将需要由生产部门、用电检查、负荷管理系统实施停电的客户清单发送给本单位生产系统、用电检查、电能量采集系统。

"停（限）电通知书"在送达客户时要履行签收手续，客户拒绝签收的应采用"公

证”等措施，防范法律风险；在实施停（限）电操作前再次通知客户时要做好电话录音，记录通知信息，包括通知人、通知时间、接收通知人员、通知方式等。

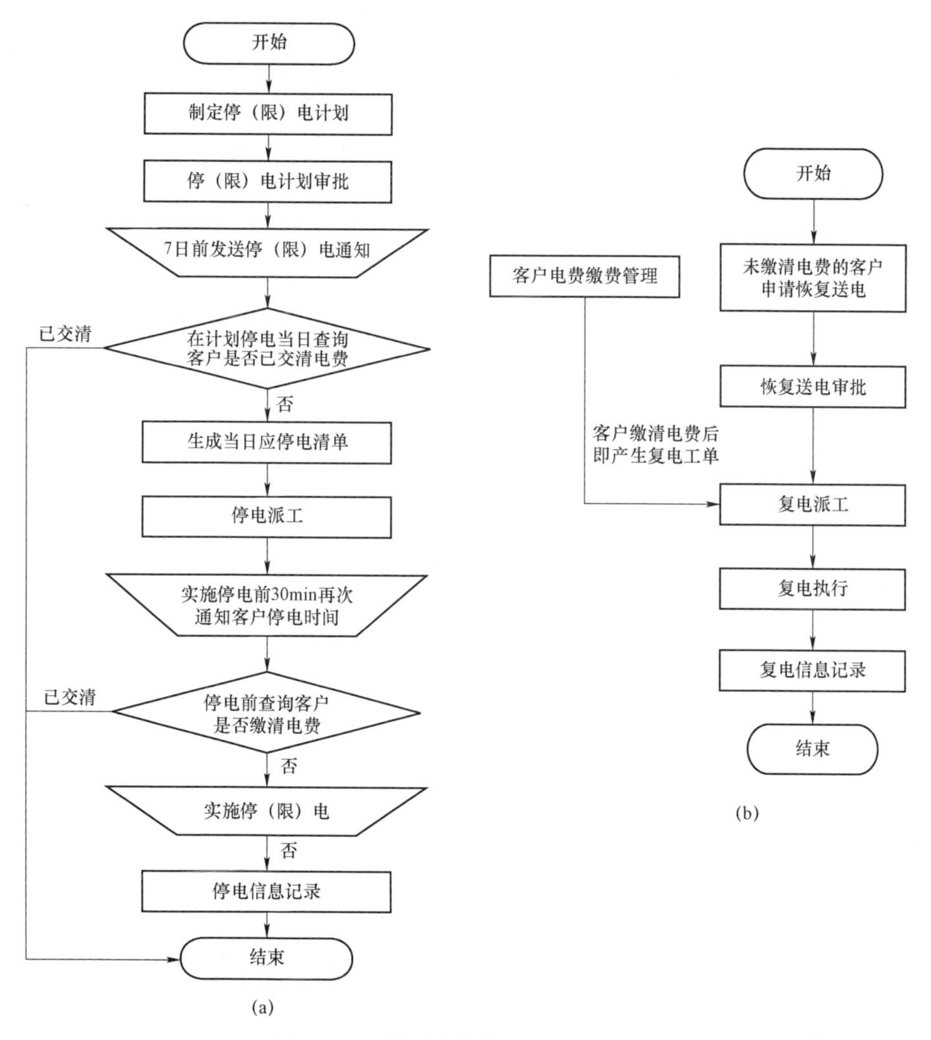

图 2–4–1　普通客户停限电操作流程图

（a）欠费停电操作流程；（b）复电操作流程

对安装负荷管理终端客户，停电前应确认负荷管理系统处于正常状态。对其他客户停电前应确认是否已缴清电费，已缴清电费的应及时终止停电。防范擅自停电行为和停电可能出现的不良后果。停电客户交清电费后，要按规定及时复电。对停电客户仍未交清电费申请恢复送电的，审批同意后复电。

二、利用智能表、采集系统的费控功能实施催费告警、欠费停电操作

1. 智能表的费控功能

智能表的费控功能的实现分为本地和远程两种方式：本地方式通过 CPU 卡、射频卡等固态介质实现，远程方式通过 485 等虚拟介质和远程售电系统实现。

（1）远程表，电费计算在远程售电系统中完成，表内不存储、显示与电费、电价相关信息。电能表接收远程售电系统下发的拉闸、允许合闸、ESAM 数据抄读指令时，需通过严格的密码验证及安全认证。在保证安全的情况下，可通过虚拟介质对电能表内的用电参数进行设置。

（2）安全认证加密要求。通过固态介质或虚拟介质对电能表进行参数设置、预存电费、信息返写和下发远程控制命令操作时，通过严格的密码验证或 ESAM 模块等安全认证，以确保数据传输安全可靠。ESAM 模块的加密算法应符合国家密码管理的有关政策，使用国家电网有限公司认可的 SM1 国密算法。

2. 应用采集系统的费控功能实施停复电

用电信息采集系统是对电力客户的用电信息进行采集、处理和实时监控的系统，实现用电信息的自动采集、计量异常和电能质量监测、用电分析和管理，具备电网信息发布、分布式能源的监控、智能用电设备的信息交互等功能。实现在线监测和客户负荷、电量、电压等。

对于已安装智能电表的客户，应用采集系统实施停复电，解决部分欠费客户难以现场停电的问题，大幅提升客户复电效率，真正实现客户交费即复电。

（1）远程停复电调试。在采集客户中开展远程停复电调试工作，调试合格后，在采集系统中登记为可实施停复电客户。梳理、完善营销信息系统功能，准确对应营销技术支持系统与采集系统的户表关系，完成停复电流程与采集系统的衔接。

（2）远程停电管理。

1）采集系统可利用远程控制和电能表费控、量控功能，对欠电费低压电力客户进行远程停电、复电控制。所有远程停、复电功能通过系统流程触发使用，包括调试、欠费、窃电、违约用电处理等各类停复电操作。

2）已实施预购电量结算的客户，电能表终端电费（电量）剩余数量为零时，预购电量控制装置自动跳闸，中止供电。

3）对于非预购电量结算的一般低压电力客户，在营销管理信息系统发起停电流程后，自动发送停电传票至采集系统执行。营销管理信息系统在收到采集系统停电实施成功的回复消息后维护“停电标志”。

4）采集系统自动接收营销管理信息系统停电传票，触发远程停电任务，停电实施后，自动对该户进行 3 次负荷数据的采集，在负荷均为零的情况下，确认停电成功。

停电实施成功后，采集系统回复营销管理信息系统传票消息。若出现连续 2 次远程停电指令发出后，采集终端和电能表未成功动作，客户端仍有用电负荷的情况，采集系统应自动生成报办业务提交采集系统维护人员，以确保各项指令能执行到位，以防设备原因造成的已执行命令的假象。

5）对实施现场欠费停电的客户，采集系统应具备对该类客户负荷情况进行监控，监控工作以营销技术支持系统停复电时间为起止时间，在此期间有负荷产生的客户，需生成异常工单递交指定人员现场核实处理。以防止客户未缴清欠费私接用电情况的产生。

（3）远程复电管理。客户缴纳电费后，由营销人员确认并向采集系统下发复电指令，首次未成功，则重复下发指令，实施成功后应再次采集终端状态进行确认，并向营销信息系统发送成功标志。如重复下发 30min 仍未成功，则向营销信息系统发送失败标志，相关人员应携带手持终端，前往现场实施复电，完成后在信息系统中登记复电状态。

（4）其他。采集运维人员负责及时对未能远程停复电终端进行检查、调试，恢复功能。“95598”供电服务中心人员根据信息系统中客户停复电状态，向客户做好相关解释工作。

应用采集系统实施停复电流程图如图 2–4–2 所示。

三、案例

【例 2–4–1】某供电公司向某宾馆送《停（限）电通知书》。

某宾馆是某供电公司的欠费户，从 2012 年 7—11 月，共拖欠电费额达 28 万元。经由某供电公司多次催要，该宾馆以种种理由拖延缴纳。为保证电费足额回收上缴，某供电公司派催费人员向该宾馆送达了《停（限）电通知书》，该宾馆拒收。某供电公司遂决定对该宾馆采取公证送达《停（限）电通知书》的方式。2012 年 12 月 20 日，某供电公司的工作人员再次向某宾馆送达了《停（限）电通知书》，并请公证处的公证员对送达的全过程作了现场公证，并制成了《公证书》。面对严格按照法律程序办事的供电公司工作人员，某宾馆负责人不得不在《停（限）电通知书》送达回执上签了字，并表示一定尽快筹款缴纳电费。2012 年 12 月 31 日，在《停（限）电通知书》规定的最后期限内，某供电公司收到了某宾馆的电费转账支票，某宾馆所欠 28 万元电费全部收回。

案例分析：

规范停限电操作程序，完善停限电通知签收手续，是供电企业维护自身利益、合法回收欠费的有效手段。而公证送达《停（限）电通知书》的方式是解决欠费问题的一种有效途径。

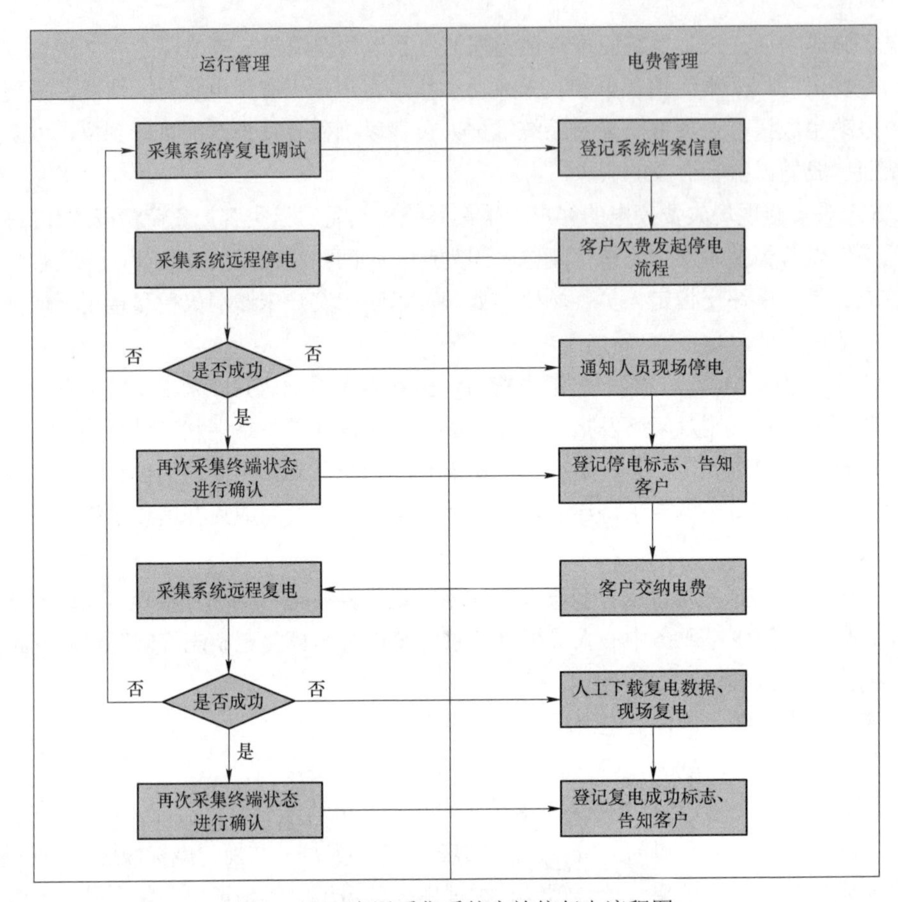

图 2–4–2 应用采集系统实施停复电流程图

【例 2–4–2】某居民客户与××供电公司“一元钱”官司。

2013 年 2 月 5 日上午，某居民客户家中无人突然停电，家中回来人后，打电话到供电公司查询才得知是因为欠费停电。某居民客户以供电部门未书面通知客户，停电违反程序并致使冰箱内食品腐烂变质造成损失 50 元为由，将××供电公司告上法院，索赔 1 元钱及承担诉讼费。

2013 年 3 月 1 日，法院一审判决，供电公司如此停电不符合程序，某居民客户获赔 1 元钱。

案例分析：

法院审理的依据是《供电营业规则》第六十七条第二项、第三项，即供电部门在停电前 3～7 天内，应将停电通知书送达客户；在停电前 30 分钟，将停电时间再通知客户一次，方可在通知规定时间实施停电。同时《中华人民共和国电力法》第五十九条第二项明确规定：未事先通知客户中断供电，给客户造成损失的，应当依法承担赔偿责任。

一元钱，客户要的只是一个说法。在公众法律意识普遍提高的外部环境下，供电企业必须严格执行操作程序，实行规范化管理。

【思考与练习】

1. 引起停电或限电的原因消除后，供电企业应在多长时间内恢复供电？
2. 对需要采用停限电措施的欠费客户应按什么程序办理停限电手续？
3. 停限电操作注意事项及危险点控制有哪些？
4. 叙述智能表的费控功能。

模块5　复杂电费回收的方法和结算方式（Z25F1005Ⅱ）

【模块描述】本模块包含复杂的缴费方式及资金结算方式等内容。通过概念描述、术语说明、要点归纳，掌握各种特殊方式下电费回收业务流程及工作内容。

【模块内容】

较复杂的电费回收方法有：购电、自助缴费、特约委托、分次划拨电费；复杂的电费资金结算方式有汇票、本票、内部账单。熟练掌握汇票和本票的处理要求，就多了一个电费回收的手段，既方便了客户，也方便了自己，为电费的足额及时回收又增加了一道保障。

以下重点介绍负控购电、自助缴费、特约委托、分次划拨、资金结算方式中的汇票和本票。

一、较复杂的电费回收方法

1. 购电

为防范电费风险，客户采取“先付后用”的方式支付电费的一种收费方式。购电通常有购电方式、预收方式两种处理方式。

（1）购电方式：客户申请购电，供电企业根据客户预购电金额，计算出电量，直接发行，做电费应收、实收处理并为客户开具电费发票。

（2）预收方式：客户申请购电，供电企业根据客户预购电金额，做预收处理，为客户开具预存电费收据。

采用购电方式结算电费的客户主要包括以下类别：

（1）IC卡表客户。IC卡表客户又称预付费卡表客户，使用IC卡表计量计费的客户。客户持卡在营业网点或具备购电条件的银行网点购电，通过读写卡器将客户购买的电量电费信息写入电卡，卡表中电量近零时报警，若未及时续购电，电表自动断电。

有些供电企业对IC卡表客户也采取按期抄表的预收方式结算电费。

在办理卡表购电业务时，还应注意对以下特殊问题的处理：

1）办理卡表新装、换表，读写异常换卡、读入异常换卡、卡表清零等业务后，需要分别处理预置电量、剩余电量、购电信息。预置电量是指在新装、换表或对卡表做清零时给电表预置一定量的电量，使得客户能正常用电。供电单位需要对预置电量额度进行严格控制和管理。剩余电量指卡表换表时旧表剩余电量或电表清零时电表的剩余电量。

2）对于卡表换普通表，和卡表客户销户的情况，卡表的剩余电量形成负应收，相应的金额转为预收。

3）购电当日，在电量未输入电表的情况下，客户可以申请取消最后一次售电，并将电卡信息还原。

（2）负控购电。负控购电指客户在营业网点预购电量，供电企业通过电能量采集控制功能传送给电能采集系统，管理控制客户用电的缴费方式。

负控购电一般为预购方式，即客户在接收到“购电余额不足”提示时，通过各种方式购买电量，计入电能量采集系统，待供电企业抄表计费后，再如实结算电费，结清电费后，供电企业为客户出具电费发票。如遇收费差错，采用冲回处理，重新将客户缴纳金额折算成可用电量，进行电能量采集控制管理。

购电方式在收取客户电费资金环节与其他柜面收费方式类似，与其他收费方式不同的是，购电方式在正常收取了电费资金后，还需向卡表或负控系统写入客户缴费折算的电量电费信息。

供电企业可以对交纳电费信誉等级较差等电费风险较大的电力客户，采取以合同方式约定实行预购电制度（《国家电网公司营业抄核收工作管理规定》第二十二条）。

2. 自助缴费

自助缴费指客户通过电话、公共网站、自助型终端设备等各种媒介自主缴纳电费的一种缴费方式。

所有自助缴费方式大多都是非供电企业的各缴费渠道代收电费的一种形式，其实现原理与其他代收方式完全相同，例如招行自助服务区开通的自助终端签约、缴纳电费等业务与招行柜面开通的代收电费业务完全相同，不同的是客户不再面对服务人员，而是根据自助设备操作提示缴纳电费。

各类自助缴费收取的电费资金均与对应渠道柜面实时收费、预约社区坐收等其他缴费形式一起归集到供电企业指定的电费资金账户中，供电企业每日按不同渠道进行代收电费的对账（详见营销信息化相关章节）。

自助缴费的形式主要有以下几类：

（1）自助终端机：客户通过银行、银联、非银行机构、供电公司的自助终端机按照界面提示步骤缴纳电费。

（2）电话银行：客户通过拨打持卡银行的电话，根据语音提示缴纳电费。

（3）网上缴费：客户通过登录持卡银行或银联的网上银行、代收机构网上商铺、供电企业网上营业厅等网站，根据提示缴纳电费。

（4）手机短信：客户将移动、联通等手机与银行卡绑定，开通“手机钱包”，同时，银联等代收电费机构的公共支付平台将电力客户编号与银行卡绑定，实现手机短信指令缴纳电费。

（5）电费充值卡：供电企业自建“95598”充值平台，或借助移动、联通、电信充值平台，开通充值业务后，客户购买充值卡，拨打指定充值电话，根据语音流程提示缴纳电费。

（6）固网支付：购买具有刷卡功能的电话，开通固定电话公共支付功能，实现“足不出户，轻松缴费”。目前，电信公司已在一些地区与银联合作，开通这一功能。

（7）支付宝支付。支付宝交纳电费有两种模式，第一种：客户登录供电企业自建“95598”网站，通过“支付宝缴费”菜单进行缴费；第二种：客户登录支付宝网站上直接交纳电费。

（8）电 e 宝：电 e 宝是集公共事业交费、电力在线服务、金融交易服务于一体的民生服务云平台。电 e 宝以电费代收为基础，基于交费场景创新推出电费金融、电子账单位、电子发票、智能用电和代收代扣等服务。电 e 宝具有充值、提现、转账、支付等八项基本功能，以及电力交费、国网商城、电费小红包、供电窗、财富好管家、金财贷、国网商旅、掌上电力等八项特色功能。目前已在部分省上线运行。

3. 特约委托

特约委托收费方式指根据客户、银行、供电企业三方签订电费结算协议，供电企业委托电费开户银行向客户收取电费，从客户银行账户上扣款缴纳的一种方式，俗称“托收”。

银行通常只针对对公账户开放特约委托收费业务，根据付款性质，特约委托收费可分为两种，分别是“无承付”和“承付”。其中托收无承付指客户账户开户银行见凭证后不经账户所有人同意，即按凭证所需将款项划出的一种支付方式；托收承付指客户账户开户银行见凭证后，需经账户所有人同意后，方可按凭证所需将款项划出的一种支付方式。采取无承付方式时，供电企业享有更高的划款优先权。

（1）依据扣款形式的不同，特约委托又可分为电子托收及手工托收两种方式。

1）电子托收是供电公司与委托收款的开户银行利用计算机平台实现客户数据交换，供电公司将客户的应收电费、户号、协议号、开户银行、银行账号等信息传输给委托收款的开户银行，委托收款的开户银行根据供电公司提供的信息，经过数据筛选，将客户的应收电费从其账户中自动划转到供电公司的电费专用账户上的过程。电子托收与代扣业务流程相似，由供电企业以文件形式发起扣款请求，经银行电子清算系统进行扣款，供电企业根据返回文件进行实收销账及未收处理，对于客户账户与供电企业电费账户不属同一开户银行的，委托银行可通过人民银行小额支付系统进行电子清算。供电公司做好电子托收应该做到：① 建立托收客户的完整电子托收信息；② 办理好托收客户委托银行授权书，一式三份，一份送供电公司备查、一份送客户开户银行、一份客户留存；③ 银行数据及时传递、实收数据及时确认销账；④ 未收数据应及时置为退票，交催费人员催费；⑤ 电子托收的到账客户要做好票据交接的签收，防止票据丢失；⑥ 托收方式的确认必须与收费方式一致。

2）手工托收方式，供电企业必须先填写（打印）特约委托收款凭证、电费发票等票据，按客户开户银行（以下简称付款人银行）分类汇总封包，送供电企业开户银行（以下简称收款人银行），与银行共同审核票据及应收款汇总金额、笔数，确认后交接封包，收款人银行将封包送人民银行清算，各付款人银行到人民银行提取清算票据，逐笔按凭证划转电费（签订承付协议的银行方还需与客户确认是否允许扣款），扣款完成后，将扣款成功的凭证回执联及扣款不成功的原始票据（注明退票理由）全部返还到人民银行清算中心，由收款行提票送达给供电企业，供电企业依据返回票据确认业务系统收费。这一过程环节众多，周期较长，通常需 2～5 天，有时因付款银行处理不及时等原因，周期甚至可能超过 10 天，极端情况下还会出现清算票据遗失，即无退票也无返回的情况，当出现超期时，收费人员应及时与银行取得联系，追查票据，催办划款，才能保障电费如期回收。在有些地区，手工托收流程也实现了电力方的电子化处理，即在供电企业向收款人银行交接清算票据同时提供电子扣款文件，付款人银行负责根据清算完成后的票据登记实收及退票，通过电子文件方式返回清算结果，方便供电企业电子销账。特约委托手工托收方式虽然操作复杂、周期长，但满足了托收承付客户的需要，因此也是必不可少的。

（2）特约委托业务处理中的常见问题处理：

1）增值税客户：增值税发票不能随托收凭证一起送银行，这类客户在委托收款时打印普通电费发票或销货清单，待收款成功后，客户凭普通发票或销货清单到供电企业办理换票。

2）分次划拨客户：对采用分次划拨的客户，前几次托收时打印收据，月末最后一次结算电费时打印电费发票及明细账单。

3）分次结算客户：采用分次结算的客户，每次结算都开具发票并委托收费，在月末最后一次结算时，除打印电费发票外还需提供全月电费清单一并封包至收款银行办理扣款。

4）退票处理：对于银行退票，应如实登记退票信息，对因客户账户错误导致的扣款不成功电费进行核查处理；对因资金不足导致扣款不成功的，通过“95598”业务处理或催费人员及时通知客户尽快缴纳电费。

5）重新托收：退票核实原因后，需要重托的，若电费违约金发生变化的，应将原发票作费，重新打印发票后托出。

6）并笔托收：多个用电客户可以通过一个银行账号进行托收。发票上的单位名称可以以被托收的付款单位名称开具。供电企业可以为这些客户确定关联缴费关系，并笔打印托收凭证，并笔申请划款。

7）托收管理人员应及时到电费开户银行索取银行的到账通知单，以便及时销账。

8）未退未回处理。超过正常日期未返回托收回单的，托收人员应联系收、付银行，尽可能追回票据，重新处理，对于确实无法找回票据的，应登记未退未回信息，通知客户，同时找出相应电费发票存根联，复印作为发票，补齐收款凭证后按退票的操作方式重新托出电费，或转入其他收费方式尽快回收电费。

（3）样例。

电费付款授权书如表 2–5–1 所示。

表 2–5–1　　电费付款授权书

电费付款授权书

委托人：国营城南钢铁厂（以下称委托人）

地址：江苏省南京市解放南路 22 号电话：023–33214050

法定代表人（负责人）：王一宏（个人免填）

付款代理人：江苏省工商银行城南分行（以下简称付款代理人）

地址：江苏省南京市洪武路 90 号电话：023–33219878

法定代表人（或负责人）：

为保证电费收费工作的顺利进行，提高供用电双方的工作效率，本着平等合作的原则，委托人授权付款代理人办理下列事务：

一、委托人以其在江苏省工商银行城南分行银行开设的账户（户名为江苏省南京市解放南路 22 号、账号为 0980035241768432）作为划拨电费的指定账户（以下简称指定账户），供电公司通过付款代理人从指定账户上支付电费，付款代理人无须事前通知委托人，由此产生的法律后果和法律责任由委托人承担。

二、委托人应在其指定账户中保留足够余额，因指定账户余额不足支付电费而产生的经济纠纷和违约责任由委托人承担。

三、委托人若决定终止委托，应携带本授权书原件及书面终止委托申请书到付款人营业机构办理终止委托手续，并告知供电公司，因委托人未告知原因所造成的经济纠纷和违约责任由委托人承担。

四、本授权书一式三份，委托人、付款代理人、供电公司各执一份。

五、本授权书自委托人签章之日起生效，在委托人终止委托之日起失效。

委托人签章（单位预留签印）

2012 年 3 月 18 日

4. 分次划拨电费

分次划拨电费指根据加强电费风险控制与管理要求，对月用电量较大的电力客户实行每月分次划拨电费，月末抄表后结清当月电费的收费方式。分次划拨电费的业务处理流程如下：

（1）供电企业与客户签订分次划拨协议，在协议中约定每月电费划拨次数，每次缴款的金额、缴款所采用的方式等。在划拨协议中，一般每月划拨次数不少于三次，每次划拨金额计算方式有定额（固定金额）、系数（按上月电量的一定比例）两种方式。

（2）根据客户分次划拨协议，按日或按月生成分次划拨计划并形成应收，划拨计划包括：客户编号、年月、期数、金额、划拨违约金计算日期等。

（3）客户根据分次划拨协议按时缴纳每期的划拨金额，记入到预存电费中，供电企业为客户出具收据。对于逾期未缴的，供电企业采用各种策略开展催费。

（4）记录分次划拨实收信息，在月末抄表电费发行后根据前期缴费情况计算尾款，生成缴费明细清单，请客户补交剩余部分电费，如果有溢收，可以作为预收，在下月分次划拨时扣除本部分预收，或者直接退还给客户。结清电费后，为客户开具全额电费发票。

在办理分次划拨电费业务时，应注意以下问题：

（1）在签订分次划拨电费协议期间，具体划拨期数、额度的确定要与客户充分协商，即不能期中缴费金额太小，不足以控制风险，又不能定得太大，占用客户资金。

（2）供电企业收费人员应注意检查分次划拨情况，对于没有按计划执行的，查明原因及时处理。

（3）月底统计本期分次划拨计划应收及实收，对分次划拨客户数量增减进行分析，保障电量较大客户电费资金的安全回收。

5. 电费预结算

电费预结算指供用电双方根据签订的合同或协议，由用电方在供电公司发行当期电费之前按照约定支付部分或全部电费。电费预结算分为购电预结算、分次预结算、其他预结算等。

对客户实施电费预结算前，必须与客户签订供用电合同或电费结算协议，明确电费预结算的具体方式，以及双方的权利和义务。可以按客户用电容量确定电费预结算方式：

（1）对新增用电容量在 50kVA（kW）以下的用电客户，原则上除居民客户外应安装卡式电能表，推广电卡表购电预结算方式。

（2）对用电容量在 50kVA（kW）及以上的用电客户，办理新装、增容业务时，原则上采取购电预结算方式。

（3）重要客户和 315kVA 及以上容量的大工业用电客户也可每月按客户实际用电量实行分次预结算电费方式。每月 6 日按实预结算 1～5 日使用电量（或上月抄表日至本月 5 日电量），14 日按实预结算 6～13 日使用电量，22 日按实预结算 14～21 日使用电量，月末最后一天（次月 1 日）或正常抄表日结清当月电费。

二、复杂的电费资金结算方式

1. 汇票

汇票指出票人签发的，委托付款人在见票时或者在指定日期无条件支付确定的金额给收款人或持票人的票据。汇票是委托证券，其付款日可有见票即付、定日付款、出票后定期付款、见票后定期付款四种方式，出票时将载于汇票上。其中除见票即付方式外，其余三种均为远期付款方式。通常汇票分为银行汇票和商业汇票。其中银行汇票指汇款人将款项交存当地银行，由银行签发给汇款人持往异地办理转账结算或支取现金的票据，多用于付款人异地办理转账结算，其出票人、付款人均为银行。商业汇票指由收款人或存款人签发，由承兑人承兑，并于到期日向收款人或被背书人支付款项的一种票据。按其承兑人不同，商业汇票又分为银行承兑汇票和商业承兑汇票。银行承兑汇票利用银行的资金信誉，由银行向收款人承诺，具有更高的安全性。商业汇票作为远期汇票，承兑期限由交易双方商定，一般为 3～6 个月，最长不得超过 9 个月，远期商业汇票必须以商品交易为基础，以防止利用商业汇票拆借资金、套取银行贴现资金。银行汇票格式如图 2–5–1 和图 2–5–2 所示；银行承兑汇票格式如图 2–5–3 所示。

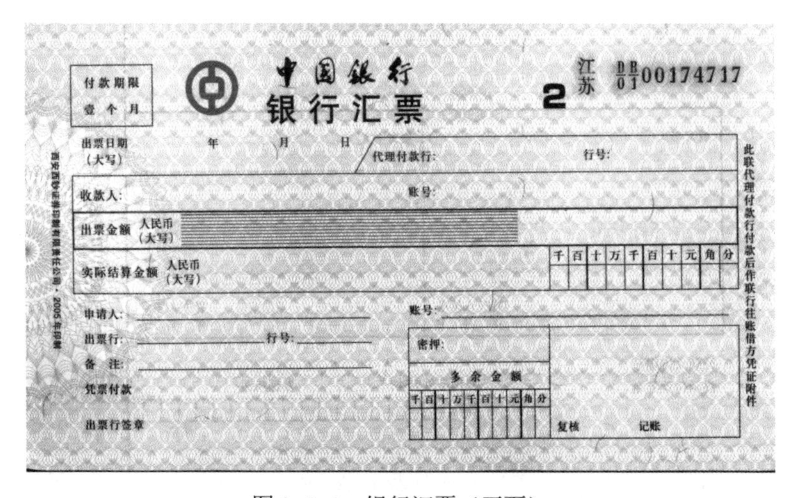

付款期限
壹个月

中国银行
银行汇票　2　江苏　DB/01 00174717

出票日期（大写）　年　月　日　代理付款行：　行号：

收款人：　账号：

出票金额　人民币（大写）

实际结算金额　人民币（大写）

千	百	十	万	千	百	十	元	角	分

申请人：　账号：

出票行：　行号：

备　注：

凭票付款

出票行签章

密押：

多余金额

千	百	十	万	千	百	十	元	角	分

复核　记账

此联代理付款行付款后作联行往账借方凭证附件

2005年印制

图 2–5–1　银行汇票（正面）

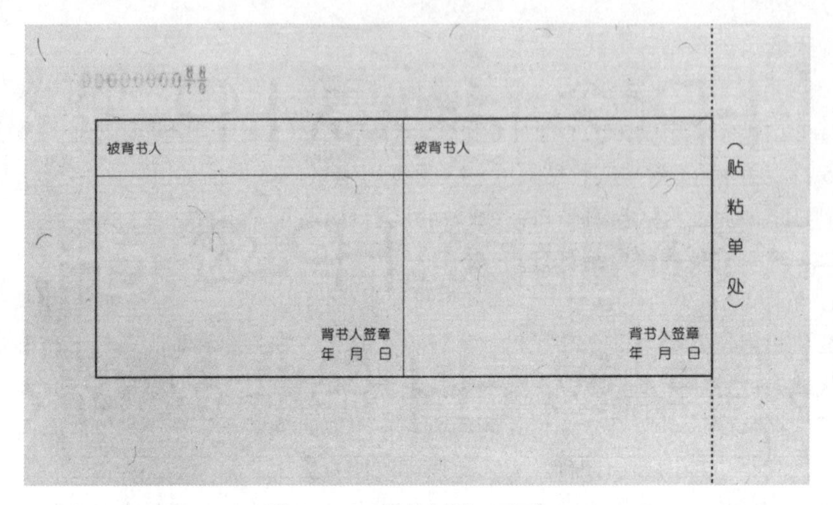

被背书人 | 被背书人

背书人签章 年 月 日 | 背书人签章 年 月 日

（贴粘单处）

图 2–5–2　银行汇票（正面）

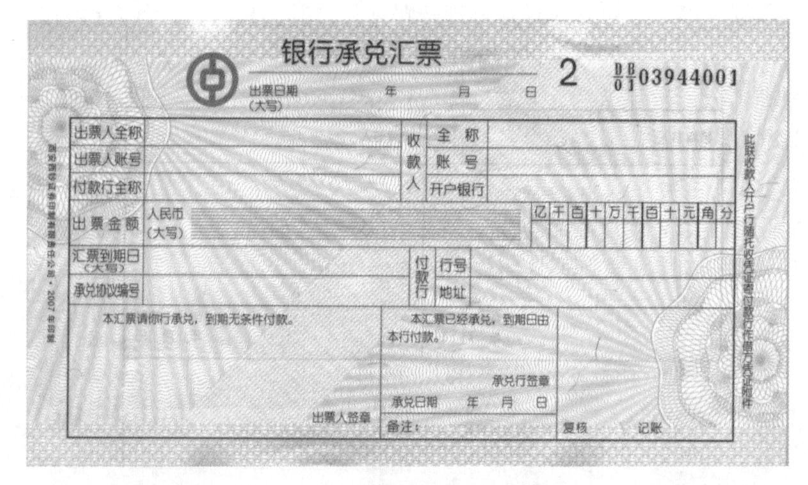

银行承兑汇票　2　DB/01 03944001

出票日期（大写）　年　月　日

出票人全称
出票人账号
付款行全称
收款人　全称　账号　开户银行
出票金额　人民币（大写）　亿 千 百 十 万 千 百 十 元 角 分
汇票到期日（大写）
付款行　行号　地址
承兑协议编号

本汇票请你行承兑，到期无条件付款。
出票人签章

本汇票已经承兑，到期日由本行付款。
承兑行签章
承兑日期　年　月　日
备注：

复核　记账

此联收款人开户行随托收凭证寄付款行作借方凭证附件

图 2–5–3　银行承兑汇票（正面）

多数汇票为远期付款，客户若要求以汇票形式结算电费，电费资金将存在承兑风险，为保障资金安全，供电企业需安排熟悉凭证票据管理的专业财会人员办理汇票的结算，并制定严格的内部处理流程，约定汇票收取、处置办法。内部处理流程应包括以下基本要素：

（1）客户申请以汇票方式结算电费。

（2）基层收费人员向分管领导或上级主管部门提交客户申请。

（3）分管领导审批同意结算的，通知收费人员收取汇票，不同意则要求收费员通知客户以其他方式缴纳电费。对于远期汇票，收费人员应提示客户签发金额中需承担远期支付电费相应的违约金。

（4）收费人员收到汇票，按汇票审验的一般要求审验汇票，不合格退回付款单位重签发。

（5）收费人员将收到的合格汇票上缴单位（或上级主管单位）财务部门，并办理交接手续，登记备查。

（6）财务部门按汇票使用程序办理结算。

（7）结算成功的，通知基层收费人员作电费销账处理，未成功的，通知催收电费。

由于汇票的结算程序专业性强，操作复杂，且由专业账务人员处理，因此在此不做详细讲解。另外，根据以上讲解，商业承兑汇票的结算具有极大的风险性，因此在电费回收工作中，应尽可能避免客户以该方式结算电费，一些供电企业甚至明文规定不允许使用商业承兑汇票。

收费人员收到电费客户提供的银行汇票，要审查汇票的有效性，具体包括如下三个方面：

（1）审查银行汇票的必须记载事项，银行汇票欠缺一项必须记载事项，则汇票无效，不能接收。

1）表明“银行汇票”的字样。

2）无条件支付的承诺。

3）确定的金额。

4）付款人名称。

5）收款人名称。

6）出票日期。

7）出票人签章。

汇票上记载付款日期、付款地、出票地等事项的，应当清楚、明确。

汇票上未记载付款日期的，为见票即付。

汇票上未记载付款地的，付款人的营业场所、住所或者居住地为付款地。

汇票上未记载出票地的，出票人的营业场所、住所或者经常居住地为出票地。

（2）审查银行汇票中是否存在构成该汇票无效的行为，如果有以下任意一个或几个行为则汇票无效，不能接收。

1）银行汇票的金额、出票日期、收款人名称不得更改，更改的票据无效。对票据上的其他记载事项，原记载人可以更改，更改时应当由原记载人在更改处签章证明。

2）银行汇票金额以中文大写和阿拉伯数码同时记载，二者必须一致，二者不一致的票据无效。

3）背书不得附有条件，背书附有条件的，所附条件不具有汇票上的效力，同时将汇票金额一部分转让的背书或者将汇票金额分别转让给两人以上的背书无效。

4）银行汇票的实际结算金额不得更改，更改实际结算金额的银行汇票无效。

5）公司催告期间票据转让的行为无效。

6）现金银行汇票不得背书转让，背书转让后转让行为无效。

（3）以下票据供电方不得受理：

1）银行汇票提示付款期限自出票日起 1 个月（不分大月小月，按对月对日计算，到期遇节假日顺延，下同），持票人超过付款期限提示付款的，代理付款人不予受理。

2）持票人向银行提示付款时，必须同时提交银行汇票和解讫通知，缺少任何一联，银行不予受理。

3）银行汇票允许背书转让。背书转让必须连续，背书使用粘单的应按规定由第一个使用粘单的背书人加盖骑缝章。

4）出票人在汇票上记载“不得转让”字样，汇票不得转让。

在确认该汇票的有效性之后，应按客户缴纳的电费金额，在汇票和解款通知上填写实际结算金额和多余金额，在汇票背面提示付款人处加盖供电部门的财务专用章，并填写银行存款进账单，交银行进账，然后凭银行加盖的“转讫”的进账回单，借记银行存款，贷记产品销售收入——电力销售收入。

2. 本票

本票指出票人签发的，承诺自己在见票时无条件支付确定的金额给收款人或者持票人的票据。根据出票人的不同，可以将本票分为银行本票和商业本票。

银行本票是银行签发的，承诺自己在见票时无条件支付确定的金额给收款人或者持票人的票据。银行本票是银行提供的一种银行信用，见票即付，可当场抵用。银行本票的提示付款期限自出票日起一个月。银行本票格式如图 2–5–4 所示。

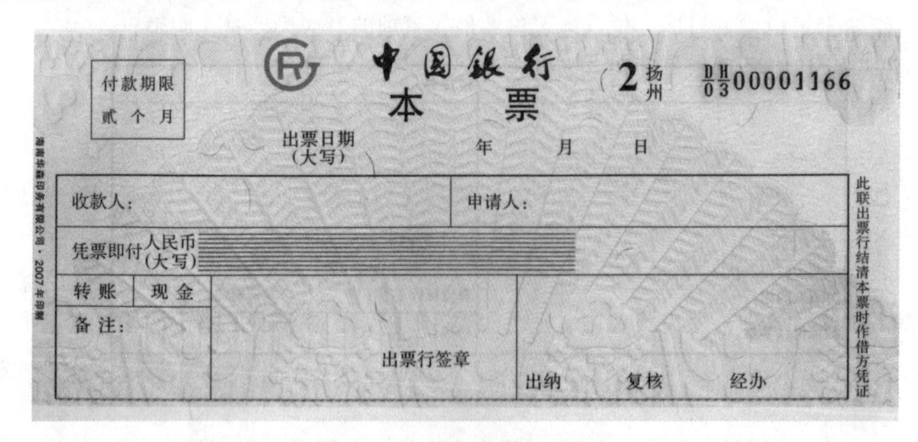

付款期限 贰个月

中国银行 本票　2 扬州　DH/03 00001166

出票日期（大写）　年　月　日

收款人：		申请人：
凭票即付 人民币（大写）		
转账　现金	出票行签章	出纳　复核　经办
备注：		

此联出票行结清本票时作借方凭证

图 2–5–4　银行本票（正面）

商业本票，又称一般本票，指企业为筹措短期资金，由企业署名担保发行的本票。商业本票的发行多采用折价方式，根据其发行目的，又可分为交易商业本票和融资商业本票两种。

本票作为一种“预约证券”，其实际资金结算存在着一定的风险，因此接收本票作为缴纳电费的资金也需要经过严格的审批确认手续，其操作流程与汇票大致相同。同时，由于两类本票的资金风险不一样，其中银行本票资金风险小，建议在电费回收工作中，避免接收商业本票。

除按上述流程办理本票结算电费手续外，收费员在收取本票时，还需注意审验以下事项：

（1）收款人是否确为本单位或本人。

（2）银行本票是否在提示付款期限内。

（3）必须记载的事项是否齐全。

（4）出票人签章是否符合规定，不定额银行本票是否有压数机压印的出票金额，并与大写出票金额一致。

（5）出票金额、出票日期、收款人名称是否更改，更改的其他记载事项是否由原记载人签章证明。

3. 内部账单

客户缴纳的电费资金若以各种形式反映到供电企业经费账户或直接上划到上级主管单位时，电费实收销账以相应账务部门收到款项后的内部账单为依据。供电企业收费人员在收到账务部门或上级主管部门转来的内部账单并审核确认有效后，进行电费实收销账并为客户开具电费发票。

收费人员收到该类电费结算凭据时，应注意与相应账务部门及时沟通，核实缴款事实，以防止错销电费。

4. 列账单

当客户需要通过物电互抵方式缴纳电费时，应与供电企业就抵缴电费金额及相应物资进行协商，达成协议后，形成列账单并经双方审批确认后，办理物资转移手续，所有手续完成后，供电企业收费人员使用具有审批权限的财务部门出具的列账单作为收费依据进行相应电费销账。

三、收费业务的发展趋势

随着金融行业的飞速发展和金融产品的不断丰富，电费支付的电子化程度将不断提高，例如，非收款银行或付款银行的第三方网点支票进账、特约委托完全电子化清算等电子化支付形式都将成为可能。同时，随着各行业与金融行业的空前合作，跨行业支付业务的互通技术已完全成熟，基于共赢经营理念的跨行业合作将直接施惠于最终客户。

【思考与练习】

1. 试述特约委托业务的常见分类及相应处理流程。

2. 结合工作实际，谈谈在特约委托收费过程中遇到的常见问题及处理方法。

3. 试述常见的自助缴费形式。

4. 试述汇票收费的业务流程。

模块 6 重要客户和高危企业催缴电费、欠费停限电通知书内容和要求（Z25F1006Ⅲ）

【模块描述】本模块包含重要客户催缴电费、欠费停限电通知书的内容和要求等内容。通过概念描述、术语说明、流程图解示意、要点归纳、示例介绍，熟悉催缴电费、欠费停限电通知书的内容，掌握填写要求和发送程序。

【模块内容】

电费催费人员要掌握重要客户和高危企业催缴电费通知书、欠费停（限）电通知书的填写内容及要求。在采取停（限）电前一定要严格按审批程序进行，做好停（限）电的申报、审批和送达工作。

以下重点介绍重要客户和高危企业催缴电费通知书和欠费停（限）电通知书的填写内容及要求、催缴电费通知书的发送和业务流程、欠费停（限）电通知书的申报、审批和发送。

一、重要客户和高危企业催缴电费通知书

1. 填写内容及要求

对重要客户和高危企业欠费进行催费时填写重要客户和高危企业催缴电费通知书，填写内容如下：

（1）年月：填写催缴电费的年份和月份。

（2）抄表段：客户所在供电部门抄表区段。

（3）户号：营销技术支持系统中客户编号。

（4）户名：欠费客户的名称。

（5）截止日期：客户欠费截止日期。

（6）通知日期：通知客户日期。

（7）欠费金额（元）：客户欠费金额。

（8）签收人：接受催缴电费通知书人姓名。

（9）催款电话：供电企业负责催缴电费部门电话。

（10）陈欠电费（元）：客户本月之前欠费金额。

（11）本月电费（元）：客户本月欠费金额。

（12）合计欠费（元）：陈欠电费和本月欠费合计数。

（13）通知人：送达催缴电费通知书人姓名。

（14）供电单位：供电单位名称。

在填写重要客户和高危企业催缴电费通知书时应注意，签收人项必须手工填写本人姓名，其他项由系统打印。

2. 催缴电费通知书的发送

重要客户和高危企业催缴电费通知书必须按填写要求填齐项目内容，由催费人员到现场送交给客户。催缴电费通知书必须由客户法定代表人、组织的主要负责人或者是该法人、组织负责收件的人签收。催缴电费通知书必须按规定时间填写、发放。

3. 业务流程

重要客户和高危企业催缴电费流程图如图 2–6–1 所示。

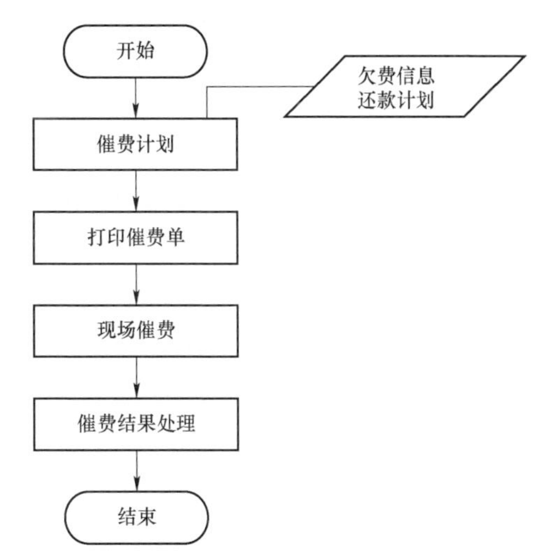

图 2–6–1　重要客户和高危企业催缴电费流程图

催费后，要记录催费结果。对于确有困难无法一次还清欠费的重要客户和高危企业，应向主管汇报，经批准后可以同客户签订还款计划，对还款计划进行记录和归档，并监督是否按计划执行。

二、重要客户和高危企业欠费停（限）电通知书

1. 填写内容及要求

（1）客户名称：欠费客户名称。

（2）停（限）电类别：停限电原因，本例为欠费。

（3）填写时间：填写欠费停（限）电通知时间。

（4）处理单号：停（限）电处理单编号。

（5）通知书编号：通知书顺序号。

（6）欠费起始时间：客户欠费开始月份和截止月份。

（7）停（限）电时间：计划对客户进行停（限）电的时间。

（8）欠费金额：当年欠费和旧欠电费合计数。

（9）当年欠费：当年欠费金额。

（10）旧欠电费：上年底以前欠费金额。

（11）客户签收人：签收停（限）电通知书人姓名。

（12）承办送达人：送达停（限）电通知书人姓名。

（13）留置送达见证人：见证停（限）电通知书留置送达人姓名。

（14）送签收地点：停（限）电通知书送达签收地点。

（15）送达签收时间：停（限）电通知书送达签收时间。

在填写重要客户和高危企业欠费停限电通知书时应注意，客户签收人、承办送达人、留置送达见证人、送签收地点、送达签收时间等，必须手工填写。其他项由信息系统打印。

2. 欠费停（限）电通知书的申报

（1）对重要客户和高危企业，经多次催缴仍未结清电费的，由催收人提出欠费停限电申请，向上级部门进行申报。

（2）对重要客户和高危企业的停限电申请，要注明停限电的原因、时间及欠费客户停限电的范围，同时要对客户用电情况进行简要介绍，对停电后对客户的影响程度进行分析。

（3）在停限电申请批准后，方可向客户下达欠费停（限）电通知书。

3. 欠费停（限）电通知书的审批

重要客户和高危企业的停限电申请，由营销主管部门提出申请，主管营销负责人进行审核，供电企业负责人批准，同时报送省公司营销部和同级政府电力主管部门备案。在审批重要客户和高危企业的停限电申请时，要对客户用电情况进行认真了解，充分估计停限电对客户的影响。

4. 欠费停（限）电通知书的发送

（1）根据批准后的停限电申请，制定重要客户和高危企业欠费停限电计划，打印欠费停（限）电通知书，加盖公章后，由催收人提前 7 天将停限电通知书送达给客户，同时要将停（限）电通知书抄送其主管部门、同级电力管理部门等。

（2）在送达重要客户和高危企业停（限）电通知书时，一般采取直接送达的方式，将停（限）电通知书送达客户和相关部门负责人手中。如果客户拒不签收，供电部门也采取公证送达的方式发送停（限）电通知书，为供电企业的合法行为保留合法的凭证和依据。

（3）在客户签收停（限）电通知书时，必须要对签收人的身份进行审核。签收人应当是客户法人的法定代表人、组织的主要负责人或者是该法人、组织负责收件的人，签收人在通知书上所签的姓名要与其本人身份证姓名相符。

【思考与练习】

1. 重要客户和高危企业催缴电费通知书有哪些内容？
2. 重要客户和高危企业欠费停（限）电通知书有哪些内容？
3. 在审批重要客户和高危企业的停限电申请时，应注意哪些问题？
4. 在发送重要客户和高危企业的停（限）电通知书时，还应向哪些部门进行抄报？
5. 为什么要对停（限）电通知书的签收人身份进行审核？

模块7　重要客户和高危企业停限电操作程序和注意事项（Z25F1007Ⅲ）

【模块描述】本模块包含重要客户和高危企业停限电操作程序和注意事项等内容。通过概念描述、术语说明、条文解释、要点归纳、示例介绍，掌握停限电操作程序和注意事项。

【模块内容】

停限电操作人员在实施停限电操作时必须严格按规定、规程审慎停电，依规定操作。在实施停限电前 30min，将停限电时间再次通知客户，使其做好准备。工作每一个环节都要有记录，对有重要负荷的客户不能停限保安电源，同时上报有关部门备案，对实施停限电后的事态给予关注。

以下重点介绍重要客户和高危企业停限电操作程序及注意事项。

一、重要客户和高危企业停限电操作程序及注意事项

以下内容着重介绍重要客户和高危企业欠费时所采取的停限电操作程序及注意事项和危险点控制，欠费结清或符合复电要求，进行复电程序。

1. 相关规定及操作程序

规范重要客户和高危企业停限电操作程序，把握对重要客户和高危企业停限电的注意事项，是供电企业防范经营风险，减少或避免法律纠纷的重要环节。对重要客户和高危企业停限电，必须严格按照相关法律法规的规定执行。

（1）按《电力供应与使用条例》第三十九条规定："逾期未交付电费的，供电企业可以从逾期之日起，每日按照电费总额的千分之一至千分之三加收违约金，具体比例由供用电双方在供用电合同中约定；自逾期之日起计算超过 30 日，经催交仍未交付电费的，供电企业可以按照国家规定的程序停止供电"。

（2）《供电营业规则》第六十七条规定：

"除因故中止供电外，供电企业需对客户停止供电时，应按下列程序办理停电手续；

1）应将停电的客户、原因、时间报本单位负责人批准。批准权限和程序由省电网

经营企业制定。

2）在停电前3～7天内，将停电通知书送达客户，对重要客户的停电，应将停电通知书报送同级电力管理部门。

3）在停电前 30min，将停电时间再通知客户一次，方可在通知规定时间实施停电”。

（3）《供电营业规则》第六十九条规定：“引起停电或限电的原因消除后，供电企业应在三日内恢复供电。不能在三日内恢复供电的，供电企业应向客户说明原因”。

（4）对重要客户和高危企业停限电，在严格执行上述法律法规的条款基础之上，还要注意以下事项：

1）停限电前，认真核对停限电计划和停限电通知书发送记录，确认客户在计划停限电时间到达时，7天前已收到停限电通知书。

2）停限电前对客户用电情况要认真了解，充分估计停限电对客户的影响，督促客户及时调整用电负荷，做好停电准备。对企业的生产用电情况要进行现场检查，掌握现场是否具备停限电条件。

3）严格按照停（限）电通知书上确定的时间实施停限电工作。

4）在实施停限电操作 30min 前将停限电时间再次通知客户，详细记录通知信息，并做好电话录音。

5）停限电前再次查询客户是否已缴清电费，已缴清电费的应及时终止停电流程。

6）停限电前，停电客户仍未交清电费的但申请恢复送电，按停电审批级别申报审批。审批同意后方实施复电。

7）停（限）电计划、停（限）电通知书的送达及签收、停电实施信息和复送电信息必须及时记录。

2. 业务流程

重要客户和高危企业停限电操作流程图如图 2–7–1 所示。

3. 注意事项及危险点控制

（1）对需要采用停限电的欠费客户首先要制定停限电计划，并按分级审批的原则报相关部门审批；将需要由生产部门、用电检查、负荷管理系统实施停电的客户清单发送给本单位生产系统、用电检查、电能量采集系统。

（2）“停（限）电通知书”在送达客户时要履行签收手续，客户拒绝签收的应采用“公证”等措施，防范法律风险；在实施停（限）电操作前再次通知客户时要做好电话录音，记录通知信息，包括通知人、通知时间、接收通知人员、通知方式等。

（3）停电前检查现场。现场检查人员向相关职能部门人员发出是否能够实施停电操作的通知。现场不具备停限电条件的要暂时终止停电操作。防范停限电造成人身伤

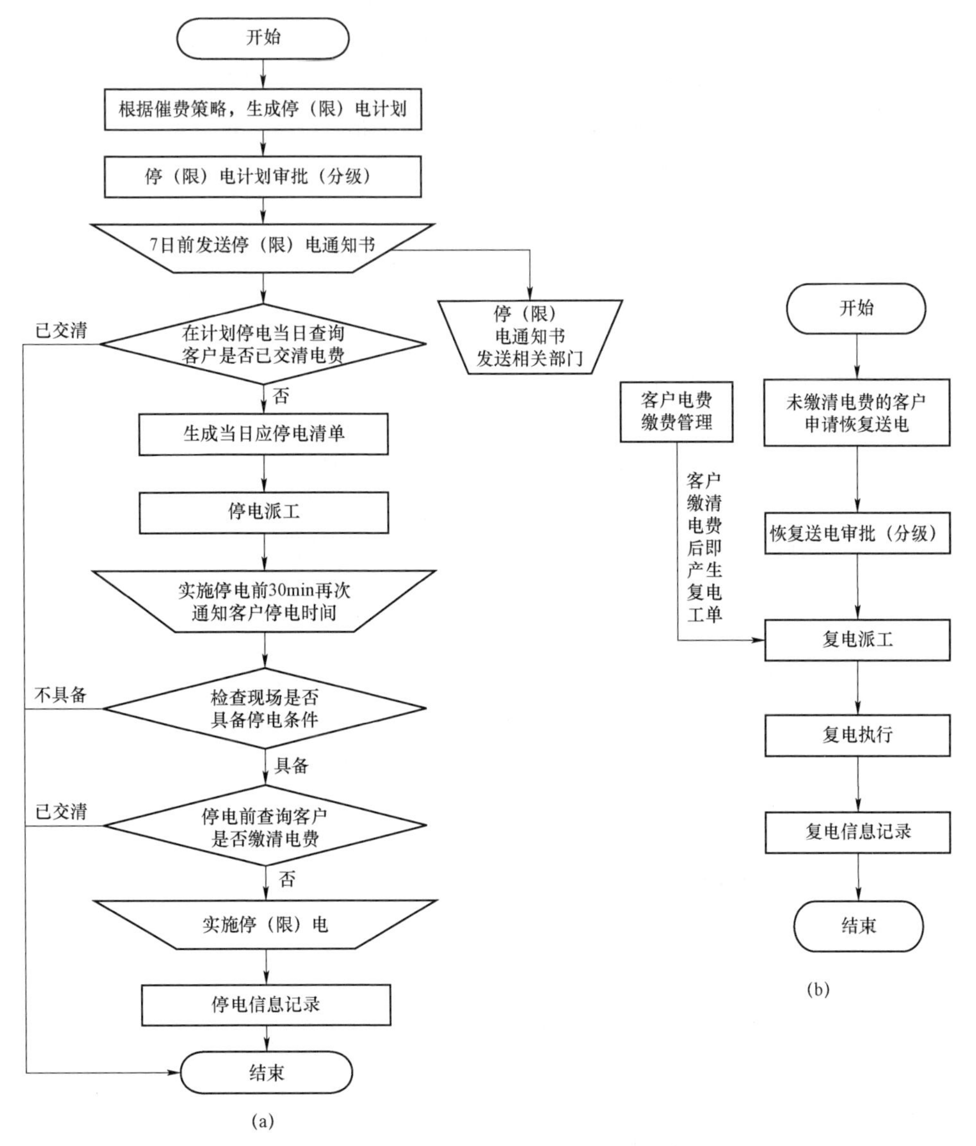

图 2–7–1 重要客户和高危企业停限电操作流程图

（a）欠费停电操作流程；（b）复电操作流程

亡和环境污染等安全事故的风险。

（4）实施停限电要严格依法执行，严谨操作，对有重要负荷的客户不能停限保安电源，同时上报有关部门备案，对实施停限电后的事态给予关注。法律是维护企业权利的根本保证，一定要做到周密严谨，不留后患。

（5）对有重要负荷性质、停电后可能引起人身伤亡、发生重大设备事故和政治影响的重要客户，在停限电前，应对客户的用电安全进行检查，在通知书规定的时间前15min发出警告，停限电时间到达时，发出正式停电指令，正式指令发出15min后执行具体操作，以便客户做好准备。

（6）停电前应确认客户是否已缴清电费，已缴清电费的应及时终止停电。防范擅自停电行为和停电可能出现的不良后果。停电客户交清电费后，要按规定及时复电。

（7）对停电客户仍未交清电费申请恢复送电的，审批同意后复电。

二、案例

【例2-7-1】某玻璃厂停电赔偿案。

某玻璃厂（原告）与某供电公司（被告）一直是供用电关系双方。2012年6月20日，被告向原告下达一份“欠费停电通知书”，言明“您单位欠2012年电费及违约金3000元，至今未缴。自7月1日起，对您单位停止供电（限电）”。之后，被告并未停电，仍旧连续向原告供电。原告在2012年10月27日已支付当年9月份电费2万元。

2012年11月4日在被告未向原告下达任何书面通知的情况下，突然采取措施，停止向原告供电。事后于11月6日就其停电一事，向原告补送了一份“欠费停电通知书”，言明“您单位欠2012年当年及以前电费及违约金共计3万元，至今未缴。自11月4日起对您单位停止供电（限电）”。

当某供电公司实施停电之时，某玻璃厂正在生产一批中空浮法玻璃，到11月6日恢复通电时，由于停电致使玻璃制造工艺流程中断，造成玻璃水不能保温，从而引起玻璃水不能凝固，使生产线上的产品报废，经物价部门核实总价值为32万元。某玻璃厂因此提起诉讼，要求赔偿损失。

某市中级人民法院认为原告与被告之间是事实上的供用电关系双方，应遵守《中华人民共和国电力法》及相关的《电力供应与使用条例》和《供电营业规则》规定。被告在未能确定原告是否拖欠电费的情况下，又不按照法定程序，擅自先行停电，再补送“欠费停电通知书”是违反法定停电程序的行为。被告随意中断供电，而非电力事故，给原告造成的经济损失，应承担责任。赔偿由此给原告造成的直接经济损失。故此，依照《中华人民共和国电力法》第四条、第五十九条，《电力供应与使用条例》第四十二条和《供电营业规则》第六十七条的规定，判决：被告（某供电局）赔偿原告（某玻璃厂）经济损失32万元并承担案件受理费。

案例分析：

后该供电公司通过上诉而减少了赔偿数额，但其未按法定程序停电行为的性质是难以改变的。此案是一起典型的颠倒停电程序操作案例。对欠费客户停（限）电是法律赋予供电企业的权利，但必须树立严格按照法定程序停电的意识。只有停电程序合法，自觉养成程序意识，才能最有效地保障供电企业的电费实体权益。

【思考与练习】

1. 对欠费客户实施停限电有哪些法律依据？

2. 重要客户、高危企业停限电注意事项及危险点控制有哪些？

3. 停电客户未缴清电费申请恢复送电应如何处理？

4. 实施停电前，是否应该电话查询客户是否已缴清电费？已缴清电费的应如何处理？

模块8 电费风险因素的调查与分析（Z25F1008Ⅰ）

【模块描述】本模块包含开展电费风险因素调查与分析的意义、电费风险因素调查内容及分析方法等内容。通过概念描述、术语说明、要点归纳、示例介绍，掌握调查分析方法，能对风险因素进行分类管理。

【模块内容】

本模块介绍开展电费风险因素调查与分析的意义，讲述调查前期工作要求，讲解电费风险因素调查内容及分析方法，对风险因素进行分类管理，按政策性、经营性、管理性、法律性原因对发生风险的可能性、必然性、变动性和不确定性进行分析。

以下重点介绍开展电费风险因素调查与分析的意义、供用电合同的签订和履约情况、对每类客户群进行细分。

一、开展电费风险因素调查与分析的意义

1. 电费风险因素调查与分析的作用

通过收集与电费回收风险相关的信息，进行分析、比较，甄别影响电费回收的关键因素，并对风险因素进行分类管理。开展电费风险因素调查与分析是有效地预警、降低和化解电费回收风险，防范发生新欠电费和电费呆坏账。

2. 调查前期工作要求

根据不同客户电费风险因素的特点，对客户群进行分类，明确各类客户信息所包含数据项；通过周期性的数据采集，获取完整、准确、规范的客户信息。初步划分出不同客户群体类别，按不同层次、客户类别、容量、缴费难易程度分别开展调查。

二、电费风险因素调查内容及分析方法

1. 调查项目

（1）项目内容。制定科学、合理的客户调查方案，在对各类客户有关情况进行调查时要综合分析以下八个方面的内容：

1）客户的缴费能力和缴费时间。在进行调查前要对各客户群以往的缴费能力和缴

费时间进行了解，通过查阅一个周期年需调查客户档案，了解客户各月电费回收情况、回收日期，是否存在延迟回收及跨月欠费情况等。

在现场调查时要对目前及今后客户的缴费能力和缴费时间作出评估。

2）客户的资金周转、货币回笼的情况。可采取到客户的财务部门了解资金的运转情况，产品货币回笼。如出现资金周转不灵或货币回笼缓慢，要调查其程度。

3）是否发生过违章用电、窃电问题或阻碍扰乱电力生产建设秩序，破坏或危害电力设施事件。通过查阅客户以往的用电检查记录档案，对客户用电行为进行分析，对违章用电、窃电和阻碍扰乱电力生产建设秩序及破坏或危害电力设施事件的行为要进行区分，分别定性。

4）供用电合同的签订和履约情况。供电企业与客户双方的权利义务关系是通过供用电合同来规范的。收费时间、收费额、收费方式、收费措施等都是建立在供用电合同约定的基础之上的。判断客户是否欠交电费，欠交多少，欠交了多长时间等，都要依据供用电合同来判定。检查供用电合同的履约情况，客户是否认真履行供用电合同，在合同的履约过程中有无不良记录，违约行为的发生。

5）客户设备的预试、定校、轮换情况，是否存在用电安全隐患，对电力系统或其他客户能否造成影响。客户变压器、用电设备周期性的试验，计量设备定校、定期轮换是保障客户安全用电、准确计量的首要条件。要调查客户是否按期完成各种试验。客户用电设备安全状况直接影响电网的安全，也可能影响到同一线路或同一变压器其他客户的安全，要通过查阅客户用电检查记录档案等方式，收集资料。

6）了解客户经营管理；企业规模、生产能力、产品销售情况，发展能力和发展潜力等。要对客户的经营管理部门进行现状调查，了解其经营管理情况和企业业绩、企业产品结构、市场占有率、市场发展前景、企业领导人信誉观念、企业文化等情况。是否列入政策性限制行业，是否列入政策性淘汰类行业范围等。

7）了解客户对缴纳电费的重视程度。

通常按其重视程度分为重视、一般、不重视三种情况。

8）了解客户的银行存款、信用和负债情况。可采取到客户开户的银行了解客户的资金运转情况、经常性账上资金余额、资金是否被冻结等；在银行的信用等级。

（2）客户群划分。通过收集的有效客户相关信息并加以分析、定性，归类不同属性和行为特征的客户群，对客户信用、风险进行评估，依据评估结果找出信用客户、重要客户、失信客户及风险客户，并分别对其进行管理，对每类客户群进行细分。

1）客户细分。

a. 根据电力营销各业务的特点和要求，按客户属性、用电行为、用电需求、缴费情况等将客户分为不同的客户群，针对目标客户群开展的相关管理决策活动。

客户属性：所属单位、用电类别、行业类别、高能耗行业、电压等级、电价类别、容量、变电所、线路、抄表段、负荷类别、自备电源、信用等级、电费风险等级等。

用电行为：电量电费情况、违约窃电情况、欠费情况、负荷情况。

b. 确定各细分特征之间的关系，确定客户《细分标准》。

c. 对客户细分的标准进行审核，使其符合客户细分的需求目标，对不符合目标的客户细分标准重新调整客户细分特征。

2）客户群管理。根据客户细分标准，从客户档案管理、核算管理、电费收缴及账务管理、用电检查管理获取客户的属性、用电行为等信息，建立客户群。当客户群属性或用电行为发生变化时及时进行动态调整，使得客户群建立符合营销管理的目标。

（3） 风险类别划分。

1）政策性风险：

a. 产业政策调整某些行业被列为限制、淘汰类企业，导致企业限产、停产。

b. 由于金融危机，导致各行业流动资金困难，支付能力弱。

c. 国家电价政策的调整对企业刚性支出的影响。

d. 国际市场需求变化，导致相关企业生产经营萎缩。

e. 土地、矿产资源价格大幅升降，导致相关企业关停并转。

f. 企业改制相关政策的变化而导致债权债务关系的变化。

g. 房地产投资、买卖政策的变化，导致行业低迷。

h. 税收政策的变化、惠农政策的实施对企业的影响。

2）经营性风险：

a. 一次能源市场供求关系变化导致相关企业生产经营困难。

b. 成长期及衰退期产品的生产企业。

c. 停产户产品未改变再启动企业，合同约定的变更。

d. 计量故障和轮换，业务变更等事宜导致争议性电费。

e. 抄表、核算错误导致的电费少计、漏计未能及时更正，导致追诉时效逾期。

f. 毁损计量装置引起电费流失。

g. 高危及重要客户由于重大安全事故和不法经营行为而导致巨额赔偿、罚款。

h. 违章用电、窃电导致电费隐性流失。

i. 应收电费余额过大导致电费滞缴及形成客户旧欠电费。

3）管理性风险：

a. 电费回收组织体系不完善，政令不畅通。

b. 资金管理和保证电费资金安全措施不健全。

c. 抄核收管理不规范、电价政策执行不到位。

d. 电费考核办法不完善，激励和约束机制不到位。

e. 营销人员责任心差、风险意识薄弱、缺乏危机感，用电服务不到位。

f. 供电企业人员发生贪污、截留、挪用电费。

4）法律性风险：

a.《中华人民共和国电力法》规定供电企业在对欠费客户采取停、限电措施时必须在欠费30天并要经过多次催交无效后才可进行，客观上方便个别客户的恶意逃费，造成了恶意客户拖欠两个月电费的后果。

b. 电费担保行为中的循环担保。

c. 供用电合同时效性无法获得法律支持。

d. 产权归属与运行维护责任不清晰、停限电操作不规范，引起的法律纠纷。

2. 风险因素产生的原因

电费回收风险是供电企业在经营过程中，因外部环境或企业内部原因而造成电费不能及时回收甚至造成电费流失的各种可能情况的总和。由于电力商品的特殊性和长期形成先用电、后交款观念，造成电费回收风险的普遍存在。

（1）外部因素：

1）国家宏观经济政策的调控对客户产生的影响。国家对高耗能行业的调控，及时掌握对列入淘汰类、限制类的高耗能企业关停等有关变化的信息。

2）与市场经济相适应的体制和制度建设尚未成熟。

3）日益加剧的市场竞争对客户的影响。

4）客户需求变化对供电企业的挑战。

（2）内部因素：

1）供电企业基础管理薄弱。

2）供电企业内部管理不善。

3）没有建立完善的风险管理机制。

4）管理者和员工普遍缺乏风险意识。

3. 分析方法

（1）收集与风险相关的信息。

（2）对各类信息进行分析、比较，甄别风险因素，重点甄别主要欠费大户电费回收风险因素。

（3）对风险因素进行分类管理，按政策性、经营性、管理性、法律性原因，对发生风险的可能性、必然性、变动性和不确定性进行分析。区分影响风险的主观因素、客观因素，以及各种因素对风险的影响程度。

1）对政策性风险，认真研究国家宏观调控政策的实施给电费回收带来的影响，尤其要加强对高耗能行业的电费风险控制，及时掌握对列入淘汰类、限制类的高耗能企业关停并转等有关变化信息。

2）对经营性风险，要从供电企业内部和外部用电市场两方面进行分析，由于抄表、计量装置故障、违章用电、窃电等原因导致的电费流失；预防经营处于困境的企业和高危及重要客户由于重大安全事故和欠费造成的风险。

3）对管理性风险，要对抄核收管理制度执行情况进行分析，预防和控制电费差错、电费资金被截留或挪用、职务犯罪及用电服务质量等风险。

4）对法律性风险，要研究对欠费客户必须在 30 天并要经过多次催交无效后才可采取停、限电措施，会出现恶意逃费的风险；预防电费担保及各种电费追讨法律手段应用过程中引起的法律纠纷产生的风险。

三、客户电费风险调查案例

【例 2–8–1】某玻璃厂，专线 66kV 供电，合同容量 15 200kVA（自备变压器），变电所出口计量，行业分类为浮法玻璃生产加工业，电价类别为大工业电价，电费采取银行分次划拨方式结算，对其调查结果如下：

（1）到其财务部门了解到资金的周转经常出现不及时，产品货币回笼较慢。

（2）查客户缴费档案了解到其缴费能力一般，2012 年中共有 4 个月延期缴费，未形成跨月欠费。

（3）用电检查档案记载，曾发生过两次基建用电私自接入到生产用电线路上，存在客户变电所安全隐患两处，现场检查仍未整改。

（4）查合同档案显示按期签订供用电合同，在合同的履约过程中无不良记录。

（5）到其经营管理部门进行现状调查，了解到企业经营状况一般、产品有 1/10 积压，但尚未出现亏损，市场占有率呈下降趋势，未被列入政策性限制行业或淘汰类行业范围。

（6）到客户开户的银行了解到客户的资金运转情况，由于客户银行存款经常空头，贷款较多，信用等级为三级，存在缴费风险。

（7）与客户财务主管领导了解客户对缴纳电费的重视程度为一般，经常发生其他用途挤占应缴电费现象。

（8）了解到企业经营性质未发生改变，但存在较大缴费风险。

对上述 8 项调查结果进行综合分析，得出如表 2–8–1 所示的客户电费风险因素调查表。

表 2-8-1 客户电费风险因素调查表

编号	户号	户名	合同容量（kVA）	资金周转	客户缴费能力	安全用电、合法用电	银行信用等级	经营状况	缴费意识	经营性质及缴费风险判断	合同签订、履约	综合情况分析
DGY 001	0220002153	某玻璃厂	15 200	资金周转不及时，产品货币回笼较慢	缴费能力一般，2012年延期缴费4个月	变电所安全隐患两处，基建用电高价低用两次	银行存款经常空头，贷款较多，信用等级三级	经营状况一般、产品有1/10积压，无亏损	重视程度一般，经常发生挤占电费现象	缴费风险较大	按期签订，认真履约	客户能认真履行合同，未发生欠费。但由于经营出现产品积压，资金周转不及时，对缴电费有拖延现象，并存在用电安全隐患，存在较大电费风险

注：本表用于对客户电费信用风险预警分析管理。

【思考与练习】

1. 开展电费风险调查应遵循什么原则？
2. 调查项目有几部分组成？具体内容有哪些？
3. 如何对客户群进行划分？
4. 风险类别划分包括几部分？
5. 风险因素分析有几部分组成？具体内容有哪些？

模块 9 欠费明细表与汇总表编制（Z25F1009 Ⅰ）

【模块描述】本模块包含欠费明细表与汇总表的格式等内容。通过概念描述、术语说明、公式示意、要点归纳、示例介绍，掌握欠费明细表与汇总表的编制、统计方法、内容，以及表的构成和统计要素。

【模块内容】

本模块介绍欠费明细表与汇总表的统计方法、结构及要素，掌握欠费明细表与汇总表的编制、统计方法、内容，以及表的构成和统计要素。

以下重点介绍欠费明细表和汇总表的统计方法、结构及要素。

一、欠费明细表与汇总表的统计方法、结构及要素

（一）欠费明细表

1. 应用层次

应用层次为地市公司、区县公司、供电所。

2. 生成周期

生成周期为日。

3. 内容简述

按各行业、城乡居民、趸售的欠费单位、各种缴费渠道、收费员，统计以下内容：欠电费总额、本年新欠、陈欠电费、上年末累计欠费、回收陈欠、核销坏账、欠费原因等。

4. 编制目的

编制目的为用于统计每日电费欠费情况。

5. 统计说明

收费员=收取电费的人员。

全行业合计=农林牧渔业小计+工业小计+建筑业小计+交通运输仓储和邮政业小计+信息传输、计算机服务和软件业小计+商业、住宿和餐饮业小计+金融房地产商务及居民服务业小计+公共事业及管理组织小计。

城乡居民合计=城镇居民+乡村居民。

趸售合计=趸售售电各类别欠费合计金额。

单位名称：欠电费的单位名称或客户名。

欠电费总额=本年新欠+陈欠电费。

本年新欠=本年发生的新欠电费金额。

陈欠电费=上年末累计欠费−回收陈欠。

上年末累计欠费=截至上年末累计欠电费金额。

回收陈欠=截至统计日陈欠电费回收金额。

核销坏账=已核销的坏账金额。

欠费原因：欠电费主要原因描述，包括还款计划。

本表统计的数据精度保留到小数点两位。

6. 统计期

统计期为当日。

7. 统计维度

收费员、科目类别。

科目类别：

总计
A. 全行业合计
一、农林牧渔业小计
二、工业小计
三、建筑业小计
四、交通运输仓储和邮政业小计
五、信息传输、计算机服务和软件业小计
六、商业、住宿和餐饮业小计
七、金融房地产商务及居民服务业小计
八、公共事业及管理组织小计
B. 城乡居民合计
一、城镇居民
二、乡村居民
C. 趸售合计

8. 统计要素描述

收费员=收取电费的人员。

全行业合计=农林牧渔业小计+工业小计+建筑业小计+交通运输仓储和邮政业小计+信息传输、计算机服务和软件业小计+商业、住宿和餐饮业小计+金融房地产商务及居民服务业小计+公共事业及管理组织小计。

城乡居民合计=城镇居民+乡村居民。

趸售合计=趸售售电各类别欠费合计金额。

欠电费总额=本年新欠+陈欠电费。

本年新欠=本年发生的新欠电费金额。

陈欠电费=上年末累计欠费–回收陈欠。

上年末累计欠费=截至上年末累计欠电费金额。

回收陈欠=截至统计日陈欠电费回收金额。

核销坏账=已核销的坏账金额。

9. 统计要素算法

全行业合计=农林牧渔业小计+工业小计+建筑业小计+交通运输仓储和邮政业小计+信息传输、计算机服务和软件业小计+商业、住宿和餐饮业小计+金融房地产商务及居民服务业小计+公共事业及管理组织小计。

城乡居民合计=城镇居民+乡村居民。

欠电费总额=本年新欠+陈欠电费。

陈欠电费=上年末累计欠费–回收陈欠。

（二）欠费汇总表

1. 应用层次

应用层次为地市公司、区县公司、供电所。

2. 生成周期

生成周期为月。

3. 内容简述

按统计各单位每月各行业、城乡居民、趸售欠电费总额、本年新欠、陈欠电费总额、上年陈欠电费发生额及回收情况进行统计，包括上年结转欠费、本年回收、核销情况。

4. 编制目的

编制目的为用于统计每月电费欠费情况。

5. 统计说明

公司（所）全行业合计=全行业合计 1+城乡居民+趸售。

全行业合计 1=第一产业+第二产业+第三产业。

全行业合计 2=农林牧渔业+工业+建筑业+交通运输仓储和邮政业+信息传输、计算机服务和软件业+商业、住宿和餐饮业+金融、房地产、商务及居民服务业+公共事业及管理组织。

城乡居民=城镇居民+乡村居民。

趸售=趸售售电各类别欠费合计金额。

欠电费总额=本年新欠+陈欠电费总额。

上年发生=截至上年末累计欠电费金额。

陈欠电费总额=上年末结转欠费–回收陈欠电费额。

上年陈欠电费=上年末结转上年欠费–回收上年电费额。

本表统计的数据精度保留到小数点两位。

6. 统计期

统计期为本月。

7. 统计维度

科目类别：

公司（所）全行业合计

A. 全行业合计 1
一、第一产业
二、第二产业
三、第三产业
B. 城乡居民合计
一、城镇居民
二、乡村居民
C. 趸售合计
A. 全行业合计 2
一、农林牧渔业
二、工业
三、建筑业
四、交通运输仓储和邮政业
五、信息传输、计算机服务和软件业
六、商业、住宿和餐饮业
七、金融房地产商务及居民服务业
八、公共事业及管理组织

8. 统计要素描述

公司（所）全行业合计=全行业合计 1+城乡居民+趸售。

全行业合计 1=第一产业+第二产业+第三产业。

全行业合计 2=农林牧渔业+工业+建筑业+交通运输仓储和邮政业+信息传输、计算机服务和软件业+商业、住宿和餐饮业+金融、房地产、商务及居民服务业+公共事业及管理组织。

城乡居民=城镇居民+乡村居民。

趸售=趸售售电各类别欠费合计金额。

欠电费总额=本年新欠+陈欠电费总额。

上年发生=截至上年末累计欠电费金额。

陈欠电费总额=上年末结转欠费–回收陈欠电费额。

上年陈欠电费=上年末结转上年欠费–回收上年电费额。

二、案例

【例 2–9–1】以下是某供电公司 2012 年某日欠费明细表和某月欠费汇总表的格式及统计结果，如表 2–9–1 和表 2–9–2 所示。

表 2–9–1　　欠费明细表

填报单位：某供电公司　　2012 年 7 月 31 日　　（元）

行业	单位名称	欠费情况			电费回收情况			欠费原因
		欠电费总额	其中		上年末累计欠费	收回陈欠	其中核销坏账	
			本年新欠	陈欠电费				
1	2	3	4	5	6	7	8	9
总计	户数：1816 个	16 745 915.91	20 1372.15	16 544 543.76	23 393 966.26	6 849 422.50		
A. 全行业合计		16 334 576.61	169 623.98	16 164 952.63	22 531 198.47	6 366 245.84		
一、农林牧渔业小计		373 042.73	7693.96	365 348.77	465 026.40	99 677.63		
	1. 早繁鱼苗良种场	117 147.12	2578.56	114 568.56	140 025.60	25 457.04		客户繁育育苗池北洪水冲毁，资金困难
	2. 园林苗圃	255 895.61	5115.40	250 780.21	325 000.80	74 220.59		树苗销路不好，占资金
二、工业小计		11 673 531.30	138 887.67	11 534 643.63	14 686 421.23	3 151 777.60		
	1. 万通铝厂	2 485 789.76	121 235.67	2 364 554.09	4 578 620.56	2 214 066.47		产品销路差，价格低
	2. 思宇啤酒	9 187 741.54	17 652.00	9 170 089.54	10 107 800.67	937 711.13		面临转产、停产
三、建筑业小计		1 029 359.10	4801.34	1 024 557.76	1 562 854.65	538 296.89		
	1. 基础工程公司	272 101.54	3600.56	268 500.98	756 853.78	488 352.80		企业不景气，无资金
	2. 新成建筑公司	757 257.56	1200.78	756 056.78	806 000.87	49 944.09		企业不景气，无资金

续表

行业	单位名称	欠费情况			电费回收情况			欠费原因
		欠电费总额	其中		上年末累计欠费	收回陈欠	其中核销坏账	
			本年新欠	陈欠电费				
1	2	3	4	5	6	7	8	9
四、交通运输仓储和邮政业小计		485 356.43	2469.07	482 887.36	1 046 050.29	563 162.93		
	1. 远帆粮库	127 762.26	953.40	126 808.86	260 000.23	133 191.37		拨付资金未到位
	2. 神龙货站	357 594.17	1515.67	356 078.50	786 050.06	429 971.56		停业，将破产清算
五、信息传输、计算机服务和软件业小计		275 955.34	2689.00	273 266.34	407 616.49	134 350.15		
	1. 千瑞网络公司	177 281.34	1600.67	175 680.67	228 650.45	52 969.78		企业经营困难，负债严重
	2. 信息工程公司	99 171.47	1585.80	97 585.67	178 966.04	81 380.37		企业亏损，三角债严重。但有偿还能力
六、商业、住宿和餐饮业小计		1 121 902.49	5864.26	1 116 038.23	1 537 025.23	420 987.00		
	1. 凯瑞达宾馆	662 683.56	4660.56	658 023.00	768 504.67	110 481.67		经营困难，停业
	2. 富源商业街	459 218.93	1203.70	458 015.23	768 520.56	310 505.33		部分商户停业
七、金融房地产商务及居民服务业小计		458 059.93	4458.36	453 601.57	1 513 350.85	1 059 749.28		

续表

行业	单位名称	欠费情况			电费回收情况			欠费原因
		欠电费总额	其中		上年末累计欠费	收回陈欠	其中核销坏账	
			本年新欠	陈欠电费				
	1. 欣宇证券	130 001.72	3200.60	126 801.12	756 500.80	629 699.68		证卷市场不景气，资金困难
	2. 新宇典当	328 058.21	1257.76	326 800.45	756 850.05	430 049.60		已渡过困难期，还款较大
八、公共事业及管理组织小计		917 369.29	2760.32	914 608.97	1 312 853.33	398 244.36		
	1. 地质勘查局	789 960.50	960.20	789 000.30	956 852.44	167 852.14		资金困难，已多次欠费停电
	2. 气象研究所	127 408.79	1800.12	125 608.67	356 000.89	230 392.22		拨付资金未到位
B. 城乡居民合计		411 339.30	31 748.17	379 591.13	862 767.79	483 176.66		
城镇居民	300	102 638.16	3852.60	98 785.56	106 562.56	7777.00		
乡村居民	1500	308 701.14	27 895.57	280 805.57	756 205.23	475 399.66		
C. 趸售合计								

主管：王雨辰　　　　制表人：刘　玲　　　　填报日期：2012 年 8 月 1 日

表 2–9–2 欠电费汇总表

填报单位：某供电公司 （元）

行业	欠电费总额	其中			占欠费总额（%）
		本年新欠	陈欠电费		
			总额	其中：上年发生	
栏次	1	2	3	4	5
公司全行业合计	16 544 429.37	1 535 924.43	15 008 504.94	3 714 892.31	100.00
A. 全行业合计 1	15 480 057.27	822 257.75	14 657 799.52	3 609 020.07	93.57
第一产业	430 601.02	105 252.25	325 348.77	125 632.85	2.60
第二产业	12 267 741.02	429 833.66	11 837 907.36	2 778 820.99	74.15
第三产业	2 781 715.23	287 171.84	2 494 543.39	704 566.23	16.81
B. 城乡居民	435 948.90	85 243.48	350 705.42	105 872.24	2.64
C. 趸售	628 423.20	628 423.20			3.80
A. 全行业合计 2	15 480 057.27	822 257.75	14 657 799.52	3 609 020.07	93.57
一、农林牧渔业	430 601.02	105 252.25	325 348.77	125 632.85	2.60
其中：排灌	369 825.77	85 240.23	284 585.54	98 754.58	2.24
二、工业	11 173 906.98	321 423.14	10 852 483.84	2 393 580.14	67.54
（一）采矿业	2 963 115.14	85 235.52	2 877 879.62	101 091.52	17.91
其中：煤炭开采和洗选业	2 031 034.69	58 423.75	1 972 610.94	74 279.75	12.28
（二）制造业	8 210 791.84	236 187.62	7 974 604.22	2 292 488.62	49.63
其中：烧碱	263 609.09	7582.85	256 026.24	23 438.85	1.59
电石	167 674.76	4823.25	162 851.51	20 679.25	1.01
黄磷					

续表

行业	欠电费总额	其中			占欠费总额（%）
		本年新欠	陈欠电费		
			总额	其中：上年发生	
栏次	1	2	3	4	5
水泥制造	2 968 121.13	85 379.52	2 882 741.61	1 012 350.52	17.94
黑色金属冶炼及压延加工业	1 245 362.91	35 823.50	1 209 539.41	51 679.50	7.53
其中：钢铁	1 079 503.87	31 052.48	1 048 451.39	46 908.48	6.52
其中：铁合金冶炼	120 231.48	3458.52	116 772.96	19 314.52	0.73
有色金属冶炼及压延加工业	3 566 023.96	102 578.50	3 463 445.46	1 184 340.50	21.55
其中：铝冶炼	2 963 369.96	85 242.85	2 878 127.11	1 010 980.85	17.91
其中：锌冶炼	429 615.18	12 358.10	417 257.08	28 214.10	2.60
三、建筑业	1 093 834.04	108 410.52	985 423.52	385 240.85	6.61
四、交通运输、仓储和邮政业	437 043.59	108 520.07	328 523.52	184 250.85	2.64
其中：电气化铁路	396 779.10	98 522.20	298 256.90	167 275.96	2.40
五、信息传输、计算机服务和软件业	256 422.39	23 856.05	232 566.34	95 856.45	1.55
六、商业、住宿和餐饮业	960 928.19	95 685.20	865 242.99	152 354.85	5.81
七、金融、房地产、商务及居民服务业	379 454.09	25 852.52	353 601.57	103 561.58	2.29
八、公共事业及管理组织	747 866.97	33 258.00	714 608.97	168 542.50	4.52

主管：王雨辰　　制表人：刘　玲　　填报日期：2012 年 10 月 1 日

【思考与练习】

1. 欠费明细表和欠费汇总表统计维度中科目类别包含几部分内容？
2. 欠费明细表和欠费汇总表有哪些统计要素算法？
3. 统计要素描述包含哪些内容？

模块10 电费结算协议的签订（Z25F1010Ⅱ）

【模块描述】本模块介绍电费结算协议的签订要求，通过学习，掌握电费结算协议签订方法。

【模块内容】

电费结算种类有购电预结算、分次预结算，对不同性质的用户可采取相应的电费结算方式。简述分次划拨与预结算电费形成的历史背景、分次划拨与预结算电费的法律依据。具体讲解电费结算协议的填写内容、签订方法与技巧，为电费足额回收提供保障。

以下重点介绍电费结算方式的种类、电费预结算执行的范围、电费结算协议的基本内容、签订电费结算协议的方法和注意事项。

一、电费结算方式的种类

电费结算方式从本质上讲有两种，即先用电、后付费或预结算电费、后用电；前者包括分次付费和一次性后付费，后者包括分次划拨电费或电费预结算。电费预结算指供用电双方根据签订的合同或协议，由用电方在供电公司发行当期电费之前按照约定支付部分或全部电费。电费结算方式分为分次划拨电费、购电预结算、分次预结算等。

1. 分次划拨电费

用电容量在100kVA（kW）以上的普通工业客户、非工业客户：应通过银行实行计划结算划拨电费，每月分两次划拨，第一次划拨50%的计划电费，于15日前进入供电企业账户，月末抄表后结算的应交电费，于月末最后一天进入供电企业账户。

大工业客户：供电方每月分三次划拨，第一次由供电方委托银行划拨当月50%的正常电费；第二次由供电方委托银行划拨当月40%的正常电费；第三次由供电方月末抄表后委托银行结算划拨当月电费（少补，多作为供电方暂收用电方电费款）。

2. 购电预结算

购电预结算的载体是预付费电卡表，它是一种集计费、计量和控制于一体的电能表，客户在使用电能前，通过IC卡预先购电输入电能表。预购的电能用完后，通过表内的控制装置自动切断电源。

3. 分次预结算

对月用电量 20 万 kWh 以上的客户和缴纳电费信用较差但因各种原因不能安装预付费电卡表的客户可执行分次电费结算。大工业电费结算应逐步采取每月分三次抄表、按抄见电量结算的办法，具体缴费方式、缴费期限由供用双方以合同或协议的方式约定。客户电费结清后，供电公司应出具正式电费发票，对一般纳税人应开具电费专用增值税发票。在计算电费时除功率因数调整电费按当月的应收电费在第三次结算时计算调整电费外，其他电费均三次抄表、三次结算，基本电费每次按用电容量的 1/3 计算。

二、分次划拨与预结算电费形成的历史背景

随着社会主义市场经济的快速发展和电力体制改革的不断深化，供电企业和客户之间已迅速由原来的行政管理关系向平等的市场主体关系转变，供电部门也由原先的行政部门转变为企业。《中华人民共和国电力法》第七条规定：电力建设企业、电力生产企业、电网经营企业依法实行自主经营、自负盈亏，并接受电力管理部门的监督，表明供电部门的企业性质，既然是企业，就要追求经济效益，卖出去的电就要尽可能保证百分百的电费回收。

再者，电费回收是我们经营成果的最终体现，实现电费足额回收不仅可以最大程度增加现金流量，提高资金周转率，改善财务状况，进而增强企业盈利能力和偿债能力，而且也可以最大限度地为我们建设坚强电网和优质服务工作提供资金保障。随着国家宏观调控影响日益显著，部分铁合金、钢铁等高耗能企业出现亏损或停产；电力供需矛盾即将逐步缓和，缺电形势下的电费催收外部环境优势逐渐减弱；尤其是目前社会信用体系尚不健全，客户先用电后缴钱的结算观念根深蒂固，适应市场经济形势下的有序的电费回收秩序还未建立。电费回收面临着许多新的不利因素，新的形势对电费回收工作提出了更高的要求，在多种因素的共同作用下，电费预结算方式应运而生。

三、分次划拨与预结算电费的法律依据

（1）《供电营业规则》第八十六条规定，对月用电量较大的客户，供电企业可按客户月电费确定每月分若干次收费，并于抄表后结清当月电费。收费次数由供电企业与客户协商确定，一般每月不少于三次。

（2）《电力供应与使用条例》第二十七条规定，供电企业应当按照国家核准的电价和用电计量装置的记录，向客户计收电费。客户应当按照国家批准的电价，并按照规定的期限、方式或者合同约定的办法，交付电费。

（3）国经贸厅电力函〔2002〕478 号《关于安装负控计量装置供用电有关问题的复函》中关于预存电费，后用电的解释。

1）用电人先付费、供电人后供电是近年出现的一种新型供用电方式。采用此种方式供用电不违反法律、法规的规定，但须经供用电双方协商一致。

2）现行相关法律、法规和规章对于用电人先付费、供电人后供电的供用电方式及有关问题没有作出具体规定，此种方式下供用电双方的权利和义务可由双方当事人在供用电合同中具体约定。依据合同约定，负控计量装置电费结零后停电的，不属于违约停电行为。此种方式供用电不存在欠费问题，因此不适用欠费停电的有关规定。

(4)《中华人民共和国经济合同法》第五十二条规定，有下列情形之一的，合同无效：

1）一方以欺诈、胁迫的手段订立合同，损害国家利益。

2）恶意串通，损害国家、集体或者第三人利益。

3）以合法形式掩盖非法目的。

4）损害社会公共利益。

5）违反法律、行政法规的强制性规定。

综上所述，分次划拨与预结算电费体现了资金相对互不占用、时差互补原则，是具有法律依据并完全可以操作的，电费预结算虽然没有明确的法律依据，但也没有明确的法律条文予以禁止，完全是两个平等市场主体之间友好协商的结果，因此，如何在协议中约定电费预结算至关重要。

四、电费预结算执行的范围

（1）对新增用电容量在 50kVA（kW）以下的用电客户，原则上除居民客户外应安装卡式电能表，推广电卡表购电预结算方式。

（2）对用电容量在 50kVA（kW）及以上的用电客户，办理新装、增容业务时，原则上采取购电预结算方式。

（3）重要客户和 315kVA 及以上容量的大工业用电客户也可每月按客户实际用电量实行分次预结算电费方式；每月 6 日按实预结算 1—5 日使用电量（或上月抄表日至本月 5 日电量），14 日按实预结算 6—13 日使用电量，22 日按实预结算 14—21 日使用电量，月末最后一天（次月 1 日）或正常抄表日结清当月电费。

对客户实施电费预结算前，必须与客户签订供用电合同或电费结算协议，明确电费预结算的具体方式，以及双方的权利和义务。同一日历年内，若出现两次及以上因客户原因造成未按时支付分次预结算电费，应通过其他购电方式实现预结算电费的收取。该条款应在与客户签订电费预结算协议中予以明确；实施分次预结算电费的客户，除电度电费进行预计算外，基本电费也按照实际使用天数进行分次预计算；功率因数考核标准不变，根据计算的客户功率因数按当月的应收电费在最后一次结算时计算功率因数调整电费；根据计算出的分次预结算电费，通过调整收取比例以及参考值的方式，实施预结算电费的催缴。预结算电费的催缴视同正常电费催收；对于购电预结算电费的客户应“先购电，后用电”，对购电单价设置偏低或购电装置故障等原因造成欠费的，应及时分析、查明原因，尽快处理，避免连续发生欠费。

五、电费结算协议的基本内容

（1）客户的（即付款单位）名称、用电地址、户号、开户行名称、账号。

（2）供电企业（即收款单位）名称、开户银行名称、账号。

（3）供电方的抄表时间。

（4）用电方缴纳电费期限。

（5）电费结算方式。

（6）电费滞纳违约责任。

（7）电费纠纷处理等。

六、电费结算协议样式（分次划拨客户）

电费结算协议样式如表 2–10–1 所示。

表 2–10–1　　电费结算协议样式

电费结算协议

编号：（　　　　）字号

供电方：　　　　　　　　　　　　地址：

用电方：　　　　　　　　　　　　地址：

双方就供用电的电费结算方式等事宜，经过协商一致，达成如下协议，条款如下：

1. 供电方按规定日期抄表，按期向用电方收取电费。

2. 供电方委托银行采用委托收款方式向用电方收取电费。

供电方收款单位（全称）：　　　　用电方付款单位（全称）：

银行账号：　　　　　　　　　　　银行账号：

开户银行：　　　　　　　　　　　开户银行：

例（分次划拨客户）：供电方每月分次划拨。即每月日、日、月末抄表后结算划拨，第一次由供电方委托银行划拨当月的正常电费，第二次由供电方委托银行划拨当月的正常电费，第三次由供电方月末抄表后委托银行结算划拨当月电费（少补，多作为供电方暂收用电方电费款）。每次划拨电费用电方须在供电方开出委托收款凭证后__日内进入供电方账户。

3. 抄表周期为_____，抄表例日为_____，用电方应给予配合。遇有抄表日变更将予以告知。

4. 抄表方式：人工/负荷管理装置自动抄录方式，并以抄录数据作为电度电费的结算依据。以负荷管理装置自动抄录的数据作为电度电费结算依据的，当装置故障时，依人工抄录数据为准。

5. 正常交费时间为抄表结算后__天内，超出该时段起第二天视为逾期。用电方在约定的期限内未交纳电费时（包括未能按时交纳分次划拨电费），应承担电费滞纳的违约责任。违约金自逾期之日起计算至交费之日止，委托银行收费的逾期日期自供电方开出委托收款凭证后第__日起计算。当年欠费部分，违约金每日按欠费金额的千分之二计算，跨年度欠费部分每日按欠费总额的千分之三计算。电费违约金收取额按日累加计收，总额不足一元者按一元收取。

6. 用电方不得以任何方式、任何理由拒付电费。用电方对用电计量、电费有异议时，先交清电费，然后双方协商解决。协商不成时，可请求电力管理部门调解。调解不成时，双方可选择申请仲裁或提起诉讼其中一种方式解决。

续表

7. 用电计量装置安装位置与产权分界点不一致时，以下损耗（包括有功和无功损耗）由设施产权所有者负担：变压器铁损有功度数按计算，铜损有功电度数按电量计算；变压器铁损无功电度数按计算，铜损无功电度数按铜损有功电度数计算；线路损耗按电量计算。上述损耗的电量按各分类电量占抄见总电量的比例分摊。

8. 供用电双方如变更户名、银行账号，应及时书面通知对方，用电方按规定办理变更户名、银行账号手续。如用电方变更，未及时通知供电方，造成未按时交付电费时，供电方按第5条处理。

9. 本协议自供电方、用电方签字，并加盖公章后生效。有效期三年，如到期，可重新签订本协议，但在未重新签订前，本协议一直生效。

10. 本协议作为供用电合同的附件。

11. 本协议正本一式两份，供电方、用电方各执一份；副本一式两份，供电方、用电方各执一份。

12.本 协议签订后，用电方同时向其开户行出具“电费付款授权书”，并提供一份给供电方。

供电方：（公章） 用电方：（公章）

签约人：（盖章） 签约人：（盖章）

签约时间： 年 月 日

七、签订电费结算协议的三个层次

第一个层次，也是最高层次，是希望与客户签订预结算电费协议，即客户能一次性先付次月电费，这种付费方式对用电量较小，电费较少如50万元以下（当然这个金额不确定，不同的客户其承受能力不一样）的客户还可以接受，对月电费较大如100万（同前理）以上的客户，要其一次性预结算全月电费，大多数客户可能不会愿意，对这样的客户，供电公司只能退而求其次，也就是第二个层次，我们暂且称为分次预结算电费，顾名思义，分次预结算电费就是将客户的月电费均分几次，先付一次的电费，每个月电费分几次支付。从本质上讲，分次预结算电费还是属于预结算电费的范畴，与一次性预结算电费的区别是前者将预结算电费的金额等比例降低，但付费的次数等比例增加，电费风险的实质是一样的，理论上属于无风险。如果有的客户确实资金周转困难，且月电费特别巨大，就采用分次先结算，客户也会认为极大地占用了他的资金，如果连分次预结算电费，客户也不愿意，那供电公司就只有和他们谈分次预结算电费了，也就是第三个层次。从理论上讲，分次预结算是存在电费风险的，但与一次性后付费相比，可以降低电费流失的金额。所以在这种情况下，供电公司要求客户提供与最后那次电费等值的担保。

八、签订电费结算协议的核心逻辑

要想达成电费结算的最高层次，是需要讲究一定的方法和技巧的。与客户商谈的方法和技巧可谓浩若繁星，可以采用“欲擒故纵”法。核心的逻辑就是，大客户一般不会自愿选择分次划拨和分次预结算电费方式，那就从分次付费开始商谈，逐步引导客户自觉向预结算电费方式靠拢，最终达成预结算电费协议。

九、电费结算协议的签订方法与技巧

（1）在签订电费结算协议的过程中，一定要牢记供电公司和客户是两个平等的市场主体，且属于公用企业，不得利用自身的优势地位给人以居高临下的感觉。具体来讲，不能有诸如此类的句式："如果不实行预结算电费（分次付费），就不予供电""先把预结算电费交了，我们就给你们供电"等。

（2）签订电费结算协议的时候，一定要强调分次划拨或预结算电费是用来抵扣客户电费的，而不是放在供电公司不动的，要反复给客户灌输分次划拨或预结算电费是一个动态而不是静态的概念，它在不断地冲抵客户所使用的电费，这样可以一定程度上消除客户心目中"分次划拨或预结算电费就是电费保证金"的想法。必要时可以给客户具体说明分次划拨或预结算电费的运动轨迹。例如：客户甲预计于3月20日投产，15日前来与供电部门谈电费结算协议，商谈判结果是3月20日交首笔电费20万元（预计月电费20万元），抄表例日为每月20日，电费结清日为抄表例日后5日以内。4月20日抄表结算，次日即21日出账4月电费为23万元，则3月20日交的20万元冲抵4月电费后，客户还应交3万元。从预收电费的本意来讲，客户应于4月20日预缴5月电费20万元，但为了方便客户，我们一般是让客户在电费结清日前同时结清当月电费并预结算下月电费。

预结算电费的金额原则上以与客户月或次电费金额相当为宜，不宜超出月或次电费太高。

（3）分次划拨或预结算电费退还事宜时，要避免出现如下句式："分次划拨或预结算电费的退还必须以客户办完销户手续并结清当月电费以后才可以办理"。分次划拨或预结算电费的退还条件是分次划拨或预结算电费协议的终止，如客户需要，应给客户讲清楚分次划拨或预结算电费退还时的三种情况：一是分次划拨或预结算电费抵扣了协议终止月的电费后还有剩余，此时应按协议终止时电费发票余额退还给客户；二是分次划拨或预结算电费不够抵扣协议终止月的电费，此时不是退客户预存电费而应补收客户欠费余额；三是客户将协议终止月的电费另外交齐，此时电费发票余额就是预收的电费金额，应按电费发票余额即预收电费金额退还给客户。

十、协议签订的注意事项

（1）为了保证协议的规范性、严谨性，对大多数普通客户，就以下发的铅印协议进行签订，签订时不能用圆珠笔和铅笔，空白处划斜线，时间不能为空，签名盖章要齐全，尤其要注意的是，供电所不具备对外签订协议的资格，供电所对外签电费结算协议一律加盖有管辖权的客户服务中心的公章。

（2）善用其他约定事项：其他约定事项必须约定分次划拨电费或预结算电费不计收利息的条款，可以约定停电催收、协议有效期等主条款中没有约定且根据需要必须约定的条款。

【思考与练习】

1. 电费结算方式的种类有哪些？
2. 电费预结算执行的范围有哪些？
3. 电费结算协议包括哪些基本内容？
4. 电费结算协议的签订方法与技巧有哪些？
5. 签订电费结算协议的注意事项是什么？

模块 11 电费担保手段的运用（Z25F1011 Ⅰ）

【模块描述】本模块包含实行电费担保的意义、《中华人民共和国担保法》及电费担保合同等内容。通过概念描述、术语说明、条文解释、要点归纳、案例分析，掌握电费担保的几种方式及担保手段在电费回收中的应用。

【模块内容】

本模块介绍了实行电费担保的意义，讲解电费担保在供用电合同中的约定及担保设置，掌握《中华人民共和国担保法》及电费担保合同的内容，在电费回收工作中能灵活运用。

以下重点介绍供用电合同中担保条款的约定，保证、抵押、质押三种保证方式的概念及应用。

一、实行电费担保的意义

在我国各种法律法规不断健全、完善的今天，充分利用法律武器保护供电企业自身的利益，是供电企业在市场经济环境下开展经营活动的迫切需要。《中华人民共和国担保法》为保障债权的实现提供了一系列行之有效的措施，在当前形势下，利用《中华人民共和国担保法》实行电费担保，对于解决电费回收难、降低供电企业的经营风险是非常必要的，也是保障电费债权的一种有效途径，具有很重要的现实意义。

二、电费担保在供用电合同中的约定及担保设置

1. 供用电合同中担保条款的约定

供用电合同关系属民事法律关系范畴，供电企业要充分利用法律法规保护自身合法权益，在具备法定条件时，依法要求客户提供电费担保。供电方应与用电方签订《供用电合同》和《电费保证合同》，或在《供用电合同》中设立保证条款，依法明确供用电双方权利和义务关系，减少不必要用电纠纷的发生。这既有《中华人民共和国合同法》《中华人民共和国担保法》支持，能有效降低电力销售风险，又缩短了电力贸易结算周期，减小供电方占有用电方担保资金总量，宜于取得社会的支持和客户的理解，障碍较少。

为了使担保方式符合法律要求，避免当事人滥用担保措施，《中华人民共和国担保法》对担保方式作出了具体明确的规定，即保证、抵押、质押、留置和定金五种方式。根据《中华人民共和国担保法》的规定，结合供用电合同的特点，在电费回收管理中可选择的担保方式有保证、抵押、质押三种。担保问题可在补充条款中予以约定，如果客户发生拖欠电费事宜，应在补缴电费、恢复供电前，向供电企业提供适当担保。不提供担保或采取其他措施的，不予恢复供电。

2. 根据客户风险评估结果设置担保

对用电人划分信用等级并设定担保，供电企业可以根据用电人本身的经营状况和对缴纳电费的态度对其划分信用等级，分为五个信用等级：

AAA 级：经营状况良好，按时足额交纳电费；

AA 级：经营状况一般，但能勉强按时交纳电费；

A 级：经营困难，不能按时交纳电费，但交费态度积极；

B 级：经营状况较差，交纳电费出现严重困难，或有能力交纳电费，但是拒不交纳；

C 级：濒临破产或已经破产，不可能再交纳电费。

对客户划分信用等级的主要目的是针对不同信用等级的客户决定是否要求其提供担保。客户的信用等级是动态的、长期的评价体系，应根据用电人经营状况的变化随时进行调整。根据《中华人民共和国担保法》的规定，债权人需要以担保方式保障其债权实现的，可以依法设定担保。供电人不可能要求所有客户都提供电费担保，同时也没有这种必要。因此，在对用电人划分信用等级后，供电人可首先选择 C 级和 B 级的客户要求其提供担保。

三、《中华人民共和国担保法》及电费担保合同的内容

（一）保证

1. 概述

（1）保证的概念。保证指保证人和债权人约定，当债务人不履行债务时，保证人按照约定履行债务或者承担责任的行为。

（2）保证的方式。

1）一般保证：当事人在保证合同中约定，债务人不能履行债务时，由保证人承担保证责任的，为一般保证。一般保证的保证人在主合同纠纷未经审判或者仲裁，并就债务人财产依法强制执行仍不能履行债务前，对债权人可以拒绝承担保证责任。

2）连带责任保证：当事人在保证合同中约定保证人与债务人对债务承担连带责任的，为连带责任保证。连带责任保证的债务人在主合同规定的债务履行期届满没有履行债务的，债权人可以要求债务人履行债务，也可以要求保证人在其保证范围内承担保证责任。

2. 保证人的资格及违法作保的处理

（1）保证人的资格。

1）根据《中华人民共和国担保法》第七条的规定，保证人必须是具有代为清偿能力的法人、其他组织或公民，可以作保证人。

2）下列法人或其他组织禁止作为保证人：国家机关不得作为保证人，但经国务院批准为使用外国政府或者国际经济组织贷款进行转贷的除外；学校、幼儿园、医院等以公益为目的的事业单位、社会团体不得为保证人；企业法人的分支机构、职能部门不得为保证人，但企业法人的分支机构有法人书面授权的，可以在授权范围内提供保证；任何单位和个人不得强令银行等金融机构或者企业为他人提供保证；另外，《中华人民共和国公司法》规定董事、经理不得以公司资产为本公司的股东或者其他个人债务提供担保。

（2）违法作保的处理。

1）根据《中华人民共和国担保法》第五条第二款的规定，如果禁止作为担保人的法人或其他组织与债权人签订保证合同，那么该保证合同无效。债务人、保证人、债权人有过错的，应根据其过错各自承担相应的民事责任。

2）根据《最高人民法院关于适用〈中华人民共和国担保法〉若干问题的解释》（以下简称《解释》）第七条规定，主合同有效而担保合同无效，债权人无过错的，担保人与债务人对主合同债权人的经济损失，承担连带赔偿责任；债权人、担保人有过错的，担保人承担民事责任的部分，不应超过债务人不能清偿部分的二分之一。

3）《解释》第十七条第四款规定：企业法人的分支机构提供的保证无效后应当承担赔偿责任的，由分支机构经营管理的财产承担。企业法人有过错的，按照《中华人民共和国担保法》第二十九条的规定处理，即要区分债权人与企业法人的过错责任，分别处理。若债权人无过错，应由企业法人承担责任；若债权人与企业法人均有过错，应当根据其过错各自承担相应的民事责任。

4）根据《解释》第十八条的规定，企业法人的职能部门提供的保证无效后，债权人知道或应当知道保证人为企业法人的职能部门的，因此造成的损失由债权人自行承担；债权人不知保证人为企业法人的职能部门的，因此造成的损失，可以参照《中华人民共和国担保法》第五条第二款的规定和第二十九条的规定处理（第五条第二款规定：以法律、法规限制流通的财产设定担保的，在实现债权时，人民法院应当按照有关法律、法规的规定对该财产进行处理。第二十九条规定：保证期间，债权人许可债务人转让部分债务未经保证人书面同意的，保证人对未经其同意转让部分的债务，不再承担保证责任。但是，保证人仍应当对未转让部分的债务承担保证责任）。

3. 保证合同的内容

根据《中华人民共和国担保法》第十五条的规定，保证合同应具有以下内容：

（1）被保证的主债权种类及数额。

（2）债务人履行债务的期限。

（3）保证的方式。保证方式包括一般保证方式和连带责任保证方式。

（4）保证担保的范围。保证担保的范围依当事人在保证合同的约定，无约定时按《中华人民共和国担保法》第二十一条规定处理，即包括主债权及利息、违约金、损害赔偿金和实现债权的费用等全部损失。

（5）保证的期间。保证期间为保证责任的存续期间，保证合同应明确约定。无此约定的，在连带责任保证的情况下，债权人有权自主债务履行期届满之日起六个月内要求保证人承担保证责任；在一般保证场合，保证期间为主债务履行期届满之日起六个月。另外，在最高额保证情况下，如果保证合同中约定有保证人清偿债务期限的，保证期间为清偿期限届满之日起六个月；如果没有约定债务清偿期限的，保证期间自最高额保证终止之日或自债权人收到保证人终止保证合同的书面通知到达之日起六个月。

（6）双方认为需要约定的其他事项，主要指赔偿损失的范围及计算方法，是否设立反担保等。保证合同的内容不完全的，可以补充。

4. 保证责任

（1）主债权债务的转让对保证责任的影响。保证期间，债权人依法将主债权转让给第三人的，保证人在原保证担保的范围内继续承担保证责任。保证合同另有约定的，按照约定。保证期间，债权人许可债务人转让债务的，应当取得保证人书面同意，保证人对未经其同意转让的债务，不再承担保证责任。

（2）主合同的变更对保证责任的影响。债权人与债务人协议变更主合同的，应当取得保证人书面同意，未经保证人书面同意的，保证人不再承担保证责任。保证合同另有约定的，按照约定。

（3）保证与物权担保并存时的保证责任。《中华人民共和国担保法》第二十八条第一款规定：同一债权既有保证又有物的担保的，保证人对物的担保以外的债权承担保证责任。债权人放弃物的担保的，保证人在债权人放弃权利的范围内免除保证责任。

5. 电费担保合同中适用保证担保的内容及注意事项

（1）严格审查保证人资格，避免由于保证人资格不合法而导致保证合同无效。

（2）选择恰当的保证方式。结合供用电合同的特点，最好采用“连带责任保证”且为“最高额保证”。最高额保证所担保的债务，最好限定在一年内该供用电合同所产生的债务。也可采取供电人与保证人就一定期间（一般为一个月）内连续发生的电费单独订立保证合同，当用电人欠费时，保证人按照保证合同的约定履行缴费义务。

（3）一定要签订书面保证合同。保证合同可以是与保证人签订的正式合同书，也可以是体现保证性质的信函、传真、签章、供用电合同中的担保条款及保证人单方出具的担保书。

（4）要约定好保证期间。未约定或约定不明时，要依法确定保证期间，并注意及时行使权利。《解释》第三十二条第二款规定：保证合同约定保证人承担保证责任期间直至主债务本息还清时为止等类似内容的，视为约定不明。保证期间为主债务履行期届满之日起两年。

（5）要注意保证合同的诉讼时效期间。根据《解释》第三十四条之规定：

1）保证合同的诉讼时效期间为两年。

2）一般保证的债权人在保证期间届满前对债务人提起诉讼或申请仲裁的，从判决或仲裁裁决生效之日起，开始计算保证合同的诉讼时效。

3）连带责任保证的债权人在保证期间届满前要求保证人承担保证责任的，从债权人要求保证人承担保证责任之日起，开始计算保证合同的诉讼时效。

（二）抵押

1. 概述

（1）抵押的概念。抵押指债务人或者第三人向债权人以不转移占有的方式提供一定的财产作为抵押物，用以担保债务履行的担保方式。债务人不履行债务时。债权人有权依照法律规定以抵押物折价或者从变卖抵押物的价款中优先受偿。其中的债务人或者第三人是抵押人，债权人是抵押权人，提供担保的财产是抵押物。

（2）抵押物的范围。抵押物必须是法律规定可以用作抵押的物，根据《中华人民共和国担保法》第三十四条的规定，下列财产可以抵押：

1）抵押人所有的房屋和其他地上定着物。

2）抵押人所有的机器、交通运输工具和其他财产。

3）抵押人依法有权处分的国有的土地使用权、房屋和其他地上定着物。

4）抵押人依法有权处分的国有的机器、交通运输工具和其他财产。

5）抵押人依法承包并经发包同意抵押的荒山、荒沟、荒丘、荒滩等荒地的土地使用权。

6）依法可以抵押的其他财产。

（3）不得抵押的财产。根据《中华人民共和国担保法》第三十七条的规定，下列财产不得抵押：

1）土地所有权。

2）耕地、宅基地、自留地、自留山等集体所有的土地使用权。

3）学校、幼儿园、医院等以公益为目的的事业单位、社会团体的教育设施、医疗卫生设施和其他社会公益设施。

4）所有权、使用权不明或者有争议的财产。

5）依法被查封、扣押、监管的财产。

6）依法不得抵押的其他财产。

另外，《解释》第四十八条规定：以法定程序确认为违法、违章的建筑物抵押的，抵押无效。《解释》第五十二条规定：当事人以农作物和与其尚未分离的土地使用权同时抵押的，土地使用权部分的抵押无效。

（4）最高额抵押，指抵押人与抵押权人协议，在最高债权额限度内，以抵押物对一定期间内连续发生的债权作担保的抵押方式。需要注意的是，最高额抵押的主合同债权不得转让。

2. 抵押合同的内容

（1）被担保的主债权的种类和数额。根据《解释》第五十六条的规定，抵押合同对被担保的主债权种类没有约定或约定不明，且根据主合同和抵押合同不能补正或无法推定的，抵押不成立。

（2）债务人履行债务的期限。

（3）抵押物的名称、数量、质量、状况、所在地、所有权权属或使用权权属。根据《解释》第五十六条的规定，抵押合同对抵押财产没有约定或约定不明，又根据主合同和抵押合同不能补正或无法推定的，抵押不成立。所以，在抵押合同中，应就此条款做出明确具体的约定。

（4）抵押担保的范围。抵押权所担保的范围包括原债权及利息、抵押权实现费用、违约金、损害赔偿金。对于抵押担保的范围，合同中可以有特别约定。

（5）当事人认为需要约定的其他事项。抵押合同不完全具备上述内容时，当事人可以补正。

3. 抵押合同的订立及生效

（1）抵押人和抵押权人应当以书面形式订立抵押合同。

（2）一般情况下，抵押合同自双方当事人签订之日起生效。

（3）法律规定需要办理抵押物登记的抵押合同，应当办理登记。抵押合同自登记之日起生效。

根据《中华人民共和国担保法》第四十二条的规定，办理抵押物登记的部门如下：

1）以无地上定着物的土地使用权抵押的，为核发土地使用权证书的土地管理部门。

2）以城市房地产或者乡（镇）、村企业的厂房等建筑物抵押的，为县级以上地方人民政府规定的部门。

3）以林木抵押的，为县级以上林木主管部门。

4）以航空器、船舶、车辆抵押的，为运输工具的登记部门。

5）以企业的设备和其他动产抵押的，为财产所在地的工商行政管理部门。

（4）当事人以其他财产抵押的，可以自愿办理抵押物登记，抵押合同自签订之日起生效。当事人未办理抵押物登记的，不得对抗第三人。当事人办理抵押物登记的，登记部门为抵押人所在地的公证部门。

4. 电费担保合同中适用抵押担保的内容及注意事项

（1）要合理选择抵押物。

1）只有规定允许抵押的财产或财产权利方可作为抵押物，要防止因抵押物选择不当而导致抵押合同无效的情况发生。

2）抵押物的价值应经过科学评估，其价值应大于抵押担保期间所可能发生的最大电费额。

3）抵押物应具有便于受偿性，当发生欠费时，易于拍卖或变卖。

4）调查了解抵押物是否有重复抵押的情况，确保抵押权能够实现。

（2）恰当选择具体抵押方式。结合供用电合同的特点，最好采用最高额抵押。最高额抵押所担保的债权额度，宜确定为略高于客户一年期间内可能发生的电费数额。

（3）严格依法订立完善的书面抵押合同。

（4）及时办理抵押物登记手续。

1）对于法律规定必须办理抵押物登记手续的，应及时到有关部门办理抵押物登记。不同抵押物的登记办法应依照《中华人民共和国担保法》及其《解释》、国家工商行政管理局发布的《企业动产抵押物登记管理办法》、公安部发布的《中华人民共和国机动车登记办法》等有关法律、法规和规章办理。

2）对于法律不要求必须办理抵押物登记的，最好也要办理登记，以取得对抗第三人的效力。

（5）要注意经常检查抵押物的状况。

1）若抵押物有可能价值减少或灭失，应及时要求客户对抵押物投保并承担保险费用。

2）因抵押人的行为足以使抵押物价值减少的，供电企业应及时要求其停止该种行为、恢复抵押物的价值或提供与减少的价值相当的担保。根据《解释》第七十条的规定，在这些要求遭到拒绝时，供电企业可请求客户履行债务，也可以请求提前行使抵押权。

（6）要注意避免流押，即在抵押合同中不得约定在供电企业电费债权未受清偿时，抵押物的所有权就转归供电企业；否则，该约定本身无效。

（三）质押

1. 概述

（1）质押的概念。质押指债务人或者第三人将其动产或权利移交债权人占有，用以担保债权履行的担保。质押后，当债务人不能履行债务时，债权人依法有权就该动产或权利优先得到清偿。其中，将其动产或权利移交债权人占有的债务人或第三人叫作出质人，该动产或权利叫作质物，占有质物并享有优先受偿权的债权人叫作质权人。质押包括动产质押与权利质押。

（2）质押合同的内容。根据《中华人民共和国担保法》第六十五条规定，质押合同应当包括以下内容：

1）被担保的主债权种类、数额。

2）债务人履行债务的期限。

3）质物的名称、数量、质量、状况。

4）质权的担保范围。质权的担保范围包括主债权及利息、违约金、损害赔偿金、质物保管费用和实现质权的费用。质押合同另有约定的，按照约定。

5）质物移交的时间。

6）当事人认为需要约定的其他事项。

质押合同不完全具备上述内容的，可以补正。

2. 动产质押

（1）动产质押合同是要物合同，自质物移交质权人占有时质押合同生效。根据《解释》第八十七条的规定，出质人代质权人占有质物的，质押合同不生效。

（2）出质人以间接占有的财产出质的，质押合同自书面通知送达占有人时视为移交，此时，质押合同生效。

3. 权利质押

主要介绍权利质押的质物及其生效。

（1）以汇票、支票、本票、债券、存款单、仓单、提单出质的，应当在合同约定的期限内将权利凭证交付质权人。质押合同自权利凭证交付之日起生效。

根据《解释》的有关规定，一是以票据及公司债券出质的，如果出质人与质权人没有背书记载“质押”字样，则质权人不得以其质权对抗公司和善意第三人。二是以上述七种权利出质的，质权人再转让或质押无效。三是以载明兑现或提货日期的汇票、本票、支票、债券、存款单、仓单、提单出质的，其兑现或提货日期先于债务履行期的，质权人可以在债务履行期届满前兑现或者提货，并与出质人将兑现的价款或提取的货物用于提前清偿所担保的债权或向与出质人约定的第三人提存。

（2）以依法可以转让的股票出质的，出质人与质权人应当订立书面合同，并向证券登记机构办理出质登记。质押合同自登记之日起生效。股票出质后，不得转让，但经出质人与质权人协商同意的可以转让。出质人转让股票所得的价款应当向质权人提前清偿所担保的债权或者向与质权人约定的第三人提存。以有限责任公司的股份出质的，适用公司法股份转让的有关规定。质押合同自股份出质记载于股东名册之日起生效。

（3）以依法可以转让的商标专用权、专利权、著作权中的财产权出质的，出质人与质权人应当订立书面合同，并向其管理部门办理出质登记。质押合同自登记之日起生效。

上述规定的权利出质后，出质人不得转让或者许可他人使用，但经出质人与质权人协商同意的可以转让或者许可他人使用。出质人所得的转让费、许可费应当向质权人提前清偿所担保的债权或者向与质权人约定的第三人提存。

（4）依法可以出质的其他权利，如债权。

4. 电费担保合同中适用质押担保的内容及注意事项

（1）要合理选择质物：一是在动产质押场合，应选择那些没有瑕疵、价值较稳定、不易损坏的质物。根据《解释》第九十条规定，质权人在质物移交时明知质物有瑕疵而予以接受造成质权人其他财产损害的，由质权人自己承担责任。二是质物有损坏或价值明显减少的，可能足以危害质权人权利的，应要求出质人提供相应担保。

（2）质物应按约定时间交付供电企业占有，否则，质押合同不能按约定时间生效。

（3）供电企业应履行对质物的妥善保管义务。否则，因此给出质人造成损失的，应承担民事责任。

（4）避免流质的约定，即不能在质押合同中约定，当客户未按时交纳电费时，质物所有权即转归供电企业。否则，该约定本身无效。

（5）应依法签订完善的书面质押合同。

（6）质押担保的电费债权额度宜确定为客户在两个月或三个月期间内所可能发生的电费额。

（7）实行质押担保的对象应选择欠费风险较大、信用度较差、经济效益较差的客户。

（8）供电企业应与实行权利质押担保的客户、银行签订三方协议，就权利凭证的保管、挂失、兑现达成一致意见。

四、案例

【例 2–11–1】××制酸厂是某市的用电大户，2012 年下半年市供电公司在了解到该厂因受市场影响，经营状况严重恶化的信息后，快速反应，在电费支付尚未到期时及时与该厂的控股主管部门味精有限公司协商签订保证合同，采取“连带责任保证”且为“最高额保证”方式。保证人按期支付了电费，从而有效规避了欠费风险。

【例 2–11–2】某食品厂由于受市场影响，产品严重滞销，经营严重恶化，导致欠供电公司电费达 100 余万元（含违约金），若不及时采取措施，如该厂破产倒闭，供电企业将造成巨额损失。某供电公司依据《中华人民共和国合同法》《中华人民共和国担保法》规定，及时要求食品厂提供担保，经与该厂协商，该厂自愿将其厂区内一块面积达 1900m^2 的无地上定着物的土地使用权对所欠电费及将要发生的电费进行抵押担保，双方签订了“电费缴纳合同”及“抵押合同”，并在市土地行政管理部门办理了抵押物登记手续，使“抵押合同”合法生效。

【例 2–11–3】某市供电局与欠费大户——×××铝业集团有限责任公司订立了债券、股权转让的质押担保合同 2780 余万元，经股东大会确认，直接抵交电费。

三种担保方式案例分析：

在保证、抵押、质押三种担保方式中，合理选择担保方式对欠费及时回收影响非常大，如【例 2–11–1】，选用保证担保方式，供电企业要严格考察保证人资格，保证人资格不合法就会导致保证合同无效。在【例 2–11–2】中，选用抵押担保方式，供电企业既要合理选择抵押物，又要及时办理抵押物登记手续，还要经常检查抵押物的状况。这两种担保方式在实践中，既不方便实行，在客户发生欠费后，又不能迅速抵偿欠费。在【例 2–11–3】中，选用债券、股权转让的权利质押方式，从而杜绝了动产质押担保方式存在的操作复杂，客户欠费后不能迅速补偿欠费的缺点。权利质押手续操作简便，客户欠费后可立即兑现存款单或汇票抵偿欠费，因此选用权利质押方式是一种比较理想的选择。

对客户实行担保应优先选用权利质押方式，对不能采用权利质押方式的客户再考虑采取其他担保方式。在权利质押方式的选择上，应优先选择存款单或汇票作为质物，以利于客户欠费后能够立即兑现抵偿欠费。

【思考与练习】

1. 开展电费风险调查应遵循什么原则？
2. 调查项目有几部分组成？具体内容有哪些？
3. 如何对客户群进行划分？
4. 风险类别划分包括几部分？
5. 开展电费风险调查的工作内容及要求？
6. 风险因素分析有几部分组成？具体内容有哪些？

模块 12 破产客户的电费追讨（Z25F1012 Ⅰ）

【模块描述】本模块包含破产客户电费追讨的适用法律和参与方式、参与处理破产欠费案件需注意的事项，假破产真逃债的防范对策及被注销客户的欠费追讨等内容。通过概念描述、术语说明、条文解释、要点归纳、案例分析，掌握对破产客户的电费追讨方法和破产欠费案件的处理程序。

【模块内容】

本模块介绍了破产客户电费追讨的适用法律，重点讲述对破产企业的法律适用，简述参与处理破产欠费案件需注意的事项，列举为逃债而假破产企业的防范而采取的相关措施以及对已注销客户的欠费进行追讨，避免供电公司的经济损失。

以下重点介绍用电客户破产案件的适用法律、破产清算的两种方法、参与处理破产欠费案件需注意的事项和为逃债而假破产的防范。

一、破产客户电费追讨的适用法律

1. 用电客户破产案件的适用法律

由于破产案件的法律规定与适用尚未统一，国家对不同类型和不同地区的企业破产还债采取不同的法律规定和政策措施。《中华人民共和国企业破产法》第一百三十三条规定：在本法施行前国务院规定的期限和范围内的国有企业实施破产的特殊事宜，按照国务院有关规定办理。对列入国家优化资本结构试点城市的国有企业破产，适用国务院《关于在若干城市试行国有企业破产有关问题的通知》（以下简称《通知》）；其他所有的具有法人资格的企业破产适用《中华人民共和国企业破产法》；非法人企业破产与个体工商户、个人合伙等类型的市场主体，则适用《中华人民共和国民事诉讼法》的一般规定。

2. 两种适用法律后果分析

企业破产适用不同的法律和政策规定，势必对供电企业的电费利益产生直接影响。国务院确定的“优化资本结构”试点城市适用《通知》规定，有利的是享受核销呆账、坏账政策，为破产企业偿还电费债务创造了条件，不利的是破产财产处理政策要首先保证职工安置的需要。其他企业适用的《中华人民共和国破产法》规定，破产财产首先用于破产人所欠职工的工资和医疗、伤残补助、抚恤费用等；其次是社会保险费用和破产人所欠税款；最后才是普通破产债权。两种法律适用后果是作为普通债务的电费，清偿很难实现，或者清偿份额很少，要高度关注破产财产顺序清偿的状况。

3. 利用重整制度挽救濒临破产客户

对濒临破产的企业，要利用《中华人民共和国企业破产法》重整制度，它是对可能或已经发生破产原因但又确有再建希望的企业，在法院主持下，由各方利害关系人协商通过重整计划，或由法院依法强制通过重整计划，进行企业的经营重组、债务清理等活动，以挽救企业、避免破产、获得更生的法律制度。这是预防企业破产最为积极、有效的法律制度。重整制度突出的作用是避免企业破产，尤其是对社会经济、人民生活有重大影响的大型企业的破产。供电企业是主要债权人，应支持濒临破产企业通过资产重组、债务托管等方式，寻求转机，促进发展。

4. 破产清算的两种方法

（1）供电企业申请清算。对资不抵债、无力清偿到期债务的企业，如其要无限期拖延债务，迟迟不向法院申请宣告破产，则作为债权人的供电企业应主动向法院申请宣告债务人破产清算债务，并提供供用电合同、电费欠账清单、担保与抵押的证据等材料。

（2）破产企业申请清算。企业主动申请破产清算债务，供电企业要关注法院受理案件的公告、立案时间，破产案件的债务人、债务数额，申报电费债权的期限、地点，第一次债权人会议召开的日期、地点，以便做好准备，充分行使法律赋予债权人的各种权利。

二、参与处理破产欠费案件需注意的事项

1. 如何掌握申报债权时机

法院受理破产案件后，在收到债务人提交的债务清册后十日内，应当通知已知的债权人，对于未知的债权人则公告通知。实践中常常出现因债务人提交的债务清册中没有列明电费债权，导致法院不通知供电企业。有的未看到法院在媒体上的公告，导致债权未能申报，丧失了受偿的最后机会。这就要特别关注媒体刊登公告的有关欠费客户的破产、重组等信息；供电企业应在收到申报债权的通知后一个月内，未收到通知的应在公告之日起三个月内，向该法院申报债权；申报债权时，应列明债权性质、数额及有无财产担保，并附详细的证据材料。

2. 对破产客户的调查

详细调查、审查有关破产申请材料，分析债务人是否真正达到了破产界限，是否可利用重整制度挽救，是否为逃债制造的假破产，及时向法院提出申诉。

3. 债权人权利的行使

积极参加债权人会议，并依法积极行使权利。所有债权人均为债权人会议成员。债权人会议成员享有表决权，但有财产担保的债权人未放弃优先受偿权利的除外。在供电企业申请客户破产还债的情况下，如其上级主管部门申请整顿，并提出方案，供电企业认为可行，可通过债权人会议与企业达成和解协议。否则，则应申请法院裁定终结，宣告破产。

4. 破产案件与相关纠纷案件合并审理应注意的问题

法院受理破产案件后，以破产企业为债务人的其他经济纠纷已经审结但没有执行的，或者尚未审结的，应当中止执行，由债权人凭生效的法律文书向受理破产案件的法院申报债权；如发现破产企业作为债权人的案件在三个月内难以审结的，应移送受理破产案件的法院一并审理；破产企业应自收到法院立案通知之日起清偿债务。正常生产经营必须偿付的，应经法院审查批准。如破产企业仍然对部分债权人清偿债务，法院将裁定无效，追回该项财产。

5. 破产客户损害财产行为的防范

（1）人民法院受理破产申请前一年内，涉及债务人财产的下列行为，管理人有权请求人民法院予以撤销：

1）无偿转让财产的。

2）以明显不合理的价格进行交易的。

3）对没有财产担保的债务提供财产担保的。

4）对未到期的债务提前清偿的。

5）放弃债权的。

（2）人民法院受理破产申请前六个月内，仍对个别债权人进行清偿的，管理人有权请求人民法院予以撤销。但是，个别清偿使债务人财产受益的除外。涉及债务人财产的下列行为无效：

1）为逃避债务而隐匿、转移财产的。

2）虚构债务或者承认不真实债务的。

供电企业发现破产企业有上述行为的，应及时请求清算组向法院申请追回财产。

6. 电费债权人优先权的行使

有财产担保的电费债权人应及时向法院请求行使优先权。

7. 破产客户相关财产及债权的处理

（1）法院宣告企业破产后，通知破产企业的债权人或财产持有人向清算组清偿债务或交付财产，债权人对通知的债务数额或财产的品种、数量等有异议的，可以在7天内请求法院予以裁定。如破产企业的债务人未清偿债务或财产持有人未如实交付的，债权人可以要求清算组申请法院裁定后强制执行。

（2）清算组分配破产企业的财产，应以可以用于清偿的全部财产为限，破产企业的债权在分配时仍未得到清偿的，清算组应将该债权按比例分配给破产企业的债权人。

（3）破产企业与他人组成法人型或合伙型联营体的，破产企业作为出资投入的财产和应得收益应当收回，不能收回的可以依法转让。

8. 清算结果和财产分配方案的审查分析

在破产清算阶段，供电企业对清算结果和财产分配方案应认真审查分析，以便在债权人会议通过时，充分发表意见。清算组对破产企业的财产清算分配之后，供电企业接到领取财产通知时应如期办理，以免法院做提存处理。要按前面所讲到的，关注破产财产顺序清偿的状况。

9. 破产程序终结后应注意的问题

破产程序终结后发生的破产企业请求权，由破产企业的上级主管部门行使。追回的财产，其债权人可以依法得到清偿。

三、为逃债而假破产的防范

（1）在证据确凿情况下，积极向法院反映实际情况，争取使法院不受理逃债企业的破产申请，使其逃债计划流产。

（2）对破产企业的隐匿、私分财产等逃债行为，根据《中华人民共和国民法通则》《中华人民共和国破产法》，向法院提起确认之诉，请求法院确认其行为无效并追回财产；或根据《中华人民共和国合同法》提起撤销权之诉，以实现此目的。

（3）对已破产又在其基础上组建新企业，但实际仍受原企业控制的，应根据民法诉其欺诈，请求法院宣告其破产无效，由新企业对原有债务承担连带责任。

四、已注销客户的欠费追讨

被注销企业（因破产而被注销的除外）的欠费回收问题：欠费客户因违法或不参加年检等原因被注销的，本应进行清算偿债程序而未进行，却又在被注销企业基础上通过合并、分立等方式成立新企业的，可请求法院宣告其合并、分立无效，并由新企业负责偿还欠费。

五、案例

【例 2-12-1】某化肥厂拖欠电费 600 多万元，濒临破产，供电部门积极支持当地政府，让化肥厂与效益较好的化工厂实现资产重组，并与化工厂签订了化肥厂电费债务托管协议，使化肥厂陈欠多年的电费得到有计划地偿还。

【例 2-12-2】某供电部门收到区人民法院发来参加某水泥厂债权人清算庭审会的通知。接到通知后除了办理正常参会的手续外，针对该户拖欠 254 万元电费，对申请破产进行了分析，发现该户不是真破产而是破债。经与决策层接触了解到不是该单位申请破产，而是由其他债权人向区人民法院申请宣告债务人破产还债。根据实际情况向其决策层宣传了有关破产企业未能偿还电费的政策，如若供电部门予以销户，终止供电，将给该单位带来极大的损失。通过双方沟通后，阐明了观点，希望破产后所欠 254 万元电费仍然存在，否则会投入更多的人力、物力和财力。由于该客户情况特殊，停一分钟电都不可能，最后双方达成一项协议，今后发生的电费按月交清，拖欠 254

万元电费，先期支付 100 万元，其余欠费写了书面还款计划。企业法人与债权人达成和解协议，经人民法院认可后中止破产还债程序，和解协议具有法律效力。

【例 2–12–3】某丝绸厂由于受市场经济疲软和企业内部管理等众多不利因素的影响，于 2012 年 7 月上旬申请破产，截止破产时，累计拖欠供电公司 2013 年 6~7 月电费合计 18.5 万元，供电公司营销人员上门催收电费时，企业负责人认为该企业已申请破产，不再承担任何债务。对此，供电公司要求相关部门负责人主动上门向企业负责人问询，在企业破产过程中，有何工作需要供电部门协助解决和提供服务的，同时积极思考采取何种方法有利于追讨电费。在得知该企业已成立破产领导小组的情况下，供电公司积极寻求企业破产领导小组的支持，同时密切关注该企业在破产过程中的每一个法定程序。在得知该企业将于 11 月开始进行固定资产拍卖时，供电公司立即安排相关人员上门与企业破产领导小组进行商谈，最终得到了破产企业的同意，并许诺拍卖款一到账就偿还供电公司的电费，至此一笔本已流失的电费，在坚持不懈地努力下全部追回。

案例分析：

上述案例说明，虽然破产企业有《中华人民共和国破产法》的保护，但作为供电部门债权人应维护自身的权益和利益。宣布破产后拖欠的电费可以做坏呆账处理，但终归供电部门经济受到损失，力争通过各种渠道采取各种方式，不要使拖欠的电费破掉，这样有利于保护双方的利益。

【思考与练习】

1. 对濒临破产的客户应如何对待？
2. 破产清算的两种方法是什么？
3. 参与处理破产欠费案件应注意哪些事项？
4. 如何防范为逃债而假破产客户欠费？
5. 如何对已注销客户的欠费进行追讨？

◢ 模块 13 代位权、抵销权、支付令、公证送达、依法起诉及申请仲裁的应用（Z25F1013Ⅲ）

【模块描述】本模块包含代位权、抵销权、支付令、公证送达、依法起诉及申请仲裁的含义，代位权发生条件，抵销权、公证送达的应用，申请支付令条件，起诉及仲裁注意的问题等内容。通过概念描述、术语说明、条文解释、要点归纳、案例分析，能利用法律权利对债务人进行清欠。

【模块内容】

本模块介绍了代位权、抵销权、支付令、公证送达、依法起诉及申请仲裁的含义，代位权发生条件，抵销权、公证送达的应用，申请支付令条件，起诉及仲裁注意的问题。

以下重点介绍代位权、抵销权、支付令、公证送达、依法起诉及申请仲裁的含义以及如何进行依法起诉及申请仲裁。

一、代位权

1. 含义

因债务人怠于行使其到期债权，对债权人造成损害的，债权人可以向人民法院请求以自己的名义代位行使债务人的债权，但该债权专属于债务人自身的除外。

2. 代位权在电费债权中发生的条件

（1）根据供用电合同的约定，用电人已迟延给付电费。

（2）用电人对第三人享有债权，倘若用电人没有对外债权，也就无所谓用电人的代位权。需注意用电人对第三人享有的债权，不得专属于债务人自身，例如财产继承权、抚养费请求权、离婚时的财产请求权、人身伤害的损害赔偿请求权等。

（3）用电人有怠于行使其债权的行为，包括作为和不作为。例如债务人应当收取第三人对其的债务，且能够收取，而不去收取。如果用电人行使了其权利，即使不尽人意，供电人也不能行使代位权，但在这种情况下有行使撤销权的可能。

（4）用电人怠于行使自己债权的行为，已经对电费的给付造成损害。损害指用电人因怠于行使自己对第三人的权利，致使无力清偿电费，因而使电费的给付有不能实现的危险。

代位权是一种法定权能，无论供电人和用电人是否有约定，只要构成以上四个要件，供电人均可行使该权利。

3. 行使代位权应注意的问题

供电人行使代位权，应以自己的名义行使，并不须征得用电人的同意。代位权的行使，也可以使供电人的债权得到一定程度的保护。需注意的是供电人在行使代位权时，必须向人民法院提出请求，而不能直接向第三人行使。代位权的行使范围以用电人所欠电费为限。

4. 案例

【例 2–13–1】某玻璃厂欠某市供电公司电费 150 万元，属陈欠电费；某玻璃经销公司拖欠该玻璃厂货款 300 万元，已逾期达 1 年半，玻璃厂多次催讨未果。现供电公司得知玻璃经销公司刚刚收回一笔 200 万元的货款，而玻璃厂催讨仍旧没有结果，就打算转而向玻璃经销公司讨债。是否可行？供电公司应该如何具体操作？

案例分析：

这就是《中华人民共和国合同法》规定的代位权制度。根据有关司法解释，只要债务人不以诉讼方式或仲裁方式向次债务人主张其债权而影响其偿还债权人的债权，都视为“怠于行使其债权”。供电公司可以根据代位权的规定，以自己的名义起诉玻璃经销公司行使玻璃厂货款债权，取得债权后再向玻璃厂行使电费债权。

二、抵销权

1. 含义

抵销权包括法定抵销权和约定抵销权。所谓法定抵销权，根据《中华人民共和国合同法》第 99 条规定：当事人互负到期债务，该债务的标的物种类、品质相同的，任何一方可以将自己的债务与对方的债务抵销，但依照法律规定或者合同性质不得抵销的除外。所谓约定抵销权，根据《中华人民共和国合同法》第 100 条规定：当事人互负债务，标的物的种类、品质不同的，经双方协商一致，也可以抵销。

两种抵销权的区别：

（1）当事人互负债务是否到期。法定抵销权要求债务均已到期，而约定抵销权则不加限制。

（2）债的标的物的种类、品质是否相同。法定抵销权要求相同，而约定抵销权则不要求。

（3）是基于法律规定而享有，还是基于双方协商一致而享有。法定抵销权基于法律规定而享有，无须经过双方协商；而约定抵销权是基于双方的协商一致而享有。

2. 抵销权在电费清欠中的应用

（1）法定抵销权的应用。当供电企业对客户负有到期债务的，如果客户不按时交付电费，两种债的标的物种类、品质相同的，供电企业可以不与客户协商，而直接通知客户抵销相当的债务。

（2）约定抵销权的应用。当供电企业对客户所负债务的标的物的种类、品质与电费欠债不同时，经双方协商一致，也可抵销。实践中常常采取的“煤电互抵”“物电互抵”等，就是约定抵销权的运用。

在通常情况下，供电人不仅只从事一种营业活动，同时还可能通过其他经济活动，与用电人发生往来，这就为抵销提供了前提条件。另外，作为供电人，也应积极地创造抵销条件。

3. 运用抵销权应注意的问题

供电企业在清欠难度较大时，要多渠道、全方位创造条件，适用法定抵销权或约定抵销权。对于法定抵销权，供电企业只需通知欠费客户即可；自通知到达该客户时，双方债务即告抵销；法定抵销不得附条件或附期限。否则，不产生抵销债务的效力。

对于约定抵销，应注意科学地选择标的物，尽量选择那些价值较稳定、易于变现、不易毁损或可为我所用的标的物，并科学地评估其价值。

还应注意，依照法律规定或按照合同性质不得抵销的，不得运用法定抵销权。

4. 案例

【例 2–13–2】某电缆厂拖欠电费一年共 230 万元，因其亏损严重，催讨困难；而供电公司物资经销公司拖欠该电缆厂电缆款 300 万元，且到期未支付。供电公司将这 230 万元电费债权以 225.4 万元的现金价值转让给物资经销公司，并通知了该电缆厂。物资经销公司随后便通知电缆厂抵销双方各自债务 230 万元。这样，供电公司的电费债权基本上得到了实现。

案例分析：

这就是《中华人民共和国合同法》规定的抵销权制度的应用，案例说明客户所负债务的标的物的种类、品质与电费欠债不同，也可抵销。使难度较大的电费债权通过抵销方式实现。

三、支付令

1. 含义

支付令是根据《中华人民共和国民事诉讼法》第 189 条规定的民事诉讼中的督促程序。所谓督促程序，指法院根据债权人的给付金钱和有价证券的申请，以支付令的形式催促债务人限期履行义务的程序。督促程序依债权人申请支付令的提出而开始。

2. 在电费债权中申请支付令的条件

债权人向法院申请支付令，必须符合下列条件：

（1）必须是请求给付金钱或汇票、支票以及股票、债券、可转让的存单等有价证券的。

（2）请求给付的金钱或有价证券已到期且数额确定，并写明了请求所根据的事实、证据的。

（3）债权人与债务人没有其他债务纠纷的，即债权人没有对待给付的义务。

（4）支付令能够送达债务人的。

由此可见，如果用电人对欠费的事实无异议，并且有固定住所，可以送达支付令的，供电人可以采取这种措施保护自己的债权。支付令是一种诉前程序，简便易行，在时间上、费用上具有很大的优越性。目前，在电费清欠中，已为供电企业大量采用，欠费客户在收到支付令后，基本上主动偿还欠费。

3. 申请支付令应注意的问题

供电企业清偿电费支付令的申请，应向欠费客户住所地基层法院提出。法院在受理供电企业的申请后，15 日内向欠费客户发出支付令；欠费客户应在收到支付令后 15

日内清偿债务或向法院提出书面异议。如果其对债权债务关系没有异议，但对清偿能力、清偿期限、清偿方式等提出不同意见的或未在法定期间提出书面异议，而向其他法院起诉的，不影响支付令的效力。

欠费客户在法定期间内既不提出书面异议，又不清偿债务的，供电企业应及时向法院申请强制执行。其中，欠费客户是法人或其他组织的，申请执行的期限为六个月；除此以外，申请执行的期限为一年。

对于数额较大的欠费，法院可能会出于经济原因而不愿发出支付令，需要供电人与法院进行充分的沟通和协商。

4. 案例

【例 2–13–3】某制糖厂，2012 年 3—5 月共拖欠市供电公司电费 130 万元；经多次催交，反复做工作，收效甚微。由于双方没有其他债务纠纷，市供电公司于 2013 年 6 月向有管辖权的人民法院申请支付令，支付令下达后，制糖厂先交了 50 万元，尚欠 80 万元，对剩余部分制定了还款协议，计划到 2013 年 8 月底交清。到期后，该厂还清了全部所欠电费。

案例分析：

本案如果走普通的诉讼程序不仅时间长而且诉讼费按争议的价额或金额的比例交纳，而采取支付令的形式只交纳 100 元，二者的区别是显而易见的。由此可见，通过督促程序催收客户陈欠电费是一个简便易行的办法。

四、公证送达

1. 含义

所谓公证送达，即行政相对人拒收行政执法文书时，现场由公证机构的公证人员记录有关情况，证明行政执法机关送达行政执法文书时行政相对人拒收的事实。

2. 公证送达的文书种类

公证文书是对公证人依法行使公证权所出具的各类法律文书以及公证活动中形成的其他有法律意义的文件的总称。各类法律文书如公证书、现场公证词等，其他有法律意义的文件如公证人制作的谈话笔录、核查笔录等。

3. 公证送达应注意的问题

有关文书必须依法制作，内容要完备，形式要规范。送达的各环节，从文书制作、送达过程到送达完毕，均应有公证人员参与，体现在公证书上应形成严密的证据链条，不可脱节。

4. 案例

【例 2–13–4】2011 年某工贸公司拖欠该市供电公司电费及违约金 25 万元，经多次催缴，以种种理由拖延缴纳，而且拒不在《停（限）电通知书》上签字接收，致使无法按法定程序实施欠费停电。供电公司采取了公证送达方式，对《停（限）电通知书》送达的全过程作了现场公证。面对严格按照法律程序办事的该局工作人员，工贸公司负责人不得不在《停（限）电通知书》送达回执上签了字，并在《停（限）电通知书》规定的最后期限内，交清了所欠电费及违约金。

案例分析：

在电费清欠工作中，经常会遇到一些欠费客户拒收“催缴电费通知书”“停（限）电通知书”，而电力法律、法规中无留置送达的规定，影响清欠工作的顺利进行。在这种情况下。供电企业可以采取公证送达的方式。公证送达可以有效地保全送达行为，更好地保全所要送达文件的内容和过程，是最直接、最有效的证据，将对供电企业维权起到积极的作用。

五、依法起诉及申请仲裁

1. 含义

起诉指公民、法人或者其他组织因自己的民事权益受到分割或者发生争议，而向人民法院提出诉讼请求，要求人民法院行使国家审判权予以保护的诉讼行为。

仲裁指争议双方在争议发生前或争议发生后达成协议，自愿将争议交给第三者做出裁决，双方有义务执行的一种解决争议的方法。

2. 起诉欠费客户应注意的问题

（1）证据收集。起诉之前，供电企业应首先收集好证据：

1）供用电合同文本及有关附件。

2）签约过程中履行提请注意和答复说明义务的证据。

3）电能计量、抄表资料和欠费凭据及情况说明。

4）催交欠费通知书。

5）停（限）电通知书及执行停电措施记录。

6）其他有关证据。

上述证据，均应收集原件，并妥善保管。

（2）法院的选择。双方事先在合同中约定了管辖法院的，应到该法院起诉；若无事先约定，应由欠费客户住所地或供用电合同履行地法院管辖。

（3）申请财产保全措施，申请诉前财产保全和诉讼财产保全。

（4）在程序上要保证所提请求没有超过诉讼时效。

（5）把握法院调解的时机。根据具体情况可以作出适当让步，与欠费客户达成和解协议，以便欠费问题在合作的基础上能较为顺利地解决。

（6）欠费客户拒不履行生效判决的，应及时向有管辖权的法院申请强制执行。

3. 申请仲裁应注意的问题

（1）签订仲裁协议。必须由双方协商一致，签订仲裁协议，在仲裁协议中要选定仲裁委员会、约定仲裁事项、请求仲裁的意思表示。对仲裁事项或仲裁委员会没有约定或约定不明确的，可以协议补充；达不成补充协议的，仲裁协议无效。

（2）证据的收集。要熟悉该仲裁委员会的仲裁规则，与对方约定仲裁庭的组成方式，恰当选择应由自己选定的仲裁员，并与对方确定好首席仲裁员。

（3）在程序上要保证所提请求没有超过仲裁时效。

4. 案例

【例 2–13–5】某市轧钢厂 2012 年由于经营不善，造成倒闭，所欠电费无力支付。市供电公司为防止欠费资金进一步扩大，设立专门催收小组对其多次上门催缴，该厂一直以种种理由一拖再拖，催收小组为了保障该笔欠费的诉讼时效性，每次催收的同时都留有“痕迹”，为后面成功依法维权提供了宝贵的法律依据。2013 年年初，市供电公司依法对该厂予以起诉，并采取财产保全措施（查封了该厂 3 台变压器）。市人民法院受理此案，于 2013 年 3 月 10 日判决市供电公司胜诉。人民法院依法将轧钢厂 2012 年所欠电费 205 649.52 元（含违约金），成功打入市供电公司电费账户。

案例分析：

本案利用法律手段成功回收陈欠电费，不仅避免了电费资金的流失，还在很大程度上给恶意欠费户形成了威慑。对一些欠费时间较长，诉讼时效期限将满，或态度消极的欠费客户，要求欠费者在通知书的回执上签收，以此作为将来主张诉讼时效中断的有力证据。如对方不愿签字确定，也可采用无利害关系的第三人在场的方式给予证明。对恶意或长期拖欠户要在第一时间予以起诉，保障电费回收工作良性发展。

【思考与练习】

1. 代位权、抵销权、支付令、公证送达、依法起诉及申请仲裁的含义？
2. 代位权在电费债权中发生的条件？
3. 供电企业行使代位权应注意哪些问题？
4. 抵销权在电费清欠中是如何应用的？
5. 运用抵销权应注意哪些问题？
6. 在电费债权中申请支付令的条件有哪些？
7. 供电企业申请支付令应注意哪些问题？
8. 公证送达应注意哪些问题？
9. 起诉欠费客户应注意哪些问题？
10. 申请仲裁应注意哪些问题？

模块 14 客户电费信用风险预警管理（Z25F1014Ⅲ）

【模块描述】本模块包含开展客户电费信用风险预警管理的作用、风险预警管理的整个过程等内容。通过概念描述、术语说明、流程图解示意、要点归纳、案例分析，掌握减少和化解电费风险，充分预期电费回收目标。

【模块内容】

本模块介绍了客户电费信用风险预警管理的作用、电费风险预案管理、电费风险预警管理，减少和化解电费风险，对客户进行风险评估，对风险客户按照风险等级执行应对措施，并对措施执行的情况进行跟踪。合理利用应用系统对客户数据进行统计、分析，发现潜在异常风险，建立客户信用等级评价体系，优化电费回收环境，建立企业内部应对风险和快速反应机制，建立企业内部应对风险和快速反应机制。

以下重点介绍客户电费信用风险预警管理的作用、电费风险预案管理管理的内容及对应措施。

一、客户电费信用风险预警管理的作用

当前，电费拖欠已成为困扰电网企业经营和发展的重要问题之一，如何及时有效地回收当期和陈欠电费，降低不良债权，有效防范和化解电费回收风险，是电网企业亟待解决的重要课题。为进一步加强电费回收管理，防止新欠电费的发生和电费呆、坏账的发生，降低和化解电费回收风险，有效的途径是将电费回收预警处理纳入日常电费管理工作，建立客户信用等级评价制度、电费回收预警分析报告制度、电费回收动态跟踪及快速反应制度、电费风险分析研究制度，以及制定预警预案及规范的处理流程，并根据客户属性和行为特征对电费回收风险进行甄别、量化和应对。通过建立并有效执行全过程风险管理制度，降低和化解电费回收风险，达到有效控制欠费和电费坏账的目的。

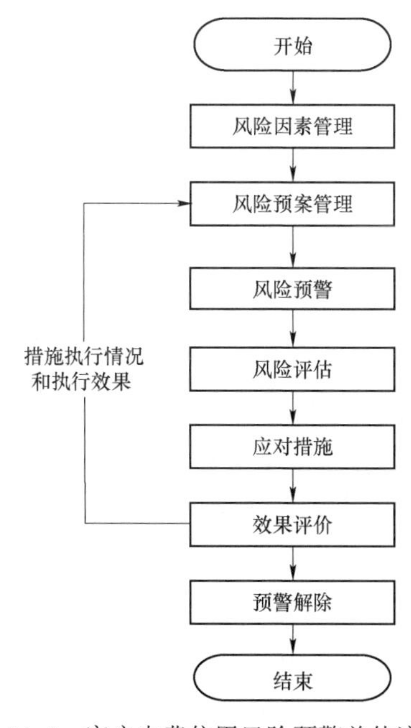

图 2-14-1 客户电费信用风险预警总体流程图

客户电费信用风险预警总体流程图如图 2-14-1 所示。

流程中“风险因素管理”在本部分模块 8“电费风险因素的调查与分析模块（Z25F1008Ⅰ）”中已详细介绍，这里不再赘述。

二、电费风险预案管理

（一）业务描述

通过对风险因素的分析，建立和不断完善风险应对预案。制定风险预警等级和客户风险等级的分类标准，制定客户风险的应对措施，确定预警的方式和界限。

（二）设立组织机构，规定部门相关责任

1. 建立电费回收三级预警预案机制

（1）可设立各区域电网公司、省（自治区、直辖市）公司为第一级，负责电费回收预警方案的制定、修改、解释说明、方案实施监督等指导工作，负责宏观政策、信息收集和分析、重大典型案例的发布以及对二级电费回收风险预警组织的监督管理工作，负责对各地市供电公司电费回收发布预警。

（2）以各地市供电公司为第二级，负责电费回收风险预警方案的组织、相关信息的收集及上报，同时负责对下级电费回收风险预警组织绩效的督导和考核工作。

（3）各级营销部门为第三级，负责电费回收风险预警方案的实施，摸清供电区内客户欠费情况以及相关政策对本地企业的影响等相关信息的收集、整理和上报，并积极采取有效措施化解风险。

（4）各级电费回收预警组织应由主管领导、财务、营销等部门组成。

2. 规定各相关部门责任

（1）区域电网公司、省（自治区、直辖市）公司。

1）电费回收预警办公室：指导各地市供电公司建立电费回收预警处理办法、客户信用等级评价制度、电费回收动态跟踪及快速反应制度、制定预警预案及规范的处理流程；开展电费风险分析研究；动态跟踪各地市供电公司电费回收及预警制度的实施情况；负责例会的召集，与政府、企业之间的信息通报和联系。

2）营销部门：动态跟踪各地市供电公司电费回收及预警制度的实施情况。针对因政策性、经营性、管理性等原因产生的预警及变化情况，动态修正应对预案。对列入预警内容中的电费风险对象，制定相应的应对控制和跟踪分析措施，防止风险扩大和蔓延。发生预警情况后，及时通报各职能部门，并将预警处理及防范改进措施向上级主管部门报告。负责与政府、企业之间的信息通报和联系。

3）财务部门：提供国家电网有限公司下达的应收电费余额指标及各基层单位年度压降的额度，及时提供各单位电费上缴、应收电费余额、呆坏账变化情况。随时解决电费回收工作中因价格、抹账、上缴等原因而产生的问题。

（2）各地市供电公司。地市供电公司的营销管理部门负责对全公司开展此项工作检查与考核，对重点大工业客户、高危企业、趸售客户开展电费预警分析及信用等级评定，负责对其他各类客户电费缴纳信用评定等级结果的审定。

（3）各供电分公司。各分公司设立电费预警小组，负责提出本单位各类客户电费预警机制的实施方案，组织各基层营业班（所）对有关客户开展缴费信用等级评定工作；各营业班（所）承担电费收缴任务，在分公司统一组织下开展各类客户缴费信用等级评定工作，建立各类客户电费预警档案，及时掌握客户的有关经营信息，确保电费的及时回收。

（三）业务流程

电费风险预案流程图如图 2–14–2 所示。

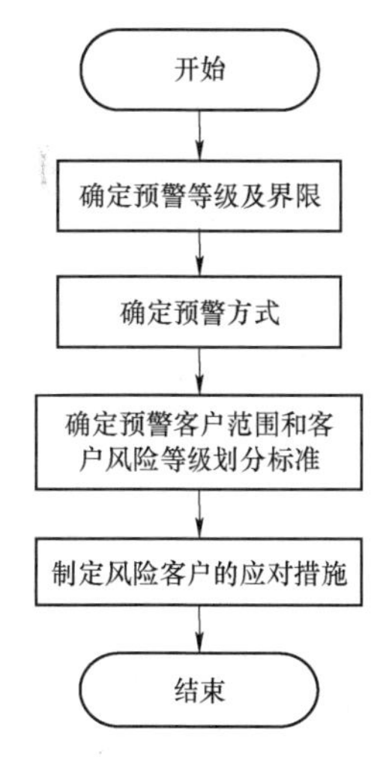

图 2–14–2　电费风险预案流程图

（四）管理内容及对应措施

（1）制定风险预警及应急处理预案，明确预警等级的划分和界限。

1）预警等级可以根据各地区的实际情况确定，一般分为：A 类、B 类、C 类。

2）预警界限根据风险关键因素对风险的影响程度制定，可以参照以下内容制定：

a. 当年电费回收率低于本公司平均电费回收率。

b. 当年电费连续三个月不能结清。

c. 签订的还款计划连续三个月不能兑现。

d. 在途电费超过月末抄见电量电费 40%以上。

e. 账龄超过 1 年的欠费比重占应收电费余额的 10%及以上。

f. 连续三个月电费呆账、坏账的增长率超过 10%。

g. 应收电费余额超过预算控制水平。

（2）确定预警方式。预警的主要方式有：

1）上级公司对下级公司预警。

2）公司内向各职能部门预警。

3）向上级主管部门报告，向当地政府有关部门报告。

（3）确定预案针对的客户范围和客户风险等级的划分标准。客户风险等级可以根据各地区的实际情况制定，一般分为极高风险、高风险、普通风险、低风险、极低风险、无风险。

选定影响电费回收风险的信息作为评分指标，确定各指标的分值和权重［客户风险分值 = ∑（各指标权重×各评分指标分值）］。评分指标主要有：

1）缴费风险：信用等级，缴费方式，欠费额度等。

2）电量风险：大电量，电量无法抄见（连续门闭）等。

3）经营风险：是否列入政策性限制行业，是否列入政府部门关停范围，企业经营状况（破产边缘、困难、不佳、一般、很好），承包、租赁即将到期且有逃费迹象等。

4）社会信用风险：银行信用等级，工商资信等级、曝光揭露信息等。

（4）制定各风险等级的应对措施。应对措施一般有：

1）加强对供用电合同的管理。

2）签订有关电费收缴专项协议或专项合同。

3）签订电费担保合同。

4）签订分次划拨协议。

5）签订分次结算协议（多次抄表）。

6）实行卡表、终端预购电。

7）预缴电费。

8）跟踪调查。

（五）注意事项及危险点控制

（1）对月用电量较大的电力客户实行每月分次划拨电费（一般每月不少于三次），月末抄表后结清当月电费制度，逐步实现按抄表数据自动采集系统抄录的电量进行电费划拨。

（2）对交纳电费信誉等级较低，经营形式较差等电费风险较大的电力客户，可采取以合同方式约定实行预购电制度方式。

（3）开展电费风险控制与研究工作，建立电费回收预警机制。根据电费风险类别和等级，制定防范电费坏账风险的预案。

（4）结合本地区的市场环境和经济特点，以及电费回收情况，制定电费回收预警预案。

（5）建立电费回收预警分析报告制度、电费回收动态跟踪及快速反应制度，电费风险分析研究制度，以及客户信用等级评价制度，制定预警预案及规范的处理流程。

（6）实际操作中应根据实际情况制定相应制度和评价指标。

三、电费风险预警管理

1. 业务描述

对影响电费回收风险的主要指标进行监测，当主要指标超过预警界限时，预先发出警告并启动应对预案。

2. 业务流程

电费风险预警流程图如图 2-14-3 所示。

3. 管理内容及对应措施

（1）对影响电费回收风险的主要指标变化进行监测。

（2）当影响电费回收风险的主要指标超过预案规定的界限时，根据预案的划分标准确定预警的等级。

（3）按照预案规定的方式对相关管理单位进行告警，并启动应对预案。

4. 注意事项及危险点控制

（1）对电费回收预警制度的实施情况进行动态跟踪、检查落实。针对因政策性、经营性、管理性原因产生的预警及变化情况，动态修正应对预案。对列入预警内容中的风险对象，制定相应的应对控制和跟踪分析措施，防止风险扩大和蔓延。

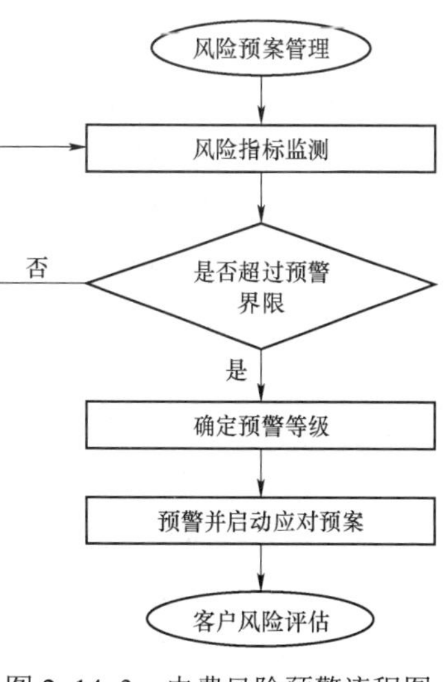

图 2–14–3　电费风险预警流程图

（2）发生预警情况后，要及时将预警处理及防范改进措施向上级主管部门报告。

四、客户风险评估

1. 业务描述

收集客户风险相关信息，量化风险发生的可能性及风险发生后产生的影响，产生客户风险等级。

2. 业务流程

客户风险评估流程图如图 2–14–4 所示。

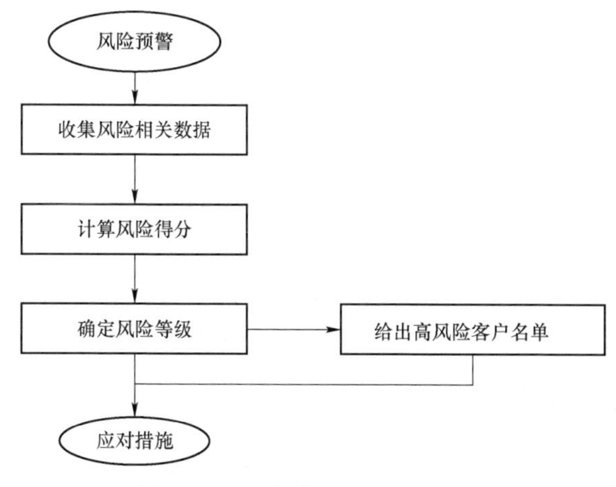

图 2–14–4　客户风险评估流程图

3. 管理内容及对应措施

（1）根据启动的预案，收集和分析客户风险相关数据，包括客户的属性、用电情况、国家宏观调控政策、客户生产经营情况。对于国家宏观调控政策和客户生产经营情况，应及时进行收集整理。

（2）根据风险评估规则的评分标准，量化风险发生的可能性及风险发生后产生的影响，计算客户的风险得分。

（3）根据风险评估规则的等级划分标准，产生客户的风险等级和评估报告。

（4）给出高风险客户名单，对高风险客户进行重点跟踪管理。

4. 注意事项及危险点控制

应及时准确收集客户相关数据，确保风险评估的准确性。要防范客户关停、破产、重组、拆迁等发生欠缴电费或恶意拖欠电费，重点落实事前预防、事后处理的各项措施，及时列入高风险客户。

五、应对措施

1. 业务描述

根据启动的风险预案，对风险客户按照风险等级执行应对措施，并对措施执行的情况进行跟踪。

2. 业务流程

执行应对措施流程图如图 2–14–5 所示。

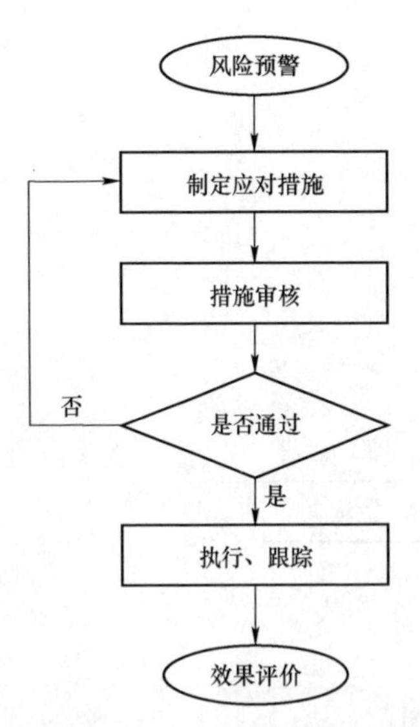

图 2–14–5　执行应对措施流程图

3. 管理内容及对应措施

（1）根据启动的风险应对预案，制定需要对客户采取的风险应对措施。

（2）对应对措施进行审核确认，记录审核意见、审核人、审核时间。审核不通过，重新调整应对措施。

（3）将审核通过的应对措施传递给相关部门执行，并对执行的过程和情况进行跟踪：

1）应对措施为履行供用电合同签订时约定的高风险客户措施要求，签订有关电费收缴专项协议或专项合同、签订电费担保合同、签订分次划拨协议、签订分次结算协议的，触发合同管理业务，执行应对措施。

2）应对措施为预缴电费的，对客户收取预收款。

3）应对措施为实行卡表、终端预购电的，将措施信息发送给新装增容及变更用电的申请确认，执行预购电终端或卡表的安装，并执行合同管理业务，进行预购电合同签订。

4. 注意事项及危险点控制

（1）要对月用电量较大的电力客户实行每月分次划拨电费（一般每月不少于三次），月末抄表后结清当月电费制度，并逐步实现按抄表数据自动采集系统抄录的电量进行电费划拨。

（2）要高度关注交纳电费信誉等级较差等电费风险较大的电力客户，采取以合同方式约定实行预购电制度方式。

（3）对电费回收预警制度的实施情况进行动态跟踪、检查落实。针对因政策性、经营性、管理性原因产生的预警及变化情况，动态修正应对预案。对列入预警内容中的风险对象，制定相应的应对控制和跟踪分析措施，控制风险扩大和蔓延。

六、效果评价

1. 业务描述

对预警管理过程进行总结，评价风险预警的效果，找出存在的问题，提出改进的措施，为风险因素的识别和预案的管理提供依据。

2. 管理内容及对应措施

（1）从供用电合同管理获取合同签订信息，从客户电费缴费管理获取客户预缴电费信息，从新装增容及变更用电获取卡表或预购电终端安装信息，对风险管理效果进行科学的评价。

（2）评价的主要依据：应对措施执行率，即已执行数占应执行数的百分比；措施所产生的有效性，可以通过措施执行前后风险指标的变化情况来反映。

（3）对风险防范和预警管理过程进行分析与总结，提出改进的措施。

3. 注意事项及危险点控制

应及时收集应对措施的执行数据以及措施执行前后风险指标的变化，分析评价的效果和准确性程度。对有效性较低的措施，应及时改进。

七、电费风险预警解除

1. 业务描述

对预警启动的主要依据进行监测，当预警界限制定的主要指标稳定下降时，可以对启动的预警进行解除。

2. 管理内容及对应措施

（1）对预警启动的主要依据进行监测，比较当前主要指标与预警界限的差异。

（2）当主要指标低于预警界限，并在规定的一段时间内相对稳定的情况下，可以对预警进行人工解除。

（3）预警解除后对本次预警的全过程进行归档。

3. 注意事项

在规定的时间范围内，主要指标低于预警界限且相对稳定时，应及时对预警进行人工解除。

八、合理利用应用系统对客户数据进行统计、分析，发现潜在异常风险

1. 利用营销技术支持系统相关功能进行电量电费突增减的统计分析

（1）确定客户用电性质：查询用电客户的用电类别、电价、电压等级、容量、行业类别等信息，确定客户的用电性质为居民用电、还是商业或其他用电。如客户为商业用电，则其电量变化可能与经济发展、生产状况、营业时间等有关系。

（2）分析电量电费情况：查询客户的用电情况，往期用电量是否平稳，环比电量是否确有明显增加，是否启用分时，是否有表计轮换等情况。如客户电表已实现自动采集，则可通过用电信息采集系统查阅客户历史日用电量情况进行分析。

（3）分析抄表核算情况：查询客户的抄表周期，结算期内是否有计量装置换装，抄表示数是否有异常，是否有计量装置故障流程，是否有退补的电量、电费等情况。

（4）分析电费交纳情况：查询客户电费交纳记录，是否有往月、往年欠费，违约金及暂存款等情况。电量电费电容在突增，核实客户应交纳是否为多个月的电费，是否有违约金、是否有暂存款未冲抵等情况，导致电费交纳增多。

2. 利用用电信息采集系统数据统计、分析功能发现潜在风险

（1）用电信息采集系统具备低压配电变压器台区实时线损计算功能，分析排查线损超标的原因，核实清理户变关系，查找计量异常情况，有针对性地开展营销电费稽查工作。

（2）利用采集系统对客户用电情况的分析结果，对出现反向电量、电能示值长期不变化、用电量突变等情况的电力客户开展重点现场巡视工作，防止电量电费错算、漏算的发生。

（3）利用采集系统对客户最大需量与用电容量核对分析和无功功率数据分析功能，指导客户选择合理计费方式、检查和指导客户合理运行无功补偿装置，提高功率因数，降低客户电费成本，减少电费回收风险。

（4）利用采集系统的异常数据判别功能，排查电表电能示值突然变小而无换表记录、连续多日采集失败、采集电能数据值奇异的计量异常事件，进行现场核实处理，及时发现表计故障，对故障表计及时进行电量电费的退补，杜绝表计故障长时间运行造成的电费回收压力。

（5）利用采集系统的计量回路异常、电能表运行异常、参数变更、时钟偏差等功能，实时发现潜在异常风险。

（6）充分利用用电信息采集系统的数据质量分析、抄表比对功能及电能表反接线

检查等功能，异常问题必须及时安排人员现场处理，对故障表计要在 1 天内完成轮换。

（7）重视抄表数据校核结果的分析，对突增、突减电量要进行现场复查，对计量装置更换后的 3 个抄表周期内应建立重点监控机制，确保电能表可靠准确运行。

3. 电力负荷管理系统

加大电力负荷管理系统的应用及管理，利用负控管理系统预购电功能，扩大对欠费逃逸风险较大客户的预付费购电范围，积极对客户采取预购电或分次划拨收费方式，从根本上杜绝欠费的发生，防范电费回收风险。

九、建立客户信用等级评价体系，优化电费回收环境

依据市场细分的原则结合当地经济体制改革的实际情况，将客户分为 A 级、B 级、C 级、D 级四类，并按这四类进行不同的电费催款缴方式。A 级：此类客户信用很好，交费及时、足额，经营财务状况良好。该类客户基本为无风险企业，抄收人员需加强与这类企业的正常联系，建立良好的工作关系。B 级：此类客户信用度一般，偿债能力一般，偶有交费不及时或不足额，但基本不欠费。该类客户应进入电费回收预警体系。C 级：此类客户信用差，时有拖欠电费现象发生或常以种种理由拒交，其经营状况和财务状况不佳，经常需要不断催缴才能交费。与该类客户签订有法律效力的电费协议，注明必须按旬分期缴纳电费以及双方的责任、义务，内容全面。D 级：此类客户信用极差，经营状况和财务状况非常困难，濒临破产或已破产，严重拖欠电费，甚至有时恶意拖欠电费。必须按规定程序执行欠费停送电措施。

供电公司可以根据不同信用等级，采用限时缓缴、上门促缴、停电催缴和电费预缴等灵活多样的办法，将客户信用评级正面结果公示于众，鼓励企业的守信行为，使守信企业得利。审批用电申请、增容报装、优惠电价时，优先安排信用等级高的客户，使信用等级高的企业得到优惠及时的服务。在电网负荷紧张需要采取停、限电措施时，优先确保信用等级高的客户的用电需求。

十、建立企业内部应对风险和快速反应机制

供电企业健全客户信誉评价和电费回收风险预警机制，结合客户生产经营状况、用电缴费情况等，按照客户欠费风险等级（高风险、较高风险、低风险）对客户进行分类，实行电费回收风险等级管理。充分利用营销稽查监控系统、用电信息采集系统，监控、分析客户用电变化、缴费状况，及时调整客户欠费风险等级，实行风险滚动管理。重点关注高能耗企业、关停并转及濒临破产企业、出口型企业等欠费高风险企业的生产经营信息，跟踪客户的用电状况、生产情况、资金流向、诉讼状况等，及时发布预警信息并提前做好电费回收应急预案。

（1）预付费业务应急处理。因终端质量、通信故障、信息系统故障等原因，导致批量客户剩余电费无法计算、下发等问题，要第一事件通知相关人员到达现场处理解

决，暂停预付电费计算及终端停复电操作，全部采取人工现场操作。如发生错计客户电费，要及时与客户协商，重新调整客户剩余电费信息。通知“95598”工作人员对客户咨询进行解释，并在网站上暂停剩余电费查询功能。

（2）停复电应急处理。如因各类原因导致无法远程停复电，要第一时间（采用电话、短信等方式）通知相关人员到达现场操作，在系统中登记停复电标志，并通知“95598”工作人员对客户咨询做好解释。如为预付费低压电力客户，停电后在下班时间交纳电费，拨打“95598”电话后，“95598”工作人员应核实客户欠费情况，实施远程复电，如未成功，则联系具体人员实施现场复电。

十一、用电客户电费信用等级指标测评案例

某市供电公司按省公司电费信用风险预警管理办法，结合本地区用电客户的实际情况，制定了电费回收信用风险预警实施细则。根据细则中用电客户电费信用等级指标测评表（见表 2–14–1），按对各类客户电费风险因素调查与分析的资料，进行综合评定，按评定结果将客户划分四等六级制：

AAA 级：客户电费缴纳信用度高，缴费及时、月清月结。在用电过程中没有违窃用电行为的记录。属国家鼓励类产业，经营、财务状况良好，市场潜力大，用电人对电费缴纳认识程度较高，电费信用等级评定得分在 90 分及以上。

AA 级：客户电费缴纳信用度较高，缴费比较及时、基本做到月清月结，无电费拖欠现象。在用电过程中没有违窃用电行为的记录。客户经营、财务状况良好，市场潜力较大，用电人对电费缴纳认识程度较高，电费信用评定得分在 80 分及以上。

A 级：客户信用度良好，电费基本不拖欠或年出现一次欠费并及时还款，在用电过程中没有窃电行为的记录。用电人对电费缴纳认识程度较高。经营基本处于良性循环状态，目前有偿还债务的能力，但其经营状况存在一些影响其未来经营与发展的不确定因素，可能会削弱其赢利和偿债的能力，银行存款额度不大，电费信用评定得分在 70 分及以上。

B 级：客户电费缴纳信用程度一般，年度电费能够缴清，个别月份有缴费不及时现象，在用电过程中没有窃电行为的记录。用电人对电费缴纳认识程度一般，偿债能力、经营状况和财务状况一般，银行存款额度较少或基本无存款，有一定的缴费风险，其经营状况、赢利水平及未来发展易受不确定因素的影响，电费信用评定得分在 60 分及以上。

C 级：客户电费缴纳信用程度较差，时有拖欠电费现象发生，经常需要不断催缴才能缴费，经营状况和财务状况不佳，在用电过程中存在窃电行为的记录。用电人对电费缴纳认识程度较差，偿债能力、经营状况和财务状况不佳，银行无存款且有外欠款，电费存在较大风险，电费信用评定得分在 50 分及以上。

D 级：客户电费缴纳信用极差，经营状况和财务状况非常困难，濒临破产或已破产，严重拖欠电费，甚至恶意拖欠电费，基本上无力缴纳电费，没有偿债能力，经常有违约用电现象发生。用电人对电费缴纳认识程度较差，电费信用评定得分在 50 分以下。

评定后产生用电客户电费信用等级指标测评档案（见表 2–14–2）。从而确定极高风险、高风险、普通风险、低风险、极低风险、无风险各类客户。

表 2–14–1　　　　用电客户电费信用等级指标测评表

<table>
<tr><th>序号</th><th>评定指标</th><th>计算公式</th><th>标准分</th><th>评价值</th><th>计分标准</th></tr>
<tr><td>1</td><td>当年及上年各月无欠费</td><td>当年及上年无欠费月数÷考核月数</td><td>40 分</td><td>=100%</td><td rowspan="3">得分＝（实际值÷评价值）×标准分</td></tr>
<tr><td>2</td><td>年度欠费偿还率</td><td>年度电费偿还额度÷年度欠费总额</td><td>10 分</td><td>=100%</td></tr>
<tr><td>3</td><td>当年及上年电费回收率</td><td>当年实收电费÷当年应收电费</td><td>10 分</td><td>≥100%</td></tr>
<tr><td>4</td><td>银行信用等级</td><td>按银行颁发的有效信用等级证明为准，未评级客户可由供电部门酌情评价</td><td>5 分</td><td colspan="2">有 AAA 级证明 5 分、有 AA 级证明 4 分、有 A 级证明 3 分、有一般信用证明 2 分、信用较差不得分</td></tr>
<tr><td>5</td><td>经营状况</td><td>调查客户的经营效益、资产负债率、资金周转等情况</td><td>5 分</td><td colspan="2">资金周转灵活盈利且资产负债率≤50%得 5 分、资产负债率≤80%得 3 分、资金周转不灵活亏损得 0 分</td></tr>
<tr><td>6</td><td>缴费能力</td><td>按等级划分</td><td>5 分</td><td colspan="2">很强得 5 分、较强得 4 分、一般得 3 分、较弱得 2 分、很弱得 1 分、无能力得 0 分</td></tr>
<tr><td>7</td><td>缴费意识</td><td>按客户对电费重视程度划分</td><td>5 分</td><td colspan="2">非常高得 5 分、较高得 4 分、一般得 3 分、差得 0 分</td></tr>
<tr><td>8</td><td>客户经营性质评价及缴费风险判断</td><td>根据客户经营性质判断现有和今后一段时间的经营风险及不确定因素对电费的影响</td><td>5 分</td><td colspan="2">国家鼓励类且无经营风险得 5 分、国家鼓励类但经营成效一般得 4 分、国家限制类但经营水平较好得 3 分、国家限制类暂无经营风险得 2 分、有一定经营风险得 1 分、国家淘汰类或有较大经营风险得 0 分</td></tr>
<tr><td>9</td><td>安全用电、合法用电及合同签订、履约</td><td>对客户安全用电、合法用电进行评估</td><td>5 分</td><td colspan="2">安全守法、合同按期签订，认真履约得 5 分、安全但发生过违窃得 3 分、合同未按期签订或未履约得 2 分、存在安全隐患得 0 分</td></tr>
<tr><td>10</td><td>电费收取方式</td><td>对各类客户电费收取方式进行评价</td><td>5 分</td><td colspan="2">购电制或按时银行划拨客户得 5 分、预收并可按期收回得 4 分、预付不及时须催要得 3 分，不主动交费、走收得 2 分、出现欠费得 0 分</td></tr>
<tr><td>11</td><td>客户综合情况分析</td><td>企业产品结构、市场占有率、市场发展前景、企业领导人信誉观念，企业文化等情况综合评价</td><td>5 分</td><td colspan="2">好得 5 分，较好得 3 分，一般得 1 分，差得 0 分</td></tr>
</table>

表 2-14-2　　用电客户电费信用等级指标测评档案　　（分）

抄表册	户号	户名	合同容量（kVA）	当年及上年各月无欠费	年度欠费偿还率	当年及上年电费回收率	银行信用等级	经营状况	缴费能力	缴费意识	经营性质评价及缴费风险判断	安全用电合法用电合同签订履约	电费收取方式	客户综合情况分析	总分	评定结论
047003	0220002153	市宾馆	374.8	40	10	10	3	3	2	3	1	5	4	1	82	AA
047003	0220002153	市制药厂	315	40	10	10	4	3	3	4	3	5	5	3	90	AAA
047003	0220002153	市电缆厂	4000	40	10	10	3	3	3	4	3	5	4	3	88	AA
047006	0220002182	线路板厂	315.0	40	10	10	5	5	5	5	5	5	5	5	100	AAA
047006	0220002184	玻璃厂	15 200	30	5	5	1	0	1	3	1	5	3	1	55	C
047006	0220002184	科技局	75	40	10	10	5	5	5	5	5	5	5	5	100	AAA
047006	0220070836	电解铝有限公司	320 000	40	10	10	4	5	5	5	3	5	3	5	95	AAA
047006	0220079625	农行营业部泵房	315	40	10	10	5	5	5	5	5	5	5	5	100	AAA
047007	0220002163	炼钢厂	630	15	5	6	0	0	0	3	0	3	0	0	32	D
047007	0220067968	市政路灯	72	40	10	10	5	5	5	5	5	5	5	5	100	AAA
047008	0220070094	商贸城	60	35	6	7	2	3	2	3	3	5	3	3	72	A
047009	0220078548	质量技术监督局	50	40	10	10	4	3	3	4	3	5	4	3	89	AA
047012	0220002646	供热锅炉	810	31	10	7	3	3	2	3	1	0	3	1	64	B
047012	0220002648	制酒厂	630	40	10	10	5	5	5	5	5	5	3	5	98	AAA
047013	0220002222	保险公司	200	40	10	10	5	5	5	5	5	5	5	5	100	AAA
047013	0220002498	节能设备公司	100	40	10	10	4	3	5	5	5	5	5	3	95	AAA

根据客户电费信用等级指标测评结果，对 B 级及以下客户及时启动对应措施。

【思考与练习】

1. 简述客户电费信用风险预警管理的作用。
2. 电费风险预案、预警工作要求有哪些？
3. 绘出客户风险评估的业务流程。
4. 什么情况下执行应对措施？
5. 简述效果评价的作用，评价的主要依据是什么。
6. 什么情况下可解除电费风险预警？

第三部分

电费回收工作质量管理

第三章

售电统计分析

模块 1　抄核收工作“三率”的统计与分析（Z25G1001Ⅱ）

【模块描述】本模块包含抄核收工作实抄率、电费差错率、电费回收率（统称为“三率”）的统计与影响“三率”的原因分析等内容。通过概念描述、术语说明、流程图解示意、要点归纳、示例介绍，掌握“三率”的统计方法及原因分析。

【模块内容】

本模块主要介绍了“三率”的定义及计算方法，“三率”的统计分析，影响“三率”的主要原因。

一、抄核收工作“三率”统计分析的作用

抄表核算收费工作是供电企业营业管理的中心环节，是电力企业经营成果的最终体现，抄表核算收费工作质量的好坏，直接影响到企业的经营效益和社会效益，做好抄表核算收费工作“三率”（实抄率、电费差错率、电费回收率）的统计分析，可以提高电费管理质量水平，为企业分析决策提供依据。

二、抄核收工作“三率”的统计和分析

（一）业务说明

通过对抄核收工作中“三率”的统计，分析出影响“三率”的原因为制定“三率”的改进措施，提供统计分析数据。

（二）业务流程

“三率”统计分析流程图如图 3-1-1 所示。

（三）工作要求

（1）熟悉掌握统计分析基础管理知识。

（2）每月对抄表、核算、收费环节中的“三率”进行统计。

（3）依据统计结果，分析影响“三率”的原因。

（四）工作内容

1. “三率”的统计

（1）实抄率的统计。

计算公式：实抄率=（当期实抄户数÷当期应抄户数）×100%。

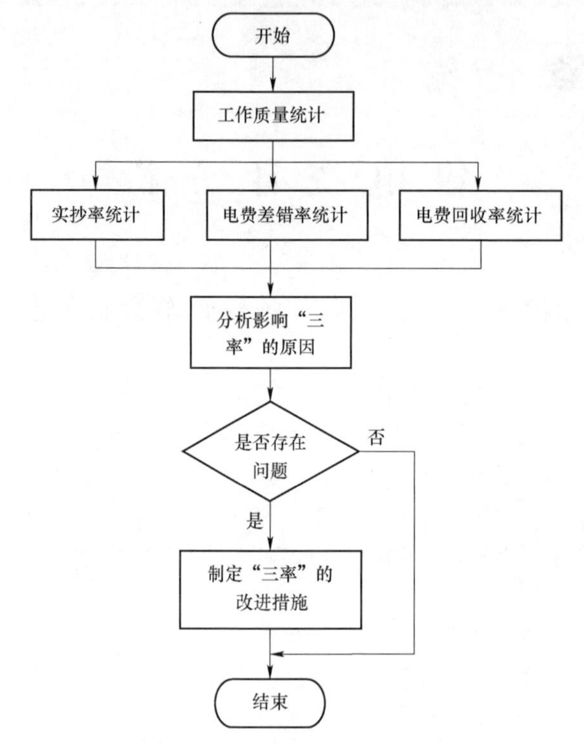

图 3-1-1 “三率”统计分析流程图

统计要素描述：按月统计时，当期数据取的是每月的数据，此时称为月实抄率；按季、年进行统计时，当期数据取的是对应时间段内的累计数据，称为累计实抄率。

（2）电费差错率的统计。

计算公式：电费差错率=（当期差错笔数÷当期核算笔数）×100%。

统计要素描述：按月统计时，当期数据取的是每月的数据，此时称为月电费差错率；按季、年进行统计时，当期数据取的是对应时间段内的累计数据，称为累计电费差错率。

在实际工作中，也有采用差错电费进行差错率计算的。即电费差错率=（当期差错电费金额÷当期应收电费总额）×100%。

（3）电费回收率的统计计算公式：电费回收率=（当期实收电费金额÷当期应收电费金额）×100%。

往年陈欠电费回收率=（当期实收电费金额÷往年欠电费金额）×100%。

统计要素描述：按月统计时，当期数据取的是每月的数据，此时称为月电费回收率；按季、年进行统计时，当期数据取的是对应时间段内的累计数据，称为累计电费回收率。统计往年数据为往年陈欠电费回收率，按照行业分类统计数据为行业分类电费回收率。

2. 影响“三率”的原因

（1）影响实抄率的原因分析。

1）远程自动抄表：由于网络通信、电力线传输、采集设备故障等原因，造成远程抄表采集系统未将抄表数据传送回数据处理中心是造成实抄率下降的主要原因。

2）客户锁门且未安装采集装置：这种情况一般出现在计费表计安装在客户家中，抄表期内到客户处抄表时，客户锁门或不在家时，抄表员将无法正常补抄表，只能与客户联系择日上门抄表和加装采集装置。

3）抄表员抄表不到位：在需手工抄抄表方式下，抄表不到位指抄表人员在抄表周期在未按要求到客户现场抄表。如对于长期不用电、区域部分已经拆迁的客户，容易被抄表员忽视，认为客户长期不用电就未按要求在每个抄表周期到位抄表。

（2）影响电费差错率的原因分析。影响电费差错率的因素较多，但归纳起来，有以下几种：

1）表计换表拆装示数没有及时录入营销技术支持系统，采用采集系统替代数据计算电费，换表人员拆表数录入错误。

2）抄表人员错抄、估抄或采集示数有误等。

3）变损电量的计算差错、追补电量电费的计算差错、对异常电量审核把关不严等。

4）定量定比类别不核实或与现场实际用电负荷不相符。

5）业扩资料审核不严，造成漏记类别、力调执行标准和计费方式错误等。

6）政策性调整电价和追补电价差价。

7）当发生变更用电业务时，暂停时间的维护和基本电费的计算。

8）分时电表分时段电价和分时电量的扣减。

9）违约用电或窃电时，追补电量电费和违约用电电费的计算。

10）表计故障阶梯电量电费退补计算不准，阶梯电价基数执行标准与实际情况不符等。

11）国家政策影响需要一次性退补电费的执行到位准确率。

（3）影响电费回收率的原因分析。了解形成电费欠费的原因，准确地分析出影响电费回收率的因素。产生欠费的主要原因：

1）企业生产经营困难。相当一部分企业由于自身经营不善，负债过多或严重亏损，企业资金周转困难，无力缴付电费。

2）恶意逃避电费。有的企业法制意识和信用观念薄弱，以各种手法逃避电费。如借公司制改造、兼并重组、产权转让、组建企业集团等名义，将资金资产转移到新的经济实体，由已经成为空壳的原企业来承担巨额欠费，有的干脆停产关闭、申请破产。

3）地方行政干预。一些地方政府领导以缓解就业压力，维护社会稳定为由，阻止或限制供电企业催收电费。

4）政策性关停。主要针对不符合国家产业政策环保不达标企业、煤矿、化工等能源开采和生产企业而言。

5）城市整体规划拆迁所形成的用电后无人交费，找不到户主的欠费。

6）不可抗力所形成的欠费，如地震、海啸、泥石流、台风等一些自然灾害。

7）客户与供电部门经济纠纷造成客户拒交电费。

8）居民小区由于物业管理不善，内部亏损，形成欠费。

9）由于抄表和核算过程中的错误造成客户拒付电费，形成欠费。

10）由政府财政统一结算的电费受到政府资金划拨和银行间流通环节的延期，制约电费资金的及时准确到账。

11）催费乏力，供电企业营销队伍素质较差，岗位设置不合理，制度考核不严；主观上对电力法律法规宣传不足，依据电力法律法规催收电费的力度不够，办法不多。

12）城市空关房欠费不能及时回收。

三、案例

【例 3-1-1】某供电营业所，抄表总户数为 1 万户，其中单月抄表居民客户 1300 户，双月抄表居民客户 1250 户，6 月抄表 8650 户，问 6 月该供电所的实抄率为多少？分析原因并提出整改措施。

解：已知：实抄率=（当期实抄户数÷当期应抄户数）×100%。

6 月为双月，故 6 月应抄户数为 10 000–1300=8700 户，

$$6\text{ 月实抄率}=8650\div 8700\times 100\%=99.43\%$$

答：6 月该供电营业所的实抄率为 99.43%。

分析：

第一步：针对实抄率下降的数据进行分析，找出影响抄表率的主要原因是：50 户未到位抄表。

第二步：全面分析未抄表的 50 户的具体原因：经过深入调查研究发现，10 户未抄表的主要原因是由于政府拆迁，户已经拆除，但在未走销户流程；40 户由于采集模块故障或 485 接口虚接造成不能采集冻结示数造成。

第三步：通过分析影响实抄率的原因，制定整改措施。

通过上述分析，不难看出，影响实抄率降低的主要原因是自动抄表采集模块或 485 接线虚接和政府拆迁导致找不到客户所致，因此对应制定整改措施如下：

（1）现场核实客户拆迁去向，积极与拆迁部门或开发商以及客户沟通办理拆表电费交纳和销户手续。

（2）对抄表员进行抄表工作内容培训，并要求抄表员在发现不能通过中间库读取冻结示数时，及时下发现场消缺工作单，通知采集运维人员现场消缺，确保采集系统正常采集示数。

【例 3–1–2】某供电营业站，当月应抄户数 50 100 户，实抄表户数 5 万户，电费核算发行电费总额为 16 500 000.00 元，在核算检查中发现 10 户少抄电量 50 000kWh，10 户多抄电量 2 万 kWh，另有 10 户电价执行错误，追补差价电费 52 360.25 元，不考虑其他代征费，已知电价为 0.45 元/kWh，试问，该供电营业所当月的电费差错率为多少？分析原因并提出整改措施。

解：电费差错率=（当期差错笔数÷当期核算笔数）×100%。

30÷50 000×100%=0.06%。

答：该供电营业所当月的电费差错率为 0.06%。

分析：

第一步：分析产生差错的户数，当月差错户数为 30 户。

第二步：分析造成差错户差错的原因下：

（1）由于抄表员错抄表原因造成核算差错 10 户。

（2）因为客户换表没有及时走轮换流程，采集系统发布拆表之前冻结示数，造成多收客户电费 10 户。

（3）电价执行差错 10 户。

第三步：通过分析影响电费差错率的原因，制定整改措施。

通过上述分析，我们可以发现造成该营业所核算差错的主要原因是抄表员抄错表、换表没有及时走轮换流程、电价执行错误造成的，为此，制定以下整改措施：

（1）加强抄表质量考核，提高抄表数据准确率。

（2）严格核算异常审核流程管理，降低电费差错率。

（3）规范换表轮换流程，按规定时间及时走轮换流程。

（4）加强对员工的业务知识的培训，提高电价执行的正确率。

【例 3–1–3】某供电公司，5 月电费发行 30 000 000.00 元，截至逾期日，实际收回电费 29 500 000.00 元，预付电费 5 000 000.00 元，问，该供电公司 5 月的电费回收率是多少？分析原因并提出整改措施。

解：电费回收率=（当期实收电费金额÷当期应收电费金额）×100%。

29 500 000÷30 000 000=98.33%。

答：该供电公司 5 月份的电费回收率是 98.33%。

分析：

第一步：分析该公司影响电费回收率的欠费客户，通过查询电力客户分户明细账，发现欠费客户主要有 10 户，3 户是煤矿客户、2 户是事业单位客户、2 户是商业客户，3 户为居民客户。

第二步：根据找出的欠费客户，分析欠费客户形成欠费的原因：

（1）煤矿客户欠费主要原因是受到政府政策性关停影响，不能正常生产，资金链出现问题，无法按时交纳电费。

（2）事业单位欠费主要原因是事业单位的办公费用支出由政府财政统一支付，审批环节和手续比较繁杂，资金流转时间较长，在规定的收费期内很难确保电费资金及时足额到账，由此产生欠费。

（3）商业客户欠费主要是因为政府拆迁，个别营业站（所）面临拆迁情况，客户在规定的收费期限内找不到交费网点，造成延误电费回收。

（4）居民户欠费的主要原因是居民外出打工或出差，不能及时交纳电费造成。

第三步：通过分析影响电费回收率的原因，制定整改措施。

通过对欠费客户形成原因的分析，不难看到，影响该供电分公司当月电费回收率的主要原因是政府部门财务报销制度和政策性关停政策，以及客户外出不在家等。为此，特制定以下整改措施：

（1）加强与政府部门的沟通，在无法改变现有财务报销制度的前提下，积极与客户协商，按规定时间交纳电费。

（2）对于企业客户，应主动与客户沟通，努力争取客户的支持与理解，签订预购电协议，确保不发生欠费现象。

（3）做好购电方式的宣传工作，积极推广应用新的购电模式。

（4）拓展多渠道交费方式，满足不同客户的交费需求，如：办理银行卡（本）代扣，网上银行交费等，避免出现客户无法交费情况的出现。名词解释：

应收总额=当月电费应收+当年往月电费应收+往年电费应收。

实收总额=实收当月电费+实收当年往月欠费+实收往年欠费+实收往年已核销的+尾差调整+违约金+预付电费+冲抵电费。

欠费总额=当月电费欠费+当年往月电费欠费+往年电费欠费。

冲抵电费=预付电费–应收电费。

当月电费欠费=当月电费应收–当月电费实收。

当年往月电费欠费=当年往月电费应收–当年往月电费实收。

往年电费欠费=往年电费应收–往年电费实收–往年电费核销。

违约金=客户在供电企业规定的期限内未交清电费时，应承担电费滞纳的违约责任费用。

预付电费=尚未发行前客户预先交付的电费。

尾差调整=调尾前电费–调尾后电费。

收费员收费情况统计表如表 3–1–1 所示。

表 3–1–1　　　　收费员收费情况统计表

统计时段：2012 年 12 月　　　　打印时间：2013 年 1 月　　　　（元）

序号	收费员	收费方式	应收总额	其中			实收总额	其中				其他			欠费总额	其中			备注
				当月电费	当年往月电费	往年电费		当月电费	当年往月欠费	往年欠费	往年已核销	尾差调整	违约金	预付电费		当月电费	当年往月欠费	往年欠费	冲抵电费
	李强	（1）坐收	58 285	35 862	9865	12 558	125 007	35 862	2358	3584	2356	1260	1142	68 365	14 125	0	7507	6618	10 080
		（2）走收	0	0	0	0	0	0	0	0	0	0	0	0	0	0	0	0	0
		（3）代收	1250	1250	0	0	4702	1250	0	0	0	0	0	2351	0	0	0	0	1101
		（4）代扣	0	0	0	0	0		0	0	0	0	0	0	0	0	0	0	0
		（5）特约委托	0	0	0	0	0	0	0	0	0	0	0	0	0	0	0	0	0
		（6）充值卡交费	2568	2568	0	0	5136	2568	0	0	0	0	0	2568	0	0	0	0	0
		（7）卡表购电	3698	3698	0	0	7396	3698	0	0	0	0	0	3698	0	0	0	0	0
		（8）负控购电	1258	1258	0	0	2516	1258	0	0	0	0	0	1258	0	0	0	0	0
		（9）银行卡表购电	14 660	6980	0	7680	33 425	6980	0	2485	2568	3650	356	16 023	2627	0	0	2627	1363
	小计		81 719	51 616	9865	20 238	178 182	51 616	2358	6069	4924	4910	1498	94 263	16 752	0	7507	9245	12 544
合计			81 719	51 616	9865	20 238	178 182	51 616	2358	6069	4924	4910	1498	94 263	16 752	0	7507	9245	12 544

【思考与练习】

1. 统计抄核收工作“三率”的作用是什么？
2. 电费回收率如何计算？
3. 根据收费员统计表按照收费方式统计电费回收率及该收费员总体回收率。
4. 计算并统计本单位当期电费差错率。

模块2 抄核收工作“三率”的改进措施（Z25G1002Ⅱ）

【模块描述】本模块包含抄核收工作实抄率、电费差错率、电费回收率（统称为“三率”）改进的作用与措施等内容。通过概念描述、术语说明、要点归纳、示例介绍，掌握“三率”的改进措施。

【模块内容】

本模块主要通过分析影响“三率”原因的分析，改进“三率”起到的作用，改进“三率”的具体措施，从而提高优质服务水平，有利于电费回收，完善公司内部流程等。

一、改进“三率”的作用

1. 改进实抄率的作用

改进实抄率可以真实地反映供电企业的销售状况，确保售电量数据的准确性，有利于电费回收和供电企业经济效益分析，有效避免与客户产生纠纷，提高优质服务水平。

2. 改进差错率的作用

降低差错率，可以有效确保电费销售收入数据的准确性，有利于电费及时回收，避免与客户发生电费纠纷，提高供电优质服务形象。

3. 改进电费回收率的作用

提高电费回收率可以有效减少电力企业所垫付流动资金贷款利息，提高电力企业经营成果；为电力企业扩大再生产提供投资资金，确保企业发、供电正产生产秩序；有效确保电力企业足额、按时上交国家税金和利润，以保证国家利益和供用电双方利益不受侵害。

二、“三率”的改进措施

1. 改进实抄率的措施

（1）加强对抄表员责任心和职业道德的教育，发现远程采集不到的表计，一定要人工补抄和补装采集装置，坚决杜绝抄表不到位情况的发生。

（2）加强对抄表到位率的考核，建立行之有效的监督考核机制。

（3）努力提高用电信息采集系统的采集准确率、覆盖率，缩短抄表时限，提高抄表数据的准确率。

（4）提高用电信息采集系统运维人员的责任心，发现采集失败电表，及时现场处理，确保采集数据成功率。

（5）加强抄表与核算岗位之间的相互监督制约机制。

（6）建立抄表人员与运维人员的监督制约机制，确保抄表率达到100%。

2. 改进差错率的措施

（1）加强对核算员的职业道德培训，倡导严谨务实、一丝不苟的工作作风，减少电费差错的出现。

（2）定期对核算员开展业务知识培训，重点掌握发生各类变更业务时正确的电量和电费的计算方法。

（3）加强退补电量电费管理，退补电量电费时要求有依据和具体的计算过程。

（4）加强电费审核管理，对出现的异常电量、电费情况，核算员要认真进行复核，并与抄表员和用电检查员核实具体情况，防止电费差错的产生。

（5）规范工作流程，明确各岗位工作职责，建立有效的联系和相互监督考核机制。

（6）加强抄表核算人员抄表示数审核工作，超过异常法则的客户要在采集系统或现场进行核实。

3. 改进电费回收率的措施

（1）严格规范供电企业内部的电费管理工作。加强收费员业务培训教育，提升业务工作水平；合理优化配置营销岗位，制定行之有效的考核制度，增强人员的敬业精神；制定催收电费管理办法和措施。固定抄表日期，严格执行违约金制度，大力推广购电用电机制，增加预购电计量装置的比例。推广使用新的交费方式，如自助交费、网银交费、银行卡扣、支付宝交费等。

（2）加大优质服务宣传力度，营造良好电费回收氛围。以客户为中心，与客户建立良好的合作关系，争取客户对电费回收工作的理解和支持；同时加强电力法律、法规的宣传力度，大力倡导“电是商品”“用电必须交费”的理念，在全社会中树立“电是商品，用电必须交费”的责任意识，不断营造良好的电费回收氛围。

（3）增强法律意识，运用法律手段化解电费风险。完善《供用电合同》，以法律的形式规范客户抄表时间、交纳电费的时间、付款方式等；同时与客户签订电费协议，以书面形式明确客户交纳电费的违约责任。

供电企业作为债权人，可以依法向所有债务人追收欠缴的电费。供电企业对不按时交纳电费的企业应及时掌握第一手材料；对有支付能力而不主动交纳的，应进行说服，晓以利害，促使其自觉交纳电费；对确属一时资金周转困难但资产质量较好的，可以给予一定的宽限期，与之签订交纳电费协议，或要求提供担保；对欠费时间长、诉讼时效期限将满或态度消极的欠费客户，应及时采取催款通知或停电催费等法律手段。

（4）加强与政府部门沟通，创建良好的电费回收环境。供电企业在支持地方经济发展、招商引资、改善人民生活方面作出突出的贡献，要积极与政府部门沟通，取得地方政府和主管部门的支持，为供电企业的发展和电费回收创建良好的外部环境。

（5）建立信用管理机制，强化电费风险防范预警机制。建立信用管理机制，可以对客户进行信用评估，根据评估结果对不同的客户采取不同的用电政策，有效消除供电企业电费回收事后控制的弊端，强化电费风险防范预警机制，有效防止拖欠电费现象的发生。

三、案例

【例 3–2–1】提高抄表实抄率的案例分析。某供电公司所辖某供电所，共有供电线路 5 条，综合台区 25 个，在对该供电所进行抄表质量监控过程中，发现该供电所一回线实抄率为 98%，其他线路和台区的实抄率均为 100%。为此抄表质量监控人员针对此条线路进行了专题分析，制定出整改措施，经过 2 天的整改，该线路实抄率提高到 100%。

分析过程：

（1）分析造成实抄率低的原因。该条线路有 3 台低压采集一型集中器，采集成功率都不到 100%，发现 1 台集中器下有 5 户采集失败，现场勘查发现 3 户零线虚接采集失败，2 户采集器失败；1 台集中器下发现 2 户老式分时表 485 通信接口坏，1 台集中器下 3 户电表 485 通信接线被人为破坏。

（2）制定整改措施。找出实抄率不达标的问题症结后，抄表质量监控人员针对性地制定了以下措施：

1）对用电信息系统采集人员以及现场运维人员进行抄表准确性完整性的重要性教育，树立认真负责的工作态度。

2）组织抄表人员学习了《供电营业规范》中关于因客户原因造成了不能正常抄表的相关内容。

3）完善了对采集和运维人员的考核机制，极大地调动员工的主观能动性。

（3）整改实施及效果。通过整改，使采集和运维人员意识到自己工作的重要性，同时也提高了自身工作态度，在以后的采集过程中该区段采集成功率 100%。

【例 3–2–2】降低核算差错率的案例分析。2013 年 8 月，某供电公司接到“95598”一张咨询单，该户正常月份电费 200 元左右，这次交费发现电费 1900 多元，需要给予合理解释。核实发现抄表、核算人员责任心不强，审核示数不认真，造成客户当月电费异常增加，引发电力客户的不满。为此该公司质量监督员针对这一问题组织核算人员进行了专题分析，制定了整改措施，有效避免了电费差错率的再次出现，更好地服务与电力客户。

（1）分析核算差错产生的原因。电费计量人员认真分析发现，抄表日低压采集数据（9 月 5 日）没有，发布数据也没有。最后核实发现是由于抄表人员调用了该户换表日（8 月 29 日换表）之前 8 月 27 日替代数据 3490 作为本月抄表示数，因为新装表计示数为“0”，造成本月重复收取客户老表电量。核算员在进行当月电费核算时未认真审核，对于出现的异常数据，没按规定核实清楚异常原因就发行，于是形成了电力客户电费异常突变。

（2）制定整改措施：

1）做好抄表人员和核算人员认真工作态度方面的教育。

2）加强核算人员业务知识的培训，特别是规范异常电量的审核工作流程，做到业务明晰，职责明确。

3）重新计算客户的当月电费，向客户做好解释工作，争取客户理解。

4）严格电费审核质量考核机制，对相关责任人进行绩效考核。

（3）整改实施及效果。通过对抄表人员和核算人员的教育与考核，使他们意识到自己工作的重要性，也认识到自己疏忽大意带给电力客户的经济损失，影响到供电企业的优质服务水平的后果，同时定期对责任人员专门进行了业务知识的培训，使其端正工作态度，严格在电量电费审核过程中依据规范执行异常审核流程，对出现的异常电量和异常电费进行核对，坚决杜绝了类似问题的再次发生，使营业所差错率降低为零。

【例 3–2–3】提高电费回收率的案例分析。某供电公司 2008 年 9 月当月电费回收率完成 99.95%，当月欠费额为 5.68 万元，未完成计划下达的电费回收率指标，为此该公司领导高度重视，组织专人召开了电费回收分析会，查找电费回收率不达标的原因，以期通过一系列整改措施提高电费回收率。经过一段时间的分析整改，到 2008 年 11 月，该供电公司电费回收率取得了可喜的成绩，当月和累计电费回收率均达到 100%。

（1）分析电费回收率低的原因。分析未收回电费的构成，通过分析发现，该公司每月的电费有 65%集中在大中型工业企业，居民用电占到 20%左右，市政及其他用电占到 15%，而当月未收回电费部分主要是集中在居民和市政用电部分。

分析出电费构成后，就可以重点分析是什么原因造成居民及市政用电的欠费产生，通过大量的走访客户和深入调查客户用电状况，可以发现，对居民户而言，主要是因为城市改造，大量的拆迁，使客户产生一种可以侥幸不交电费的心理；对市政客户来说，主要是由于电费是由财政部门每月统一划拨，经过的审批手续又比较繁杂，等真正电费资金到位就有可能超出了供电部门的交费期限，产生违约金不列入政府支付范畴，由此拖延电费交费，产生了欠费。

（2）制定整改措施：

1）加强对电力客户电力相关法律知识的宣贯活动，使电力客户树立“电是商品，用电必须交费”的责任意识。

2）对居民客户做好先交费后用电的宣传工作，并积极推行预购电。

3）积极拓展交费渠道，推广多种收费方式，使电力客户方便通过多种收费方式在最短的时限内交纳电费，避免电费违约金的产生。

4）协调政府部门，做好电费回收的沟通与协调工作，争取电力客户的理解与支持，有效促进电费回收工作。

5）强化电费风险预警机制，完善信用登记评价体系建设。

（3）整改实施及效果。通过上述大量工作的开展，使各种类别客户对供电企业电费回收工作有了更深层次的认识，积极主动配合供电公司的电费回收工作，重新签订了《供用电合同》，主动预购电费，避免了电费回收风险。从整改以来，该公司电费回收率达到100%。

【思考与练习】

1. 改进电费回收率的作用是什么？
2. 实抄率的改进措施是什么？
3. 差错率的改进措施是什么？
4. 电费回收率的改进措施是什么？

模块3　客户欠费记录台账及原因分析（Z25G1003Ⅲ）

【模块描述】本模块包含客户欠费记录台账的格式和内容、客户欠费的原因分析等内容。通过概念描述、术语说明、要点归纳、示例介绍，掌握制定、填写客户欠费记录台账方法，以及对客户欠费的分析方法。

【模块内容】

本模块着重介绍单一客户欠费台账的记录，随着营销业务系统深入应用，客户欠费台账可根据统计需要选取条件制定。

一、客户欠费记录台账的内容与要求

1. 台账的内容

客户欠费记录台账包含收费方式、欠费情况、回收情况等内容，记录每次欠费金额和回收金额变化情况。

2. 记账要求

（1）每个欠费客户单独记录一份台账。

（2）台账要求按每次欠费和回收金额发生变化时及时记录，记录时间精确到日。

（3）回收欠费要记录收费方式。

（4）欠费情况应包括总额、本年新欠和陈欠明细。

（5）回收情况也应对应欠费情况明确记录回收电费为本年新欠和陈欠明细。

（6）欠费台账按月小计。

（7）欠费台账应有收费员签字。

二、客户欠费的原因分析

（1）深入客户把握实情，认真分析拖欠电费的原因，主要有下列因素：

1）国家产业政策调整被列为限制、淘汰类企业，导致企业限产、停产。

2）由于经营不善、产品滞销，导致企业流动资金困难。

3）企业三角债严重，不能维持正常生产。

4）企业重组或改制相关政策的变化而导致债权债务关系的变化。

5）面临破产或已破产的生产企业。

6）走死逃亡的自然人或法人。

（2）对于上述欠费的因素还要区分是属于一般欠费，还是恶意欠费。并从以下几个方面进行分析。

1）按欠费时间。根据电费拖欠时间分为本年当月、本年往月、往年陈欠等，分析客户欠费的原因，划分难易程度。

2）按用电类别。供电企业可根据用电类别、用电容量、电压等级的不同，分析客户欠费原因，哪个行业客户欠费比较集中，并有针对性的制定电费回收措施。

3）按用电区域。可按照用电区域如城镇、城边、郊区、农村等对客户欠费情况进行分析，按欠费频率、欠费额度等区分用电区域欠费情况。

4）按收费员。根据收费员收费统计情况，区分每个收费员负责客户的欠费情况，分析是否收费不及时等原因造成欠费，便于对收费人员的管理。

5）按收费方式。按收费方式区分哪些客户群容易发生欠费，判断该收费方式的流程是否存在弊端或改进的方案，提高收费效率。

6）按催费方式。按不同催费方式分析客户欠费，归纳出每种催费方式所占比重，确定不同催费方式的效率，更有利于减少欠费发生。

三、对欠费客户应采取的措施

采取上述各种方式对客户欠费的原因进行分析后，要根据实际情况有针对性地采取不同的对策，催收过程中不要流于形式，要重视效果。对于老大难欠费户，要直接与决策层对话，沟通情况，宣传有关政策，解决实质问题；对于重点欠费户，针对其拖欠电费的原因，制定出可行的催收方案，采取灵活多样的方式重点解决；对于恶意欠费户，要坚决按电力法规办事，采取封停限措施，必要时引入司法程序。同时要建立催收档案，为今后纳入法律解决提供充分依据。分析欠费原因是解决欠费问题的必经之路，只有找出欠费问题的症结所在，供电企业才能有的放矢，采取有效的手段，追回所欠电费，并预防、杜绝新欠费发生，使电费回收工作顺利开展。

合理积极运用法律武器追讨欠费主要体现以下手段：

（1）严格执行逾期违约制度，逾期收取违约金。

（2）充分利用代位权，确保电费顺利清欠。

（3）充分发挥抵消权的作用。

（4）重视支付令在电费回收中的作用。

（5）积极尝试公证送达在清欠中的应用。

（6）积极尝试债转股方式。

（7）依法起诉或申请仲裁。

（8）停限电催费。

四、客户欠费记录台账样例

客户欠费记录台账如表 3–3–1 所示。

表 3–3–1　　客户欠费记录台账

单位名称：××供电公司　　（元）

<table>
<tr><th colspan="2">日期</th><th rowspan="3">收费方式</th><th colspan="3">欠费情况</th><th colspan="3">回收情况</th><th rowspan="3">备注</th></tr>
<tr><th rowspan="2">月</th><th rowspan="2">日</th><th rowspan="2">欠电费总额</th><th colspan="2">其中</th><th rowspan="2">回收总额</th><th colspan="2">其中</th></tr>
<tr><th>本年新欠</th><th>陈欠电费</th><th>本年新欠</th><th>陈欠电费</th></tr>
<tr><td>5</td><td>1</td><td></td><td>3278.90</td><td>2145.68</td><td>1133.22</td><td></td><td></td><td></td><td></td></tr>
<tr><td>5</td><td>15</td><td>卡扣</td><td>1578.90</td><td>1245.68</td><td>333.22</td><td>1700.00</td><td>900.00</td><td>800.00</td><td></td></tr>
<tr><td>5</td><td>25</td><td>现金</td><td>545.68</td><td>545.68</td><td></td><td>1033.22</td><td>700.00</td><td>333.22</td><td></td></tr>
<tr><td colspan="3">小计</td><td>545.68</td><td>545.68</td><td>0</td><td>2733.22</td><td>1600.00</td><td>1133.22</td><td></td></tr>
</table>

收费员：张三

【思考与练习】

1. 客户欠费记录台账包括哪些内容？
2. 填写客户欠费记录台账有哪些具体要求？
3. 客户欠费原因分析包括哪些方面？
4. 对欠费客户采取的措施有哪些？

第四章

专业指标分析

模块1　经济事故的调查（Z25G1004Ⅲ）

【模块描述】本模块包含了在抄核收工作中发生的经济事故调查程序、取证方法、编写调查报告等内容。通过概念描述、术语说明、要点归纳、示例介绍，熟悉经济事故调查过程。

【模块内容】

营业经济事故泛指在用电营销工作中，由于主观故意或其他客观原因，导致供电企业或客户利益受到侵害或经济上遭受损失的事件。本模块中营业经济事故主要指营销人员在抄表、核算、收费的过程中出现的差错现象。

一、经济事故的调查

（一）调查程序

1. 了解事故状况

通过询问当事人和相关人员及查阅相关资料的方式，掌握该经济事故的成因和经过发展情况，了解发生经济事故的类型，初步评估该事故可能造成的损失和由此引带来的影响、后果。

2. 调查

调查即在掌握事故发生之前原始状况的基础上，了解事故发生的时间和具体经过。事故发生之前的原始状况是一个重要的关键点，是判别事故从何时发生、持续的时间和相关费用损失的基准点。事故发生前原始资料的提取应根据经济事故类型确定，如现场表计示数、断相仪记录、互感器变比参数、抄表示数、核算日期及计算方法、电量电费退补记录、收费存根单据、照片等信息资料。详细了解事故具体经过是分析事故成因和完善管理制度的前提。了解事故具体经过应坚持客观公正、实事求是的原则，在熟悉相关工作管理制度、办法的基础上，主要通过查阅相关资料（包括户务档案、电费单据、营业报表）和询问、走访的方式进行具体了解。

3. 取证

调查人员应全面收集发生事故的多种类型证据。对相关书面纸质资料（如交费卡、收费单据、付款凭证）需取证的，可采取对相关资料复制件取证的方式；对询问当事人或走访相关人员需取证的，可采取询问笔录方式取证，询问笔录应由被询问人签字确认；对了解客户现场用电情况（包括表计运行）需取证的，可采取拍照、录音、录像等影像视听方式保存证据。

4. 分析原因责任

调查完毕后，调查人员分析本次经济事故发生的原因（包括直接原因和间接原因），是否存在人为违规操作或工作失职、渎职问题，是否存在管理制度不健全问题。按照相关规定，计算本次事故造成的经济损失，评估本次事故给公司带来的工作影响和社会影响，确定事故发生的主要责任人员和其他责任人员。

5. 撰写调查报告

现场具体调查后，调查人员应整理相关调查资料，撰写调查报告提交领导审阅，本次调查结束。

书面调查报告应包括调查人员、调查时间、查证资料、询问走访人员、问题成因、主要责任、经济损失、事故影响、管理建议。

（二）取证方法

1. 原始资料复制件取证

对可作为相关证据的原始资料，如采集系统数据、核算系统台账、留存的营业报表、供用电合同、付费售电协议、收费单据或付款凭证等，可采取对原始资料复制件（复印件加盖责任单位公章）的形式取证。

2. 询问笔录方式取证

调查时需询问当事人或走访相关人员的，可采取询问笔录的方式取证，询问笔录应由被询问人签字确认。如询问记录有差错或有遗漏，应当允许被询问人更正或者补充，但更改之处应由被询问人压手印以示确认。被询问人拒绝在询问笔录上签字确认的，调查人员应在询问笔录上予以注明，并以录像的方式将现场影像活动进行记录。

3. 影像视听方式取证

调查时需了解客户现场用电情况（包括表计运行）和需了解客户是否规范用电的，可采取拍照、录音、录像等影像视听方式保存证据。影像视听方式也适用于询问、走访了解和相关书面资料的取证。

（三）编写调查报告

经济事故调查完毕后，调查人员应整理相关调查资料，撰写调查报告。《经济事故调查报告》应当包括下列内容：

（1）事故调查人员和调查时间。

（2）事故发生的时间和地点。

（3）事故具体经过。

（4）事故原因分析确定事故性质。

（5）事故损失情况和影响。.

（6）事故责任人认定。

（7）管理建议。

（8）相关取证资料。

二、案例

【例 4–1–1】2013 年 5 月 25 日，某供电公司在表计更换的时候，将该户系统双回路对应关系颠倒，倍率高的计量装置正常生产，倍率低的检修才用。本月负控采集示数 000700，系统按照低倍率进行计算，致使该公司对该户当月少计电量 3 万 kWh。6 月初，经营销稽查人员内部稽查，发现，在其抄表过程中出现了营业经济事故，遂对其展开调查。调查报告如下：

（1）事故调查人员：张××、刘××。

调查时间：2013 年 6 月 15 日。

（2）事故发生的时间：2013 年 5 月 25 日。

地点：某供电公司客户×××化工厂。

（3）事故具体经过。2013 年 6 月 25 日，换表人员陈××在更换表计时将该户系统双回路对应关系颠倒，致使该支公司对该户当月少计电量 3 万 kWh。

（4）事故原因分析：

1）换表人员陈××平口对自身工作要求不严，思想存在懈怠。

2）支公司内部约束考核力度不够，造成个别人员对工作不认真、不负责，工作时将就应付习以为常。

3）电费审核把关不严，在本月电量与以往对比明显减少的情况下通过审核，导致事故出现。

（5）事故损失情况和影响：

1）损失情况：① 致使该支公司当月损失 3 万 kWh 电量电费；② 由于少计售电量致使该线路线损率升高，被公司绩效考核扣分 1 分，公司整体绩效工资减少 12 500 元。

2）影响：公司营销稽查部门在全公司范围内对陈××差错行为进行了事故通报，导致该公司本月经营管理名次排名下降，整体管理水平及人员业务素质受到质疑，企业形象受到一定程度影响。

（6）事故责任人认定。本次事故主要由于换表人员陈××工作不认真、不负责，导致经济事故发生，同时约束考核不力、电费审核把关不严也存在一定责任。

主要责任人：陈××。

相关管理责任人：装接班班长，刘××。

相关电费审核责任人：谢××。

（7）管理建议：

1）管理上，应严格实施考核，有效增强员工工作责任感、危机感，促使其尽职尽责，做好本职岗位工作。

2）技术上，应有效利用现有科技手段，如利用电能量采集系统进行数据比对，之后进行示数核对，在事故事实未形成之前及时予以消除。

（8）相关取证资料：

1）负控采集系统数据。

2）核算卡。

3）电能量采集系统监控电能表指示数。

4）客户现场询问影像资料。

【思考与练习】

1. 简述经济事故的调查步骤。

2. 经济事故的取证方法有哪几种?

3. 以询问笔录方式取证时，应注意哪些事项?

4. 撰写经济事故调查报告时应包括哪些说明项目?

模块 2 专业对标指标分析（Z25G2001Ⅲ）

【模块描述】本模块包含国网公司抄核收工作相关统一对标指标等内容。通过概念描述、指标分析、示例介绍，掌握统一对标指标的统计、分析，提出合理化建议和措施。

【模块内容】

本模块主要介绍了国家电网有限公司同业对标的主要指标，着重介绍指标的应用、统计、分析以及提出合理的建议和改进措施。

一、当年电费回收率

电费回收率指标，是直接反映电力行业电费回收情况的指标，关系到电力行业管理水平的重要指标之一。

1. 指标计算

当年电费回收率=实收当年电费总额/应收当年电费总额×100%。

2. 指标统计

（1） 按照省为单位统计当年回收率；

（2） 按照行业统计，分析行业回收情况；

（3） 按照用电类别统计，分析各类客户回收情况；

（4） 按照电压等级统计，分析不同电压等级客户回收情况。

3. 指标考核

国家电网有限公司电费回收率按年考核，规定考核期内电费回收率100%，不达标按照规定予以考核。

各省公司根据国家电网有限公司年度考核规定，制定相应的考核指标及标准。

4. 影响电费回收率的原因

（1） 企业生产经营困难。相当一部分企业由于自身经营不善，负债过多或严重亏损，企业资金周转困难，无力缴付电费。

（2） 恶意逃避电费。有的企业法制意识和信用观念薄弱，以各种手法逃避电费。如借公司制改造、兼并重组、产权转让、组建企业集团等名义，将资金资产转移到新的经济实体，由已经成为空壳的原企业来承担巨额欠费，有的干脆停产关闭、申请破产。

（3） 地方行政干预。一些地方政府领导以缓解就业压力，维护社会稳定为由，阻止或限制供电企业催收电费。

（4） 政策性关停。主要针对不符合国家产业政策环保不达标企业、煤矿、化工等能源开采和生产企业而言。

（5） 城市整体规划拆迁所形成的用电后无人交费，找不到户主的欠费。

（6） 不可抗力所形成的欠费，如地震、海啸、泥石流、台风等一些自然灾害。

（7） 客户与供电部门经济纠纷造成客户拒交电费。

（8） 居民小区由于物业管理不善，内部亏损，形成欠费。

（9） 由于抄表和核算过程中的错误造成客户拒付电费，形成欠费。

（10）由政府财政统一结算的电费受到政府资金划拨和银行间流通环节的延期，制约电费资金的及时准确到账。

（11）催费乏力，供电企业营销队伍素质较差，岗位设置不合理，制度考核不严；主观上对电力法律法规宣传不足，依据电力法律法规催收电费的力度不够，办法不多。

（12）城市空关房欠费不能及时回收。

5. 改进电费回收率的措施

（1） 严格规范供电企业内部的电费管理工作。加强收费员业务培训教育，提升业务工作水平；合理优化配置营销岗位，制定行之有效的考核制度，增强人员的敬业精神；制定催收电费管理办法和措施。固定抄表日期，严格执行违约金制度，大力推广购电用电机制，增加预购电计量装置的比例。推广使用新的交费方式，如自助交费、网银交费、银行卡扣、支付宝交费等。

（2）加大优质服务宣传力度，营造良好电费回收氛围。以客户为中心，与客户建立良好的合作关系，争取客户对电费回收工作的理解和支持；同时加强电力法律、法规的宣传力度，大力倡导“电是商品”“用电必须交费”的理念，在全社会中树立“电是商品，用电必须交费”的责任意识，不断营造良好的电费回收氛围。

（3）增强法律意识，运用法律手段化解电费风险。完善《供用电合同》，以法律的形式规范客户抄表时间、交纳电费的时间、付款方式等；同时与客户签订电费协议，以书面形式明确客户交纳电费的违约责任。

供电企业作为债权人，可以依法向所有债务人追收欠缴的电费。供电企业对不按时交纳电费的企业应及时掌握第一手材料；对有支付能力而不主动交纳的，应进行说服，晓以利害，促使其自觉交纳电费；对确属一时资金周转困难但资产质量较好的，可以给予一定的宽限期，与之签订交纳电费协议，或要求提供担保；对欠费时间长、诉讼时效期限将满或态度消极的欠费客户，应及时采取催款通知或停电催费等法律手段。

（4）加强与政府部门沟通，创建良好的电费回收环境。供电企业在支持地方经济发展、招商引资、改善人民生活方面作出突出的贡献，要积极与政府部门沟通，取得地方政府和主管部门的支持，为供电企业的发展和电费回收创建良好的外部环境。

（5）建立信用管理机制，强化电费风险防范预警机制。建立信用管理机制，可以对客户进行信用评估，根据评估结果对不同的客户采取不同的用电政策，有效消除供电企业电费回收事后控制的弊端，强化电费风险防范预警机制，有效防止拖欠电费现象的发生。

二、电费回款周期

电费回收周期，就是销售电费资金回笼速度，不仅反映了电费回收情况的指标，而且还是反映电费资金回笼周期的指标，反映了电力行业各个省公司的电费管理情况，为电力行业扩大再生产提供了资金保障，减少了银行贷款利息损失。

1. 指标计算

用电客户交费周期情况表如表 4–2–1 所示。

表 4-2-1

用电客户交费周期情况表

填报单位：（盖章） （万元）

地区	统计单位	总交费周期（天）	居民客户				50kVA（kW）以下用电客户			50kVA（kW）及以上～100kVA（kW）用电客户			100kVA（kW）及以上～315kVA（kW）用电客户			315kVA（kW）及以上用电客户				非居民客户合计		
			电费收入	座收	走收	其他收费方式	电费收入	10kV及以上	10kV以下	电费收入	10kV及以上	10kV以下	电费收入	10kV及以上	10kV以下	电费收入	35kV及以上	10kV（含20kV）	10kV以下	电费收入	10kV及以上	10kV以下
栏次		0	1	2	3	4	5	6	7	8	9	10	11	12	13	14	15	16	17	18	19	20
全省	合计	6.77	3456.63	11.8	11.39	11.12	2345.29	4.52	11.97	583.79	7.97	11.32	1324.26	6.41	11.71	29 237.79	0.63	2.44	9.09	33 491.13	4.8	11.95
网属	省网	6.77	3456.63	11.8	11.39	11.12	2345.29	4.52	11.97	583.79	7.97	11.32	1324.26	6.41	11.71	29 237.79	0.63	2.44	9.09	33 491.13	4.8	11.95
区域	苏北	6.77	3456.63	11.8	11.39	11.12	2345.29	4.52	11.97	583.79	7.97	11.32	1324.26	6.41	11.71	29 237.79	0.63	2.44	9.09	33 491.13	4.8	11.95
城乡	城市	6.77	3456.63	11.8	11.39	11.12	2345.29	4.52	11.97	583.79	7.97	11.32	1324.26	6.41	11.71	29 237.79	0.63	2.44	9.09	33 491.13	4.8	11.95
×××供电公司	×××供电公司市区	6.77	3456.63	11.8	11.39	11.12	2345.29	4.52	11.97	583.79	7.97	11.32	1324.26	6.41	11.71	29 237.79	0.63	2.44	9.09	33 491.13	4.8	11.95
	合计	6.77	3456.63	11.8	11.39	11.12	2345.29	4.52	11.97	583.79	7.97	11.32	1324.26	6.41	11.71	29 237.79	0.63	2.44	9.09	33 491.13	4.8	11.95

（1）交费周期=∑［（销账日期–发行日期）×销账金额/应收电费］，全部欠费的客户不统计，部分欠费的客户则以当前日期、欠费金额分别作为销账日期、销账金额统计，取小数点后两位。

（2）总交费周期=各分类用电∑｛［（销账日期–发行日期）×销账金额/应收电费］/应收客户户次｝×权重之和，其中权重分为：居民 0.2，50kVA（kW）以下非居民 0.15，50kVA（kW）及以上～315kVA（kW）非居民 0.15，315kVA（kW）及以上非居民 0.5。

（3）栏目 18=5+8+11+14，19=6+9+12+15+16，20=7+10+13+17；电费收入为营销到户销售口径。

2. 指标统计

（1）按地区统计：按照网属区域统计。

（2）按照供电单位统计：统计到各省市县公司。

（3）按照装接容量统计：统计到低压居民、50kVA（kW）以下用电客户、50kVA（kW）及以上～100kVA（kW）用电客户、100kVA（kW）及以上～315kVA（kW）用电客户、315kVA（kW）及以上用电客户。

（4）按照电压等级统计：统计到 10kV 以下、10kV 及以上、35kV 及以上，其中居民还按照收费方式统计。

（5）该指标按日、月、季度、年统计排名。

3. 影响电费回收周期的原因

分析影响电费回收周期的原因，首先要分析电费回收周期与电费回收率的区别，电费回收率指标是时段性指标，即在考核期规定时间内 100%回收即可，而电费回收周期指标，不仅仅要将电费 100%回收，而且要加快回收甚至提前回收。电费回收周期指标较回收率指标，更能反映电费回收的真实情况和电费的管理水平的高低，更能降低电费回收风险，更能减少电力行业在银行贷款利息损失，从而提高经济效益。所以除了影响电费回收率原因以外影响电费回收周期的还有以下原因：

（1）低压客户抄表周期太长，固定抄表日执行不到位，影响电费不能及时发行及时回收。

（2）抄表自动化覆盖率不高，部分地区还存在人工抄表，造成催费时间不够长，影响电费及时回收。

（3）交费渠道较窄，客户选择性受到限制，部分地区仍存在排队交费现象，为了避开交费高峰期，很多客户拖延交费时间，造成电费不能及时回收。

（4）电子化交费程度不高，支票流转时间太长，欠发达地区还有延续现金交费现场开票的方式，造成交费时间延长，影响电费不能及时回收。

（5）宣传力度不够，农村地区及时交费意思淡薄，延续老传统交费，如逢赶集才交费的习惯，影响电费回收速度。

（6）部分边远地区还有上门走收电费形式，收费人员不能及时解款，造成电费回收周期延长。

（7）供电与客户发生电费经济纠纷，处理不及时造成客户短期拒交电费，造成回收周期延长。

（8）客户出差或外出打工，耽误交纳电费，造成回收周期延长。

（9）催费人员责任心不强，对电费回收重要性认识不到位，不能做到勤提醒勤催客户缴费，造成客户交费不及时。

（10）供电营销员服务不到位，增加了用电客户用电成本，客户提出异议造成交费不及时。

（11）客户预购电比例不高，特别是大客户预购电比例，造成电费回收周期延长。

4. 缩短电费回收周期的改进措施

（1）利用用电信息采集系统，固定抄表日期（比如：每月一日零时冻结数）对所有客户进行远程抄表，缩短抄表时间，加快发行电费，缩短客户交费周期，实现缩短交费周期。

（2）拓展交费渠道，比如大量推行银行卡扣，网上银行交费，淘宝交费，充值卡交费等，减少客户现金排队交费现象，缩短交费周期。

（3）提高315kVA及以上大客户预购电比例，实现“0”交费周期。

（4）提高电子化托收电费比例，对于非居民客户实现电子化托收电费，减少支票和现金交费，实现实时收取电费比例，从而缩短交费周期。

（5）提高营销人员主动催收电费意识，工作质量服务意识，减少电费纠纷，减少电费差错，确保客户能准确及时交纳电费，缩短交费周期。

（6）主动联系客户，帮助客户合理用电有效降低电力成本，提高优质服务质量，让客户透明消费电能，及时交纳电费。

三、用电信息采集系统日均采集成功率

用电信息采集系统，是国家电网有限公司“SG186”信息系统工程建设和营销计量、抄表、收费标准化建设的重要基础，是支撑阶梯电价执行的基础条件，加强精益化管理、提高优质服务水平的必要手段，是延伸电力市场、创新交易平台的重要依托，符合公司发展方式转变的需要，将更加及时、科学、有力地支撑公司决策。其中一项电能表计日冻结示数采集功能（远程抄表），采集成功率的高低，代表自动化抄表程度的高低。

1. 指标统计

供电公司日均采集成功率统计表如表4–2–2所示。

表 4-2-2 供电公司日均采集成功率统计表 2013 年 9 月 25 日

供电单位	终端总数	运行终端	故障终端	停运终端	暂停终端	电表总数（只）	成功数（只）	失败数（只）	成功率（%）
××供电公司	39 926	39 150	770	6	0	1 320 861	1 291 031	25 088	97.74%
××供电公司市区	15 293	14 896	394	3	0	397 999	387 865	8362	97.45%
甲县供电公司	5150	5062	88	0	0	156 593	152 654	3390	97.48%
乙县供电公司	7322	7222	100	0	0	305 011	300 035	4565	98.37%
丙县供电公司	4939	4899	37	3	0	265 447	259 514	4673	97.76%
丁县供电公司	7222	7071	151	0	0	195 811	190 963	4098	97.52%

注 成功率=成功数/电表总数。

（1）该指标可以按照省、市、县、农村供电所为单位统计，排名；

（2）可以按日、周、月、季度、年周期统计，排名；

（3）可以按照施工单位，产品厂家进行统计排名；

（4）可以按照终端型号进行统计排名；

（5）可以按照抄表员进行统计排名；

（6）可以按照终端运行状态统计排名。

2. 指标计算

采集成功率=采集成功数/电表总数×100%。

按日统计为日采集成功率，周月季度年区间统计相应的日均采集成功率（按日加权平均值），按照施工单位统计该施工单位日均采集成功率，按产品厂家统计该厂家产品日均采集成功率。

3. 影响日均采集成功率的原因

用电信息采集系统是由：① 通过智能电表 485 接口连接线，连接到二型集中器，通过无线传输到系统终端；② 通过采集模块将电表示数采集通过电力线传输到配电变压器考核表一型终端，通过载波传输到系统终端；③ 任何一个终端都是通过移动 SIM 卡无线传输到终端。

（1）气候变化，厂家产品受到气候变化较大，下雨天或炎热环境下，出现离线、模块故障现象。

（2）产品质量，厂家产品和芯片厂家的磨合度不够，需要不停地升级来弥补缺陷。

（3）移动信号，移动信号不能完全覆盖的死角，如地下室，造成无法采集。

（4）人为破坏，有些现场被拆迁或其他原因人为破坏造成采集不成功。

4. 提高日均采集成功率的改进措施

（1）要求厂家实时跟踪自己的产品运行状态，发现问题及时升级或更换。

（2）移动公司保持紧密配合，发现信号不好及时通知移动公司进场覆盖。

（3）后台安排专人通过系统监测，发现问题及时通知现场消缺人员，及时处理。

（4）每周召开分析例会，分析问题下达任务，保证采集成功率。

【思考与练习】

1. 缩短电费回款周期的意义是什么？
2. 影响电费回收周期的原因有哪些？
3. 缩短电费回收周期的改进措施有哪些？
4. 何为用电信息采集系统？

第四部分

电力营销技术支持系统

第五章

电力营销业务应用系统

模块1 电力营销业务应用系统概述（Z25D2001Ⅰ）

【模块描述】本模块包含营销信息化系统基本概念、发展历程、作用及意义、应用现状等内容。通过概念描述、术语说明、结构讲解、要点归纳、图解示意，掌握营销信息化系统基本概念。

【模块内容】

电力营销业务应用系统的应用巩固了营销自动化建设基础，提升了营销业务支撑能力、业务变化适应能力，实现了电力营销业务精益化管理目标，支撑用电营销管理与服务水平的提高，同时满足了公司信息化管控要求，全面覆盖营销业务领域，适应了业务的快速发展。

以下重点介绍国网营销信息化的发展历程和作用以及系统功能结构。

一、营销信息化概念

营销信息化是基于现代计算机、网络通信及自动化技术，将电力营销工作进行数字化管理的综合信息系统。系统应用涉及客户服务管理、计费与营销账务管理、电能采集信息管理、电能计量管理、市场管理、需求侧管理、客户关系管理和辅助分析决策等电力营销业务的全过程，是促进电力营销技术创新、服务创新、管理创新的基础和重要保证。

二、营销信息化发展历程

电力营销信息化从20世纪80年代开始起步，先后经历了系统规模从单机到网络化、功能从单项到集成、业务管理从个性化到标准化、应用单位从基层到总部的不断发展、进步的过程。

20世纪80年代，电能计量、计费、销售完全依靠手工账本，信息化系统仅实现电费计算及与计费相关的客户档案管理功能，应用范围主要面向高压专用变压器客户；90年代，系统功能逐步扩充到业扩、计量、收费账务管理，系统架构从营业所级的单台计算机发展到以营业所、县级供电企业统一部署的局域网；21世纪初，电力企业职能发生变化，系统功能扩充到营销业务与管理全过程，同时，逐步建成地市集中或网省集中的数据中心，实现集中标准化管理，系统应用范围也从营销基层业务人员逐步扩大到网省及国家电网有限公司总部的营销管理决策层。

三、营销信息化的作用及意义

营销信息化系统建设构筑了覆盖公司总部、网省公司、基层供电公司的一体化营销管理及业务应用集成平台，通过推行营销管理的标准化、规范化，促进业务流程的最优化及应用功能的实用化，随着系统应用的不断深入、完善，逐步实现营销信息纵向贯通、横向集成、高度共享，做到“营销信息高度共享，营销业务高度规范，营销服务高效便捷，营销监控实时在线，营销决策分析全面”，促进营销能力和服务水平的快速提升，推进营销发展方式和管理方式的转变，满足电力企业不断发展提升的需要。

四、营销信息化建设现状

（一）营销信息化系统实施情况

（1）国家电网有限公司组织编制出版了“SG186”工程营销业务应用标准化设计规范，各网省营销技术支持系统开发应用基于统一的技术规范。

（2）系统功能形成满足电力营销所有业务及管理要求的应用架构，实现国家电网有限公司、网省电力公司、地市供电公司、基层供电企业各不同职能层次的业务应用。完全实现业扩报装、电费计算、客户服务等业务应用的实用化。

（3）国家电网有限公司所属各网省电力公司逐步实现基于地市或省级的数据集中部署及管理，建成基于网省的高效、安全的光纤骨干网络，形成基于网省的营销信息集成平台及与国家电网有限公司的纵向交互平台。

（4）构建中间业务平台，实现与企业内部及外部的相关应用的集成设计及信息交互。

（5）逐步建成强健的营销信息安全防范体系，有效保护营销业务的信息安全，防范黑客和非法入侵者的攻击。

（二）系统功能结构

根据营销业务应用标准化设计成果，营销信息化系统功能涉及客户服务与客户关系、电费管理、电能计量及信息采集和市场与需求侧 4 个业务领域及综合管理，共 19 个业务类、138 个业务项及 762 个业务子项。

19 个业务类包括：新装增容及变更用电、抄表管理、核算管理、电费收缴及账务管理、线损管理、资产管理、计量点管理、计量体系管理、电能信息采集、供用电合同管理、用电检查管理、“95598”业务处理、客户关系管理、客户联络、市场管理、能效管理、有序用电管理、稽查及工作质量和客户档案资料管理。

电力营销业务通过各领域具体业务的分工协作，为客户提供服务，完成各类业务处理，为供电企业的管理、经营和决策提供支持；同时，通过营销业务与其他业务的有序协作，提高整个电网企业信息资源的共享度。按国家电网有限公司营销标准化设计，营销技术支持系统功能结构图如图 5–1–1 所示。

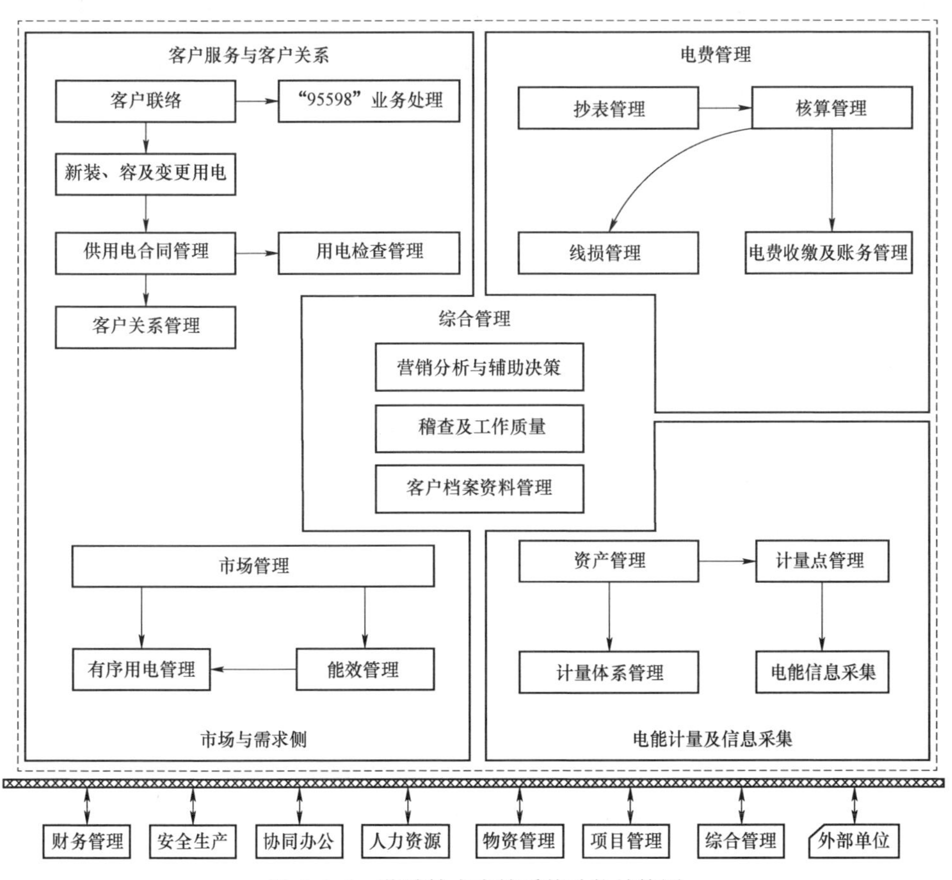

图 5–1–1　营销技术支持系统功能结构图

【思考与练习】

1. 名词解释营销信息化。
2. 简述营销信息化的发展进程。
3. 简述营销业务应用标准化设计成果，营销信息化系统包括哪些业务域及业务类。

模块 2　抄表功能应用（Z25D2002 Ⅰ）

【模块描述】本模块包含日常抄表、抄表异常处理、抄表工作管理的功能应用等内容。通过概念描述、术语说明、要点归纳、图解示意以及抄表工作全过程的功能应用示例，掌握运用系统功能开展抄表工作。

【模块内容】

营销技术支持系统抄表管理功能保证了公司抄表、收费、档案等日常业务的精细化管理，系统提供流程化的档案工单，集成了多种抄表方式及查询报表能力，有效地管控对各类用电户的抄表工作，保证按时正确地进行抄表，防止错抄、漏抄等异常情况的发生，提升公司优质服务水平。

以下重点介绍营销技术支持系统抄表管理功能的应用，并对负控自动化抄表的使用进行系统流程演示。

一、抄表功能应用

（一）抄表计划的制定

系统根据抄表管理人员指令和已组建的抄表段信息制定抄表计划，一般在月初批量生成，系统也允许根据需要临时单段或单户生成抄表计划，计划生成后，相应的抄表计划在抄表员的待办任务中显示，在临近抄表日时由抄表员进行相应段批的数据准备工作。

（二）抄表数据准备

1. 操作内容

根据抄表计划和抄表计划调整内容，生成抄表所需抄表数据。操作采用菜单方式，允许单户及批量准备。

抄表人员根据已经生成的抄表计划进行数据准备操作，数据准备完毕后，系统生成抄表任务工作单，后序工作通过流程执行方式完成。

需要在抄表同时送达电费通知单的，若不通过抄表机现场打印的，还需在系统内打印电费通知单，用于现场抄表时填写当月抄表情况后送达客户。若采用自动化方式抄表的，也可在采集抄表数据后打印电费通知单，另行送达客户。

2. 注意事项

（1）抄表数据准备只允许在上月电量电费数据归档完毕后，在电费发生当月形成。

（2）允许操作的数据范围依据抄表计划确定，以保障抄表日程执行的正确性、及时性和抄表任务的合理性。

（3）抄表数据准备工作应与抄表例日对应提前一至两日，不宜在月初批量处理，以便抄表前及时获取业扩变更导致的客户档案数据变化，系统也可对数据准备时间进行制约，如不允许提前两天制定抄表计划，并提示数据准备失败原因。

（4）批量准备后若有单户档案变更，可通过单户准备的方式重取档案。

（三）抄表功能执行

1. 操作内容

针对抄表机、手工及自动化等不同的抄表方式，系统内与抄表业务相关的操作包括以下内容：

（1）抄表机抄表。

1）正确设置抄表机参数，包括型号、品牌、端口、通信波特率，打开抄表机并置于通信状态，将抄表任务对应的抄表数据下载到抄表机。

2）下载完成后，检查抄表机内数据是否正确。

3）抄表人员在抄表计划日持抄表机到客户现场抄表，按抄表机提示，将抄见示数录入到抄表机，或通过红外通信、RS485 通信接口获取抄表数据，并记录现场发现的抄表异常情况。

4）抄表完毕后上传抄表数据到系统，应正确设置抄表机参数，包括型号、品牌、端口、通信波特率，打开抄表机并置于通信状态，将抄表机内的抄表数据上传到系统。

（2）手工抄表。

1）选择抄表计划，按抄表段、抄表顺序号打印抄表清单，核对抄表清单信息是否完整。

2）根据抄表计划，持抄表清单到现场抄表，记录抄见示数、现场异常情况等抄表信息。

3）根据填写好的抄表清单或抄表本，在系统内手工录入抄表数据。

（3）自动化抄表。在抄表任务工作单中直接获取来自远程数据采集系统的抄表数据，对获取的异常数据发起相应的异常处理流程。

2. 注意事项

（1）抄表工作应执行《国家电网有限公司营业抄核收工作管理规定》的要求，严格按照抄表日程，在计划抄表日内完成，因此，手工抄表清单打印或抄表机下载工作一般应在抄表当日或抄表前一日内完成，在计划抄表日抄表后，应在当日即上传系统或在系统中手工录入抄表数据，系统可按抄表规范要求进行制约。

（2）抄表员到现场抄表前，应认真检查抄表机、抄表清单是否正确，防止因准备工作不充分引起的误工。

（3）采用抄表机抄表时，抄表后应注意保护抄表机内数据，防止已下载未上传的抄表机数据丢失。当现场异常情况较特殊，通过抄表机异常代码不能完整准确记录现场情况时，应注意做好纸质记录，特别是现场表号、电能表示数等关键数据，保证离开现场后，能在系统内对异常情况作出正确处理。

（4）系统内抄表数据录入、抄表机数据上下载操作权限严格按抄表派工确定，未被派工的工作人员无法执行相关操作。

（5）因各种原因无法按期抄表的，应通过抄表计划由抄表管理人员在系统中进行调整操作，变更抄表计划日后另行抄表，相应操作将纳入抄表工作质量考核。

（四）抄表数据审核

抄表数据审核功能的作用是在获取现场抄表数据后确认抄表数据的正确性。

1. 操作内容

选择抄表计划中已抄表待审核的当前任务，系统可自动或根据特定要求对抄表数据异常情况进行判断，抄表人员对系统分析出的各类异常客户逐户审核确认，审核确认完成后，发送到电费计算流程。

2. 注意事项

（1）抄表员应按照抄表职责要求，对各类系统内提示出的疑问客户进行逐户审查，因审核疏漏未及时处理的抄表差错，一旦发送到电费计算及审核流程后，将纳入对抄表员的工作质量考核中。

（2）系统提供了多样化的疑问客户的查询方法，查询条件包括电量异常范围、波动异常范围、抄表状态、异常类别、异常条件等，根据对这些参数的不同取值范围，系统自动计算出符合条件的相应客户并显示于界面，供抄表员逐户审核数据录入是否正确。

（3）异常条件是通过参数配置方式预先在系统中设计的一组抄表异常分析算法，例如“存在在途未完成的换表流程”的查询条件，可以查询出该批抄表审核任务中，有换表流程且新表信息未更新到抄表任务中的所有客户。异常条件可以帮助抄表员发现一些特殊疑问客户，同时该算法也可以根据实际需要不再扩充、优化。

（4）系统提示的电量异常疑问情况视特定客户的年度用电量波动规律，其参考价值也不同，即系统计算列举的电量异常清单并不涵盖所有可能出现的抄表差错，抄表审核人员应重视这一情况。

二、抄表异常处理功能应用

抄表异常处理功能是将现场抄表发现的各类异常情况正确记录到系统中并在机内进行相应处理的过程，其操作嵌入在抄表数据录入及抄表数据审核界面中，由于该操作内容与业务结合紧密，操作较复杂又十分重要，故而单独加以描述。

1. 操作内容

（1）在抄表数据录入（或抄表机内录入）抄表数据时，确认抄表状态、示数状态、异常类别。

（2）通过抄表数据审核，分析发现错抄表或错录入抄表数据差错时，在抄表数据审核的订正抄见信息界面里重新录入正确的抄见信息，包括示数、示数状态、异常类别等。

（3）对于认为不具备转入后续流程计算电费条件的疑问客户，在抄表数据审核的订正抄见信息界面里重新确认抄表状态为缺抄，核实后另行补抄录抄表信息并计费。

（4）当有客户出现表计故障、违章用电或窃电等异常情况时，通过系统工具生成换表申请等类工作单，转相关业务部门处理，当月抄见电量计零度或按上月计等，待表计恢复正常计量后，另行退补故障期电量电费。

2. 注意事项

（1）在抄表数据录入及审核界面中显示的疑问客户，若确认抄见示数与上月示数不相符等无法确认的疑问情况时，应利用系统提供的各类查询功能查阅客户的基本信息、计量计费参数、工作单处理流程信息及历史电量电费信息，再确认处理方法。

（2）在批量客户抄表数据审核时，若发现有错抄、漏抄户需现场确认的，或需等待在途换表流程处理完成后再抄表计费的，应对暂时无法提交抄表数据的客户进行缺抄处理，及时将正常客户发送到电费计算流程，避免因少数客户的疑问影响大批客户的电费发行。

三、抄表工作管理功能应用

（一）抄表段管理

抄表段管理包括抄表段维护、新户分配抄表段、调整抄表段、抄表顺序调整、抄表派工等功能。

1. 操作内容

（1）抄表段维护。在系统内新增、维护、删除相应抄表段。为保障系统内抄表段信息的正确性及操作管理的严谨，抄表段维护功能通常采用流程方式实现，操作步骤如下：

1）在系统内抄表段维护申请功能里发起申请，确定维护申请类别，输入相应的抄表段参数（包括抄表计划信息及电网资源等参数），确认发送。

2）选中待审核的抄表段维护申请工作任务，录入审批结果和审批意见，确认发送。

（2）新户分配抄表段。根据新装、变更客户或关口计量装置安装地点所在管理单位、抄表区域、线路、配电台区以及抄表周期、抄表方式、抄表段的分布范围等资料，分配抄表段，以便及时开始客户抄表计费或关口计量。该功能采用流程操作方式，进入新户分配抄表段申请界面，发起申请，指定应分配抄表段后，确认发送，审批合格后生效。

（3）调整抄表段。根据抄表执行反馈的实际抄表路线、抄表工作量及抄表区域重新划分，综合考虑抄表方式变更、线路、配电台区变更等情况，对客户所属抄表段进行调整，使得客户所属抄表段更合理。该功能采用流程操作方式，进入调整抄表段申请界面，发起申请，指定应调整客户及目录抄表段后，确认发送，审批合格后生效。

（4）抄表顺序调整。在一个抄表段内，为待抄表客户编排或调整与实际抄表路线一致的抄表顺序。该功能采用菜单操作方式，进入抄表顺序调整界面，选中待调整抄表段，通过上下移动操作调整抄表顺序，调整完毕后，保存后立即生效。

（5）抄表派工。本着合理分配抄表人员工作量的原则，根据抄表的难易程度等因素为抄表段分配现场抄表人员和抄表数据操作人员，并根据抄表执行情况以及抄表人员轮换要求进行调整。该功能通常在抄表段维护功能中同步实现。

2. 注意事项

（1）抄表段维护、客户抄表段调整、抄表人员调整等操作应通过维护申请流程并经过严格审批后方能生效执行。

（2）客户抄表段调整仅限在同一管理单位内，调整后，系统内客户的历史抄表电量、电费、收费等已发生的数据仍属于调整前原抄表段，新产生的抄表、电费、收费数据记录为新抄表段。

（3）抄表段若处于当月电费计算后的“电费复核”阶段时，不能执行段内客户的调入、调出操作，以保障最终产生的应收电量电费与实际抄表数据相符。在当月电费已发行后或进入“电费复核”前，若客户所属原抄表段和目标抄表段不处于同一电费处理流程状态中，也不能执行客户抄表段调整，只有待原抄表段和目标抄表段电费发行完毕后才能操作。

（4）调整抄表段时需考虑影响电费计算的相关客户的同步调整（如转供与被转供户）。

（5）新装客户属于两部制电价客户或力率考核客户，则不允许所分配抄表段对应的抄表周期大于一个月。

（6）不同抄表方式、抄表周期、计量用途的客户表或计量表不宜编排在一个抄表段内。

（二）抄表机管理

抄表机管理的主要任务是从抄表机资产管理部门领取抄表机，对抄表机发放、返修、返还、报废申请工作进行管理。

1. 操作内容

（1）将抄表机发放给抄表员，记录领用人、领用时间、发放人等发放信息。

（2）在抄表员工作调整、人员转出、抄表机返修时返还抄表机，记录返还原因、返还人员、返还时间等信息。

（3）抄表机发生故障需要修理时，记录抄表机故障信息及修理结果。

（4）抄表机损坏无法修复时，向资产管理部门提出报废申请。

该功能管理的抄表机的资产数据主要包括抄表机编码、类型、生产厂家、状态等信息。

2. 注意事项

因故障退出使用的抄表机应及时在系统内进行退还登记，便于维修后供其他部门使用。

（三）抄表计划管理

根据抄表段的抄表例日、抄表周期以及抄表人员等信息以抄表段为单位产生或调整抄表计划，经过审批后生效。

1. 操作内容

（1）制定抄表计划。根据抄表段的抄表例日、抄表周期以及抄表人员等信息生成抄表计划。该功能采用菜单操作方式，可按月或按年生成，执行后永久生效。

（2）抄表计划调整。当无法按抄表计划进行抄表时，经过审批调整抄表计划。该功能采用流程操作方式，其操作步骤如下：

1）提出调整抄表计划申请。

2）对抄表计划调整申请进行审批。

3）审批通过后生效，同时建立包括原抄表计划日、调整后抄表计划日、调整原因、调整日期、申请人员、调整人员等内容的抄表计划调整日志。

2. 注意事项

（1）每月抄表计划制定后才能开始抄表计费流程。

（2）抄表计划调整操作中确认的计划抄表日期应具有合理性，不可早于当前日期。

四、案例

【例 5–2–1】以下为某供电企业营销技术支持系统内日常抄表功能的应用示例，抄表方式为自动化抄表（负控方式），抄表计划类型为单户临时计划。

1. 营销技术支持系统抄表功能流程

营销技术支持系统抄表功能流程图如图 5–2–1 所示。

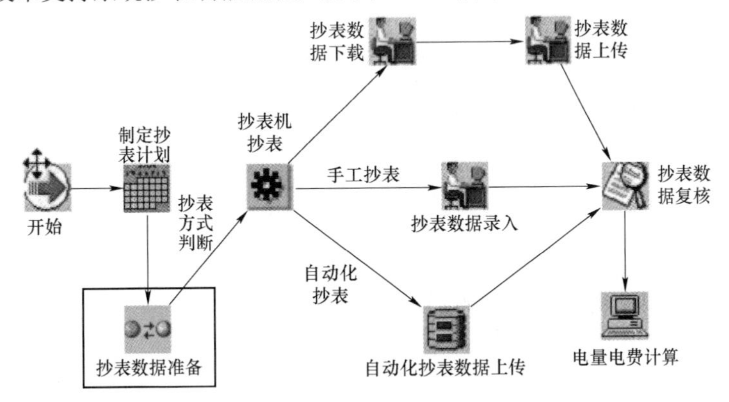

图 5–2–1　营销技术支持系统抄表功能流程图

2. 抄表计划制定

由抄表管理员身份制定抄表计划，计划类型为单户临时计划，确定抄表日、抄表员及抄表方式，点击生成临时抄表计划，发起流程。营销技术支持系统单户临时计划示意图如图 5–2–2 所示。

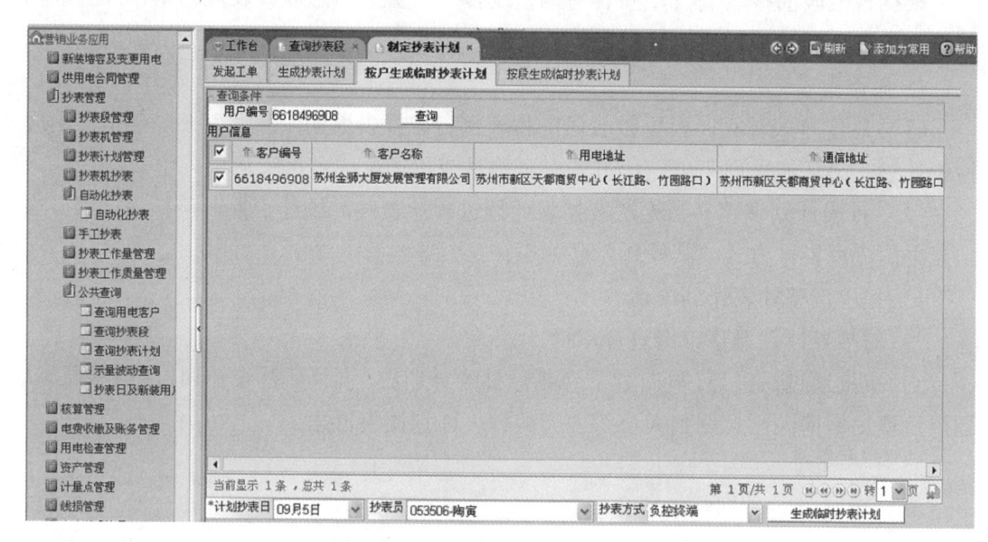

图 5–2–2 营销技术支持系统单户临时计划示意图

3. 抄表数据准备

抄表人员根据待办任务要求的时间及抄表方式要求进行数据准备，系统将根据当前客户状态初始化待抄表数据。营销技术支持系统抄表工作待办任务界面图如图 5–2–3 所示。

图 5–2–3 营销技术支持系统抄表工作待办任务界面图

4. 抄表数据接收和修正

选中抄表任务，接收来自负控系统的抄表数据，并初步判定正确性和对可能出现的问题数据进行补录和修正，完成后传递到示数审核。营销技术支持系统抄表数据修正界面图如图 5–2–4 所示。

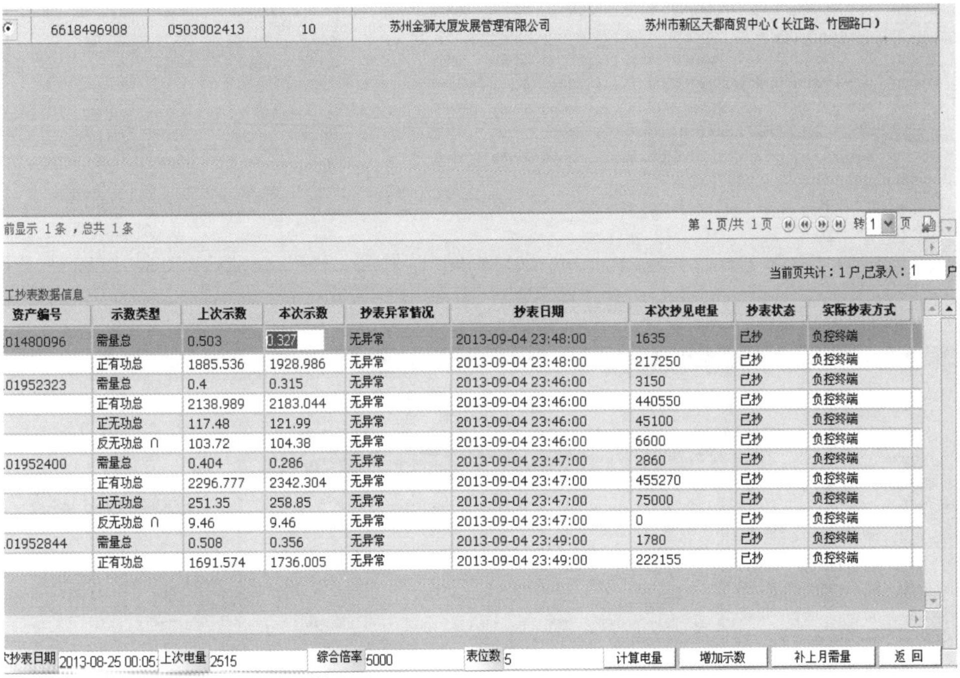

6618496908	0503002413	10	苏州金狮大厦发展管理有限公司	苏州市新区天都商贸中心（长江路、竹园路口）

前显示 1条，总共 1条　　第 1页/共 1页　转 1 页

当前页共计：1户,已录入：1 户

工抄表数据信息

资产编号	示数类型	上次示数	本次示数	抄表异常情况	抄表日期	本次抄见电量	抄表状态	实际抄表方式
.01480096	需量总	0.503	0.327	无异常	2013-09-04 23:48:00	1635	已抄	负控终端
	正有功总	1885.536	1928.986	无异常	2013-09-04 23:48:00	217250	已抄	负控终端
.01952323	需量总	0.4	0.315	无异常	2013-09-04 23:46:00	3150	已抄	负控终端
	正有功总	2138.989	2183.044	无异常	2013-09-04 23:46:00	440550	已抄	负控终端
	正无功总	117.48	121.99	无异常	2013-09-04 23:46:00	45100	已抄	负控终端
	反无功总 ∩	103.72	104.38	无异常	2013-09-04 23:46:00	6600	已抄	负控终端
.01952400	需量总	0.404	0.286	无异常	2013-09-04 23:47:00	2860	已抄	负控终端
	正有功总	2296.777	2342.304	无异常	2013-09-04 23:47:00	455270	已抄	负控终端
	正无功总	251.35	258.85	无异常	2013-09-04 23:47:00	75000	已抄	负控终端
	反无功总 ∩	9.46	9.46	无异常	2013-09-04 23:47:00	0	已抄	负控终端
.01952844	需量总	0.508	0.356	无异常	2013-09-04 23:49:00	1780	已抄	负控终端
	正有功总	1691.574	1736.005	无异常	2013-09-04 23:49:00	222155	已抄	负控终端

次抄表日期 2013-08-25 00:05　上次电量 2515　综合倍率 5000　表位数 5　计算电量　增加示数　补上月需量　返回

图 5–2–4　营销技术支持系统抄表数据修正界面图

5. 抄表数据审核

选中抄表待办任务流程，点击执行进入抄表示数审核窗口，系统默认显示所有示数条目，抄表人员可逐条判断示数的正确性，也可以设定不同的异常判断条件，系统据此检索出各类待审核抄表示数信息。营销技术支持系统抄表示数审核界面如图 5–2–5 所示。

6. 抄表异常处理

对于审核时发现的差错条目，点击进入差错处理窗口，重新录入修正示数、抄表状态等信息及差错原因后确认。营销技术支持系统抄表功能审核修正对话框如图 5–2–6 所示。

工作台 待办事宜 刷新 添加为常用 帮助

电费抄表核算 示数审核

申请编号 300016284150 抄表段编号 0503002413 计划编号 300010139292

用户编号 异常条件 全部示数 计算电量 查询

复核结果

操作	抄表顺序	用户编号	用户名称	电能表资产编号	示数类型	抄表异常类别	上次示数	本次示数	本次抄见电量	前三月平均电量	电量增幅	抄表状
	10	6618496908	苏州金狮大厦发展管理有限公司	E101952323	需量总	无异常	0.4	0.315	3150	3318	-21.25%	已抄
	10	6618496908	苏州金狮大厦发展管理有限公司	E101952323	正有功总	无异常	2138.989	2183.044	440550	1015530	-68.83%	已抄
	10	6618496908	苏州金狮大厦发展管理有限公司	E101952323	正无功总	无异常	117.48	121.99	45100	68314	-71.83%	已抄
	10	6618496908	苏州金狮大厦发展管理有限公司	E101952323	反无功总	无异常	103.72	104.38	6600	44029	-63.54%	已抄
	10	6618496908	苏州金狮大厦发展管理有限公司	E101952400	需量总	无异常	0.404	0.286	2860	3170	-29.21%	已抄
	10	6618496908	苏州金狮大厦发展管理有限公司	E101952400	正有功总	无异常	2296.777	2342.304	455270	1132734	-70.48%	已抄
	10	6618496908	苏州金狮大厦发展管理有限公司	E101952400	正无功总	无异常	251.35	258.85	75000	125900	-68.47%	已抄
	10	6618496908	苏州金狮大厦发展管理有限公司	E101952400	反无功总	无异常	9.46	9.46	0	1429	0%	已抄

当前显示 12 条，总共 12 条　　第 1 页/共 1 页 转 1 页

抄表异常类别 查询异常工单

审核通过 抄表数据明细 抄表差错信息

图 5–2–5　营销技术支持系统抄表示数审核界面图

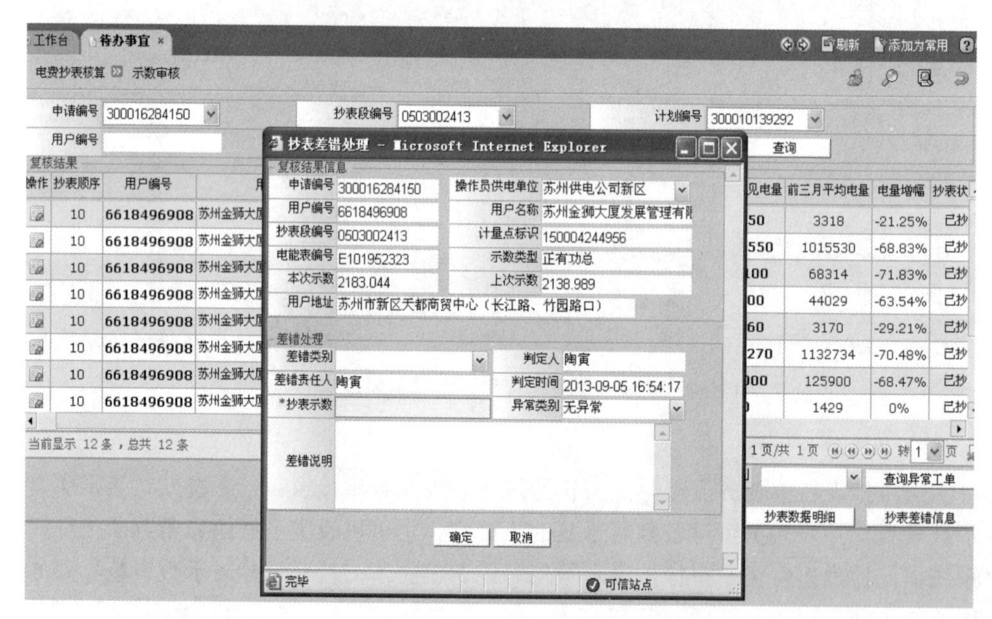

图 5–2–6　营销技术支持系统抄表功能审核修正对话框

全部确认后点击下方“审核通过”按钮，最后传递到电费核算员执行电费审核计算流程。

【思考与练习】

1. 简述系统内采用抄表机方式抄表的操作步骤。

2. 结合以上异常处理方法及工作实际，谈谈现场遇到门闭缺抄户，在系统内如何处理？

3. 抄表段管理包括哪些功能，有何作用？

模块 3　核算功能应用（Z25D2003 Ⅰ）

【模块描述】本模块包含日常电费核算、应收电费补退、流程管理、应收报表汇总审核的功能应用等内容。通过概念描述、术语说明、要点归纳、图解示意以及核算工作全过程的功能应用示例，掌握运用系统功能开展核算工作。

【模块内容】

营销技术支持系统核算功能保证了公司正常开展日常电费核算工作，准确进行电费核算和发行，及时通过客户电费异常情况来发现问题，根据需要进行电费退补，生成应收电费报表等，是营销技术支持系统中十分重要的组成部分。

以下重点介绍电量电费计算、审核管理、电费发行的操作过程，以及应收电费补退管理操作等，并对日常电费复核、计算、发行操作进行流程演示。

一、日常电费核算

营销管理系统的电费核算的主要工作包括：电量电费计算、审核管理、电费发行三个步骤，实现方式均为流程处理方式，系统接收抄表审核完成的数据后进入核算流程，在相应核算人员的当前任务栏中列出待办工作，处理、确认、发送，直至电费发行。

（一）电量电费计算

1. 操作内容

根据用电客户的抄表数据、用电客户档案信息以及执行的电价标准计算各类用电客户的电量、电费。核算人员在待办工作中查出待计算电费的当前流程，选中后确认计算，系统自动计算并提示转入电费复核流程。

2. 注意事项

（1）系统提供计算结果显示及计费清单打印功能，用于复核及存档。

（2）因参数或表码错等原因引起系统无法自动计算出电费的客户，系统将予以提示，操作时需回退到抄表流程中，直到处理正确后，方能重算成功并发送到下一流程。

（3）为简化操作，系统支持按指定抄表段、抄表人员等多种方式批量计算电费。

（二）应收电费审核

对当月电费核算周期内的电量电费进行审核，确保电费不漏发、不错发，保证电费计算的正确性，审核通过后进行电费发行；对电量电费异常的用电客户，根据异常情况进行相应异常处理，并记录核算的异常情况。

1. 操作内容

（1）电量电费审核。

1）核算人员在待办工作中查出待审核的当前流程确认审核。

2）系统自动分析审核电量电费数据的正确性。

3）系统根据审核规则、异常处理分类筛选出需人工审核的客户并显示于界面。

4）核算人员对电量电费计算结果进行校核确认。

（2）异常审核处理。对于在电量电费自动审核过程中筛选出的各类异常客户，核算人员必须逐户进行相应处理：

1）审核确认数据：包括按计量点查询审核客户参与计费的所有计量装置及电价参数的正确性、抄见数据及计量点电量的正确性、电费及各类代征款计算的正确性等。

2）对计量、计费参数不正确的，选择回退，待重新确认参数及抄表信息后另行发行；对于无法判定正确性，待核实的，选择返回，待确认正确后发行，对于确认正确的，直接发行。

3）对于需进一步核实的异常客户，根据异常类别提交异常工作单，发送相关部门进行处理。其中抄表环节已经处理的同类异常，不再重新处理。

（3）电费发行。确认审核和异常处理完成后，在审核界面里选择发行，系统自动形成应收电费。

2. 注意事项

（1）电费审核过程中的审核规则由各网省公司自行确定，并可根据审核要求和政策变化而调整。通常包括对功率因数异常、变线损异常、基本电费异常、抄见零电量、电量突增突减、电费异常、总表电量小于子表电量、专线专变用电、发生业扩变更、发生电量电费退补等各类特殊客户的筛选，系统要求按审核规则检索出的客户必须逐户手工审核确认后，才能成功发行电费，其他正常客户则可批量自动发行电费。

（2）采用直接购电形式的卡表客户，其电费发行在购电成功后同步完成，生成的应收电费以所购电量金额及当时电价下折算电量为依据，并在购电同时完成收费。对于负控预购电客户，在电费发行后完成预购电费冲抵应收电费，预收余额以上月平均电价为主要依据折算预购电量下发到负控终端。

（3）电费发行后，电费核算流程完成，如再发现有客户错计电量电费需调整应收的，必须通过电费补退流程处理，并纳入核算工作质量及差错考核中。

（4）若发现有客户存在影响计费的在途新装或变更工作单未处理完且具备在本计费期内完结条件的，应将电费流程退回，协调相关人员，及时处理工作单后，重计算、审核并发行电费，以便变更信息及时参与计费。

（5）若遇电价政策调整、数据编码变更、系统软件升级等特殊情况，审核时还应对各类电价及电费算法的普通客户进行抽核，不能只复核系统提示的疑问客户，保障系统电费计算、发行的准确性。

二、应收电费补退管理

因国家电价政策变动、客户档案信息错误、计量装置故障、抄表错误、计算差错等多种原因需要对用电客户追加、退减电量或电费，并由此产生新的电费应收信息时，需对客户补退电量电费，在系统中通过退补电费流程处理。

1. 操作内容

（1）政策性退补。当电价政策发布日期滞后于电价政策开始执行日期时，该时间段内发行的不符合电费政策的电费需进行退补。政策性退补电费在系统内的操作方式通常不完全固定，当发生电价政策调整时，首先由系统软件开发及维护人员重新配置政策性退补算法，根据需退补的客户范围确定最简化的操作流程，发布程序及操作说明后由系统自动计算出应退补电量电费，核算人员审核发行，退补方式可以与当月电费合并发行，也可以单独发行。

（2）非政策性退补。非政策性退补申请可以由电费核算、计量、用电检查等各部门提出，系统内操作流程如下：

1）相关人员在系统内进入退补电量电费申请界面，确认退补类型、算法、执行的电价参数、退补电量、退补原因说明等信息，系统自动计算出应退补电费后确认发送，工作单转入到审核流程。

2）审核人员对系统计算出的退补电量电费进行审核（对违约、窃电追补电费已通过审批的，直接进行电费发行）。审核不通过的回退调整方案重新申请，审核通过的提请审批。

3）审批通过后，不需要并入下期电费计算的直接发行电费；并入下期的将在下期电费复核中提示出来，确认后系统将自动累加到下期抄表计算出的电费中，一并发行。

2. 注意事项

（1）抄核收人员在审核政策性退补电费时，应注意检查系统内生成的退补客户范围、退补电费标准是否符合新电价政策变化。

（2）因不涉及对用电客户档案及抄表示数的调整，政策性调价发行的退补电费通常退补电量为零，审核时应注意发行后生成的应收报表的正确性。

（3）为保证工作质量，有效控制差错，系统通常对退补电量电费流程的审批环节设置了额度权限限制，不具备审批权限的人员无法审批发行相应电费。

（4）直接发行的退补电量电费应注意及时统计应收报表，并参与当日及当期应收汇总，保障电费发行的正确性。

（5）并入下期发行的退补电费，若遇本期电费正在计算复核中，尚未发行，可对该户选择单户重算流程，重新获取正确档案及退补电费，使退补能及时在本期内结算完毕。

三、核算流程的回退处理

在电量电费复核过程中，若发现存在批量漏抄、异常未处理情况，或抄表人员发现差错申请回退的，可批量或单户将抄表计费流程回退到抄表状态，系统将认定相应抄表质量存在差错。

四、应收报表的汇总审核

各类应收电费正确发行后，核算人员应在系统内统计、生成应收电费报表，校验系统内生成的应收报表的正确性，保障已发行电费上报的完整、准确性，及时处理漏发行、错发行电费。应收报表统计汇总采用菜单操作方式，进入相应界面后，确认日期、应收类别、抄表段范围等统计范围条件，系统自动统计并提交结果数据，允许打印及转出电子表格文件。

1. 操作内容

（1）按抄表段统计正常抄表发行的电费，审核报表的勾记关系，对检查出的漏发行、错发行电费处理正确并发行后，重新统计正确的应收电费报表。

（2）按电费类型、发行日期统计已发行的各类退补电费应收报表，审核报表的勾记关系，对错误进行处理并重统计报表。

（3）根据考核要求，按日、按旬、按处理人员汇总各类应收电费报表，审核汇总报表的正确性，处理差错。

（4）按月汇总基层供电企业的应收电费报表，审核报表正确性，确认是否存在漏统计或待发行的电费，消除异常后，汇总确认当月发行的正确的应收电费。

2. 注意事项

（1）应收日报、应收月报统计中包括卡表购电客户电量电费数据。

（2）若退补电量电费发行负应收时，系统自动将应退电费转入客户预存中。

（3）当月末所有应收正确汇总完毕后，应对当月应收进行关账处理。关账后，一般不再发行当月电费，若需发行新应收电费时，系统将其计为下月应收。

（4）关账后，打印当月应收汇总报表，保管备查。

五、案例

【例 5–3–1】以下为基于“SG186”标准化设计开发应用的某供电企业营销技术支持系统内日常电费核算功能的应用示例。

（1）登录系统，选择待计算电费的当前工作单，确认处理，系统根据工作单对应范围计算客户电量电费。系统计算成功后，流程发送到电费审核岗位。营销技术支持系统电费待计算界面图如图 5–3–1 所示。

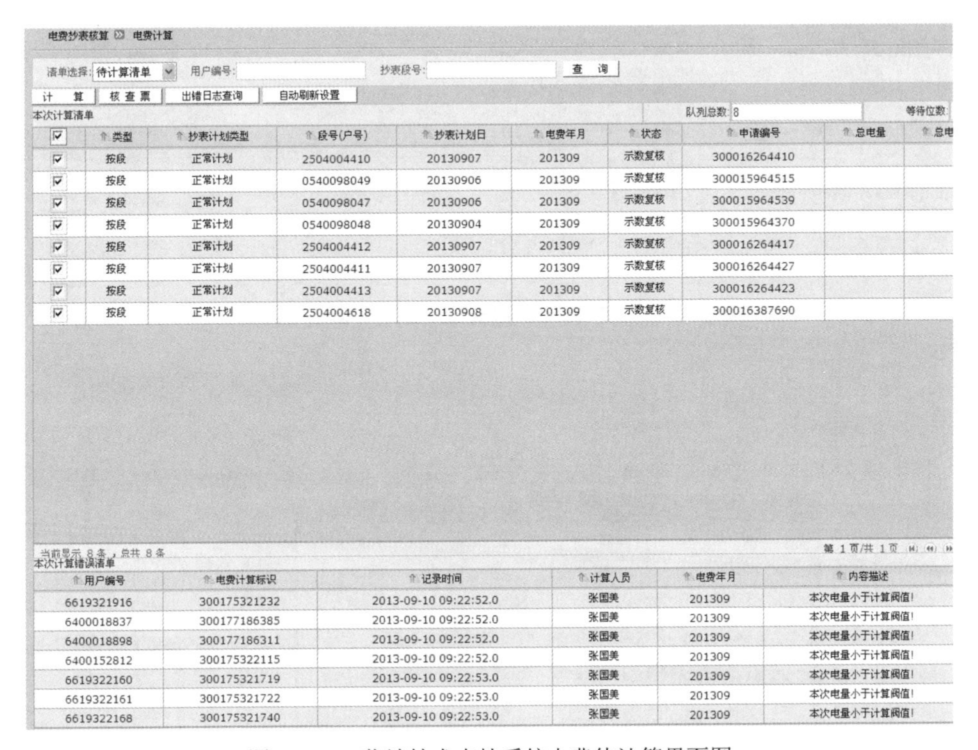

☑	类型	抄表计划类型	段号(户号)	抄表计划日	电费年月	状态	申请编号	总电量	总电
☑	按段	正常计划	2504004410	20130907	201309	示数复核	300016264410		
☑	按段	正常计划	0540098049	20130906	201309	示数复核	300015964515		
☑	按段	正常计划	0540098047	20130906	201309	示数复核	300015964539		
☑	按段	正常计划	0540098048	20130904	201309	示数复核	300015964370		
☑	按段	正常计划	2504004412	20130907	201309	示数复核	300016264417		
☑	按段	正常计划	2504004411	20130907	201309	示数复核	300016264427		
☑	按段	正常计划	2504004413	20130907	201309	示数复核	300016264423		
☑	按段	正常计划	2504004618	20130908	201309	示数复核	300016387690		

用户编号	电费计算标识	记录时间	计算人员	电费年月	内容描述
6619321916	300175321232	2013-09-10 09:22:52.0	张国美	201309	本次电量小于计算阀值！
6400018837	300177186385	2013-09-10 09:22:52.0	张国美	201309	本次电量小于计算阀值！
6400018898	300177186311	2013-09-10 09:22:52.0	张国美	201309	本次电量小于计算阀值！
6400152812	300175322115	2013-09-10 09:22:52.0	张国美	201309	本次电量小于计算阀值！
6619322160	300175321719	2013-09-10 09:22:53.0	张国美	201309	本次电量小于计算阀值！
6619322161	300175321722	2013-09-10 09:22:53.0	张国美	201309	本次电量小于计算阀值！
6619322168	300175321740	2013-09-10 09:22:53.0	张国美	201309	本次电量小于计算阀值！

图 5–3–1　营销技术支持系统电费待计算界面图

（2）选择待审核的当前工作单，按审核要求分类检索出待审核客户，系统按约定审核规则筛选出异常情况信息。营销技术支持系统电量电费审核界面图如图 5–3–2 所示。

（3）电费审核人员对系统所示异常信息进行判断，对需要再次示数确认的情况发起异常工单，填写异常情况描述，回退抄表员，等待再次确认或修正。营销技术支持系统电费审核异常工单发起对话框如图 5–3–3 所示。

电费抄表核算 电费审核

电量电费审核 | 计算日志审核

抄表段号：0540099003　用户编号：　查 询

类型选择：全 部　☑ 是否加载审核备注　☐ 查询已审核清单　导出Excel

操作	用户编号	抄表序号	抄表段号	用户名称	电费年月	本月电量(千瓦时)	上月电量(千瓦时)	年度阶梯累计电量	电费(元)	用电地址	审核备注
	6400189765	1	0540099003	王素珍	201309	957	422	1197	417	太平街道金澄...	正常
	6400189720	2	0540099003	王素珍	201309	1111	1000	3456	532	太平街道金澄...	超人口基数 超基数
	6400189890	3	0540099003	王三男	201309	919	268	1301	414	太平街道金澄...	电量突增减
	6400189889	4	[illegible]	[illegible]	[illegible]	1536	620	1649	739	太平街道金澄...	电量突增减 超基数
	6400189893	5	0540099003	陆永春	201309	1115	218	700	536	太平街道金澄...	电量突增减
	6400189894	6	0540099003	陆永春	201309	439	283	586	208	太平街道金澄...	正常
	6400189898	7	0540099003	陆 震	201309	654	318	1025	264	太平街道金澄...	正常
	6400189897	8	0540099003	陆 震	201309	819	277	512	369	太平街道金澄...	正常
	6400189900	9	0540099003	金澄房产	201309	24	27	0	13	太平街道金澄...	正常
	6400189510	11	0540099003	金澄房产	201309	574	279	919	247	太平街道金澄...	电量突增减
	6400189891	14	0540099003	王祥方	201309	415	139	825	196	太平街道金澄...	正常
	6400189892	15	0540099003	钱 妍	201309	0	0	0	0	太平街道金澄...	正常
	6400189895	16	0540099003	王永清	201309	485	291	1041	223	太平街道金澄...	正常
	6400189896	17	0540099003	王永清	201309	1351	735	2054	663	太平街道金澄...	超基数
	6400189899	18	0540099003	金澄房产	201309	466	91	0	256	太平街道金澄...	正常
	6400189903	19	0540099003	金澄房产	201309	714	377	1097	328	太平街道金澄...	正常
	6400189904	20	0540099003	金澄房产	201309	836	207	1137	403	太平街道金澄...	电量突增减
	6400189907	21	0540099003	陆永新	201309	853	774	2540	413	太平街道金澄...	超基数
	6400189909	22	0540099003	陆永新	201309	583	230	991	234	太平街道金澄...	正常
	6400189923	23	0540099003	林冬时	201309	1012	545	1559	479	太平街道金澄...	电量突增减 超人口基数
	6400189947	24	0540099003	林冬时	201309	283	81	121	115	太平街道金澄...	正常
	6400189964	25	0540099003	顾建明	201309	913	435	1324	407	太平街道金澄...	电量突增减

户号：6400189720 用户名称：王素珍 用电地址：太平街道金澄花园4幢103室

图 5–3–2　营销技术支持系统电量电费审核界面图

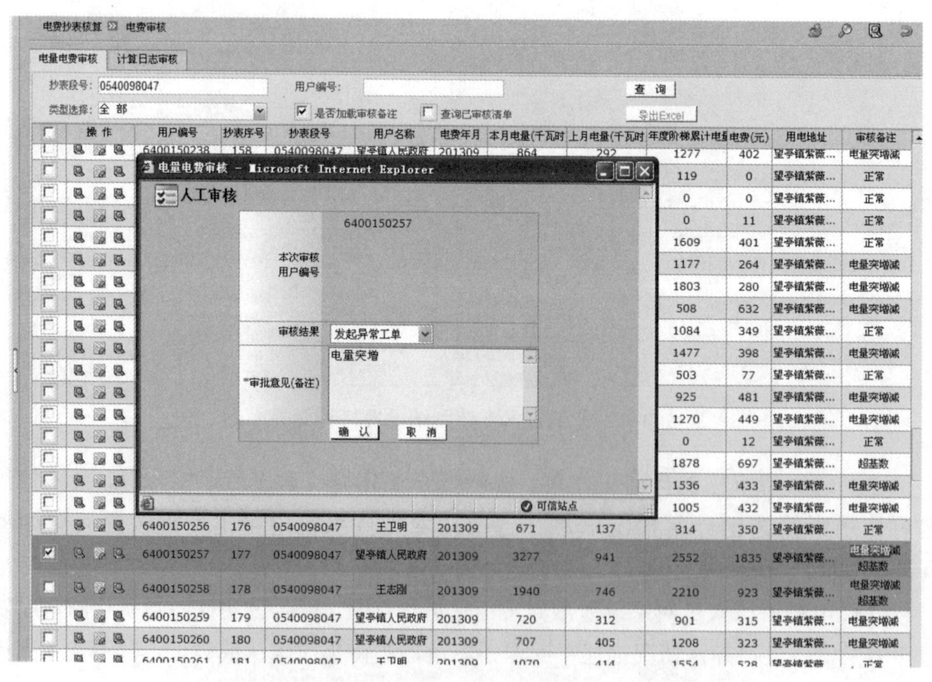

图 5–3–3　营销技术支持系统电费审核异常工单发起对话框

（4）电费审核人员对审核结果正常的客户进行确认，选中后在对话框中选择审核结果为“正确”，并填写审批意见。营销技术支持系统电费审核确认对话框如图 5–3–4 所示。

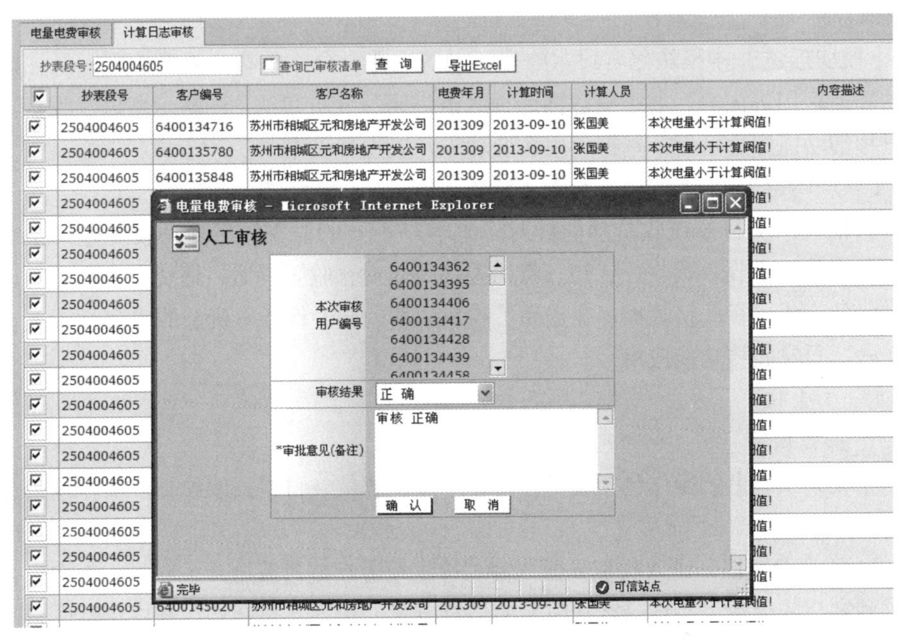

图 5–3–4　营销技术支持系统电费审核确认对话框

（5）电费发行，选中待发行客户，点击“电费发行”。营销技术支持系统电费待发行界面图如图 5–3–5 所示。

图 5–3–5　营销技术支持系统电费待发行界面图

【思考与练习】

1. 试述系统内核算处理的流程。
2. 哪些类客户需在系统中重点复核？
3. 简述复核中发现的异常问题在系统内应如何处理？
4. 政策性退补与非政策性退补在系统功能实现上有何差异？

模块4 收费功能应用（Z25D2004 Ⅰ）

【模块描述】本模块包含日常收费、退费调账、分次划拨、欠费管理、呆坏账登记的功能应用等内容。通过概念描述、术语说明、要点归纳、图解示意以及收费工作全过程的功能应用示例，掌握运用系统功能开展收费工作。

【模块内容】

营销技术支持系统收费功能针对用电客户不同的需求提供多种收费方式系统支持，如坐收、走收、代收、代扣、特约委托等，对预收、销账、退费及违约金管理等日常账务工作进行严格管控，在提高了收费效率的同时保证了资金的安全。

一、日常收费功能应用

（一）坐收

1. 操作内容

坐收在系统内的操作包括收费登记、平账、解款及日终报表统计，操作均为菜单方式。

（1）收费登记。进入收费界面，输入待收费客户编号或缴费关联号，查询出客户及关联客户的欠费后，选择客户付费的结算方式，输入支付金额，选中待缴电费，确认收费。

坐收现金，系统直接销账，日终合并解款；收取非现金电费资金，系统提供直接销账方式或收妥入账方式两种销账模式。各网省可自行确定采取哪种销账模式。

1）直接销账方式选择收费时登记所收支票、转账进账单信息后，系统直接确认实收。

2）收妥入账方式选择收费时登记所收支票、转账进账单信息后，系统不直接确认实收，待进账单与对账单对账完成后，系统对应登记销账。

（2）收费整理。必须在系统内完成的收费整理工作包括以下内容：

1）按日统计实收交接报表，将实际收取的各类资金与系统内实收碰账，不相符查明原因并处理，直至完全平账。

2）对收取的各类资金进行解款，对于现金或支票类需进账的资金形式，打印解款单到银行解款。

3）统计打印解款交接报表，与进账后的各类电费资金凭据一并整理、平账、上交。

2. 注意事项

（1）系统内实收电费必须与收取资金、相关票据平账，以防止错解款、错登记收费及收费员长短款。解款前发现的错收费允许冲正，解款后发现的错收费必须核实资金是否到账，到账则需进行退费处理，未到账需在解款撤销后冲正。

（2）为保障资金管理的正确性，解款金额由系统依据销账情况自动生成，不允许修改，若金额与实际收到资金不一致时，应采用冲账方式，取消当笔收费，重新按实际收到的资金金额收费，并进行收费整理。

（3）通常，系统内对现金解款信息命名为解款单；非现金解款信息命名为进账单。

（4）对部分交费、预付电费、分次划拨及电费在途的客户若采用坐收方式缴纳了电费，应开具收据，待客户结清电费或收回在途电费发票后再凭收据换取发票。采用收妥入账方式，对于收取支票、本票等票据的，也仅开具收据，待款项到账时再凭收据换取发票。

（5）对于需要开具增值税发票的客户，应依据电费账单中普通发票开具金额、增值税发票开票金额、违约金金额分别出具普通电费发票、电费收据，再凭账单、缴费收据换取增值税发票（根据相关政策，电费金额中的居民电价电费、农网维护费、违约金部分不能开具增值税发票）。部分地区直接使用普通电费发票代替电费收据，但在票据中注明“非普通电费发票，不作为报销凭据”的字样。

（6）客户部分缴纳电费时，可按违约金、目录电度电费及基本电费、代征电费等项目的不同顺序进行销账，也可以按各电费项目占该笔电费金额的比例进行分摊销账，系统提供相应的收费顺序确认功能。

（二）走收

1. 操作内容

（1）走收责任人确定。进入抄表段管理界面建立抄表段的收费方式、收费责任人信息。有些地区增加了走收点管理层次，允许抄表段或客户对应到走收点，同时，走收责任人可以按走收点分派。

（2）走收准备。进入走收票据打印界面，按走收点、台区、抄表段等方式打印走收清单、电费发票等票据，走收收费人员领取已打印好的清单、票据，核对待收费金额是否相符，确认无误后，系统对该批走收客户进行收费锁定。

（3）现场收费。现场收费，对客户交付的现金、非现金当面进行清点、审验，合格后交付发票，做到票款两清。

（4）银行解款。

1）核对所收现金是否与已收费发票的存根联金额一致，不一致应查找原因。核对正确后，按收费业务要求进行现金解款、支票进账等，保存好进账票据。

2）解款后，在收费清单上注明当批电费的解款日期。

（5）走收销账。在走收销账界面里选中待销账走收批次（走收清单对应的单户、抄表段或多抄表段），选中已收费户，进行销账并记录客户的缴费日期，销账结束后生成解款信息。

（6）票据交接。

1）统计生成走收人员收费交接单。

2）将走收人员收费交接单、应收费清单、现金银行缴款回单、支票进账回执、已收费发票存根、未收发票等凭据进行交接。交接双方清点和核对收费票据、收费金额与走收人员收费交接单和系统生成的解款单是否相符，出现差错的，查明原因及时处理。

（7）走收解锁。系统对当批走收客户解锁，其中的未收客户可采取各种手段缴纳电费，若需重新走收且电费违约金发生变化的，应将原发票作废，重新打印发票。

2. 注意事项

（1）为方便客户缴纳电费，走收任务形成后，也可不对当批客户欠费进行锁定，若客户在走收在途期间通过其他方式缴纳电费，则相应收费点为其提供收据，客户可凭收据换取正式发票。

（2）如果条件许可，走收人员也可先在系统内销账并生成解款单后，凭解款单到银行进账。

（三）代收

代收电费的收费、销账过程在合作代收机构完成，供电企业对于代收业务需开展的主要工作是日终交易对账，使代收机构在供电企业中登记收费的电费汇总金额与银行到账资金相符且明细正确。

（四）代扣

1. 工作内容

（1）代扣文件生成。进入代扣处理界面，选择指定供电企业、银行、应收电费发行日期范围，生成银行批量扣款的文件，同时对已进入批量扣款文件的电费进行锁定。若应收电费发行日期范围不选择，则默认为截至当前已发行的应收电费。

（2）代扣文件发送及扣款处理。银行提取代扣文件（或电力方将扣款文件传送给银行），银行进行扣款处理。扣款后，生成扣款结果文件。

（3）代扣文件返回、销账。接收并读取银行返回的扣款结果文件，读取返回成功笔数、金额，与银行到账资金核对无误后确认，系统进行批量销账，对成功缴款客户记录扣款时间、扣款单位等，对未扣款成功的电费进行解锁，记录扣款不成功的原因。

（4）收费整理。统计当批实收电费报表，生成解款信息，通知催费人员对扣款不成功的客户开展催费工作，或按上述流程重托出。

（5）补打发票。已缴费客户到供电企业或代收机构柜面索取发票，柜面人员核实已缴费事实，验明缴款凭据和客户有效身份证明后，为客户打印电费发票。

2. 注意事项

（1）为提高收费效率、方便客户缴费，代扣期间也可不进行电费锁定，代扣期间客户通过其他方式缴纳了电费，收费点为其开具发票，若同时成功代扣的，代扣电费自动转入预存。采用这种方式时，需做好重复缴费客户的解释、服务工作。

（2）为提高系统运行效率，代扣处理流程也可由电力及银行方系统自动完成，预先设置好代扣文件处理的定时任务，利用系统空闲时间自动启动运行。

（3）低压代扣客户的欠费通常采用反复重托的方式催收，即退票后，欠费将自动在下批代扣数据中托出。

（4）催费人员应关注每批代扣返回的退票记录。对于余额不足的，通知客户尽快续存电费。对于账户错误的，及时与客户核对协议资料是否正确。

（五）特约委托

1. 工作内容

（1）电子托收或小额支付。特约委托电子托收或小额支付业务在系统内的操作流程与代扣基本相同，主要区别在于客户缴费协议确定的付款方式不同，银行扣款流程不同。

（2）手工托收。

1）手工托收任务生成。进入特约委托手工托收处理界面，选择供电企业、缴费方式、应收电费发行日期范围，生成手工托收批量扣款任务，同时对该批电费进行锁定。若应收电费发行日期范围不选择，则默认为截至当前已发行的应收电费。

供电企业可与银行协商，手工托收也传递电子文本，银行在手工清算过程中依据电子文本手工逐户登记收款及退票，并以电子形式返回扣款情况，方便供电企业批量电子销账。

2）托收凭证、票据准备。分类打印特约委托收款凭证及电费发票；对于采用分次划拨的，前几次托收时打印收据，月末最后一次结算时打印电费发票；对于采用分次结算的，开具发票，月末最后一次结算时除打印电费发票外还需打印全月电费清单。

审核票据张数、金额是否与系统内当批应收笔数、金额一致，审核无误后，按客户开户银行分类装订凭证票据，为每个清算行制作一个封包，注明该封包应收电费的总笔数、金额。

3）送达银行清算。将封包送达银行，银行进行手工清算扣款，返回入账通知单及退票凭证票据，采用电子登记的银行同时返回扣款电子文本。

4）手工托收销账。根据银行返回的入账通知单进行销账，记录资金到账时间等信息；对于退票，录入退票理由，便于催费人员开展催费工作。采用电子方式返回扣款信息的，接收银行返回文件后，由系统批量销账。销账成功后，系统自动对当批未收数据进行解锁。

5）欠费催缴。退票后的欠费，及时通知催费人员开展催费或重新托出。重新托收时，若电费违约金发生变化的，应将原发票作费，重新打印发票，没有发生变化的，使用原先的发票。

2. 注意事项

（1）若多个客户通过一个银行账号进行托收，发票上的单位名称可以打印为付款单位名称。

（2）增值税客户托出电费时只能打印收据、电费账单或销货清单，随托收凭证一并送达银行，待成功付款后，客户可到供电公司换取增值税发票。

（3）退票或超过正常日期未返回托收回单的，需重新托收或转入其他收费方式催收电费。

（六）预存电费

客户到供电企业预存电费一般都在营业窗口办理，其系统操作与坐收电费相同。

（七）其他收费

购电客户缴费时，系统内收费销账操作取决于客户采取的缴费方式。

到供电企业柜面缴纳的，与坐收方式相同，不同的是在收费流程操作完成后，还应在相应预购电系统中充值，保证相应系统获取客户新购电量，允许客户用电。

采用自助终端、电话银行、充值卡等各种自助方式缴纳电费的，其收费流程与代收完全相同。此外，由于这部分客户缴纳电费后无法获得电费发票，当客户到供电企业柜面索取发票时，柜面人员应参照代扣流程中发票补打要求，为客户打印电费发票。

业务费收费操作一般也在供电企业柜面完成，操作与坐收电费相同。

二、退费调账功能应用

1. 操作内容

（1）调账、退款申请：确定错收电费客户、指定日期范围，系统显示出指定日期范围内已收电费信息，选中错收电费，申请调账或退款，对于调账，登记应收客户，对于退费登记客户身份证件及号码，系统产生调账或退款申请流程。

（2）调账、退款审批：审核人员在当前工作任务中选中调账或退费申请流程，记录审批意见并注明理由，流程返回到申请人。

（3）调账、退费执行：申请人在当前工作任务中查出该调账或退费流程，确认执行调账或退费，对于退费，打印退款凭证并交付客户签字确认，流程执行完毕。

（4）财务退费：对于退费流程，按照退费资金管理规定，收费员退还相应资金给客户，收回客户签字确认的退款凭证。若需开具支票退费的，由财务部门开具退费支票给客户。

2. 注意事项

（1）调账流程不发生解款信息变更，但若系统未实现该流程时，则需采用退费及重新收费方式处理。

（2）调账、退费流程最终均需统计实收日报、月报，以保障系统内销账登记的实收与进账资金相符。

三、分次划拨管理功能应用

1. 操作内容

（1）协议管理。菜单操作方式，进入分次划拨协议管理界面，选择新增、变更协议，登记划拨期数、计划日期、收费方式、协议方式、协议值。

（2）应收发行。在每月初，进入分次划拨协议管理界面，选定操作年月，制定分次划拨计划，系统根据计划结算协议，自动生成分次划拨应收数据。

当客户分次划拨协议发生变更、新增或删除时，按户对未发行或发行未收费的分次划拨计划进行调整。

（3）实收登记。到了划拨日期，通过各种缴费方式，进行收款。客户缴纳费用后，如实在系统内登记销账，实收记入到预存中，并为客户开具收据。

对于未按期结清的分次划拨电费的，制定催费策略开展催收。

（4）月末结算。月末抄表结算电费发行后，按客户约定的各类缴费方式如实结算尾款，如有溢收，作为预收，在下月分次划拨发行时扣除本部分预收，或者退还给客户。

结算成功后，打印电费发票、结算明细清单，送达给客户。

（5）辅助功能。

1）检查分次划拨情况，显示没有按计划执行的客户，便于收费人员查明原因及时处理。

2）月底统计生成电费分次划拨计划报表及电费分次划拨执行情况报表。

3）统计本期分次划拨增加的客户数，减少的客户数，并查询变化客户明细。

2. 注意事项

（1）为做到公平交易，月末收费结束后，可将当月计划结算溢收电费通过退费流程全额退还给客户。

（2）若月末结算时，计划结算溢收电费金额大于次月首笔计划结算应收时，应在生成计划时对该户做暂停代扣及特约委托，防止重复收取客户电费。

四、欠费管理功能应用

1. 操作内容

（1）违约金暂缓。对指定客户提出违约金暂缓申请，输入暂缓期限，审核人员对暂缓违约金进行审批，审批合格的，确认生效；审批不合格退回重申请。

违约金暂缓生效后，客户在暂缓期内缴纳电费将不收取违约金。

（2）违约金退还。根据收费方式、收费时间范围、客户编号确定需要退还的违约金，提出退还申请，确定退还方式；对违约金退还申请进行审批，答复审批意见，流程转申请人；直接退还给客户的，进行退费处理，否则，转预收。

（3）催费责任人管理。对催费段进行维护，并对催费责任人变更、调整进行的管理。主要功能包括催费段维护、新户分配催费段、调整客户催费段、调整催费员。

（4）欠费风险管理。根据客户关系管理功能对客户信用、风险做出的评价，结合实际电费回收情况，修正客户风险级别。主要功能包括欠费风险级别调整申请、调整审批、调整欠费风险级别。

（5）催费管理。

1）催费策略维护：在系统内对不同客户分类、缴费方式、欠费情况，制定催费策略。

2）催费：根据催费策略，按照指定条件制定催费计划；通过电话、短信、人工上门等各种手段开展催费，在系统内如实记录催费过程和结果。

3）还款计划管理：在系统内登记与客户签订的欠费还款计划，记录还款时间、还款金额、联系人和联系方式，并记录计划执行情况，对于成功还款的进行归档。

（6）欠费停复电管理。包括停（限）电申请、停（限）电通知、确认停电、现场停电登记、确认停电完成、复电登记、复电登记等处理界面。

2. 注意事项

（1）在进行已收取的违约金退还操作时，应收回电费发票，重开票，并需详细记录退还原因。如果客户仍有欠费，退还的违约金必须首先抵冲欠费。

（2）违约金暂缓、退还审批权限由各网省公司自行规定，系统通过标准流程，实现对不同金额违约金审批权限的配置，保障违约金收取政策的严格执行。

五、呆坏账登记功能应用

1. 操作内容

（1）坏账申报。选择待申请坏账的欠费，确认待核销总金额、核销本金、核销违约金，注明申请理由，确认申请人身份，生成坏账申请流程，转入审批岗位。

（2）坏账申报审核。选择待审核坏账申请，审核人员根据坏销认定的要求认真审核申报材料，在系统内登记审核意见，对于不允许申报的，取消申报或退回到申请人重新准备申报材料再申报。

（3）发票打印。申报审核通过后，在系统内打印相应欠费发票。若系统提示无待打印发票，则表明该欠费发票在催费期间已打印，应向相关催费人员追回发票。

（4）坏账核销登记。将坏账申请流程及相关凭据报上级部门审批，允许核销后，在系统中登记管理部门、客户编号、欠费时间、欠费额、欠费风险级别、申报时间、核销原因、是否破产、破产时间、证明材料（破产依据）等。

（5）坏账核销审批。对申报的坏账进行审批，记录处理人、处理时间、处理意见、处理结果。复核通过，等待核销处理。

（6）坏账核销。对审批通过的坏账，进行账销案存处理，形成核销坏账表。记录欠费为坏账，将核销结果传递给记账凭证管理，应收账款做销账处理。

（7）坏账回收。对追索回收的电费资金，及时进账，并在系统内进行坏账收费销账，将核销坏账收费结果传递给记账凭证管理，进行相应会计事务处理。

2. 注意事项

为简化操作，通常坏账材料准备、申报、坏账认定审核过程都是采用手工方式完成的，系统处理流程从坏账核销登记开始。

六、案例

【例 5–4–1】坐收电费业务处理示例。

（1）进入坐收收费界面，输入待收费客户编号，查询出该户的欠费信息，在弹出的设置票据号码页面中，确认待收费使用的票据信息。营销技术支持系统票据设置确认界面图如图 5–4–1 所示。

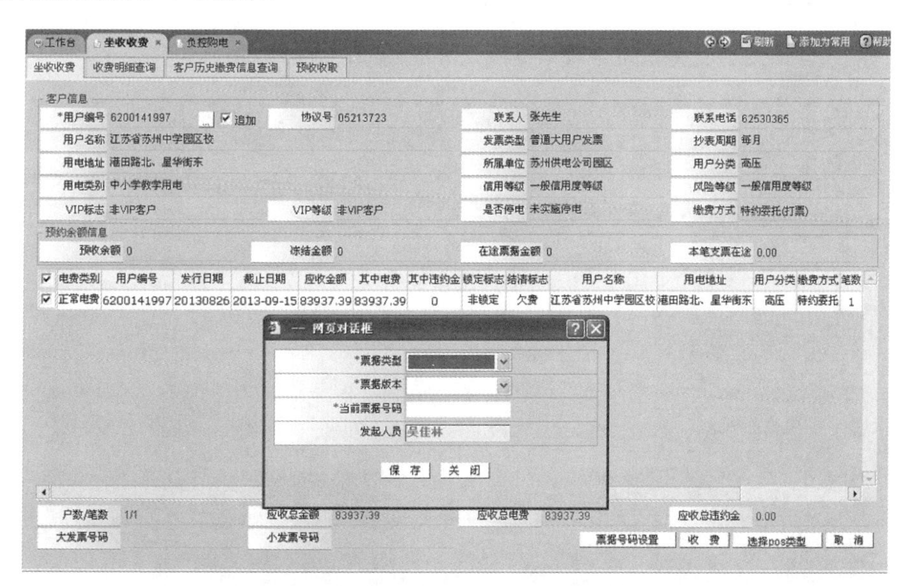

图 5–4–1　营销技术支持系统票据设置确认界面图

（2）输入待收费客户编号，查询出该户的欠费信息，选择正确的“结算方式”，正确填写“实收金额”，确认收费。营销技术支持系统坐收结算方式选择界面图如图 5–4–2 所示。

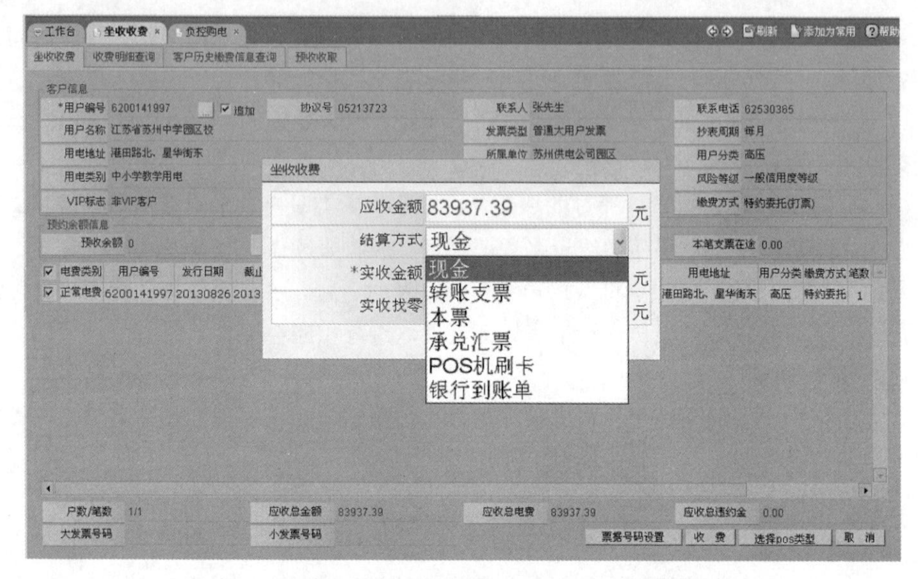

图 5–4–2 营销技术支持系统坐收结算方式选择界面图

（3）实际收费过程中，电费金额较大的客户通常不会采取现金的结算方式，如果“结算方式”为支票、汇票、本票、银行到账单时，则须输入“票据号码”，并选择“票据银行”。营销技术支持系统坐收票据确认界面图如图 5–4–3 所示。

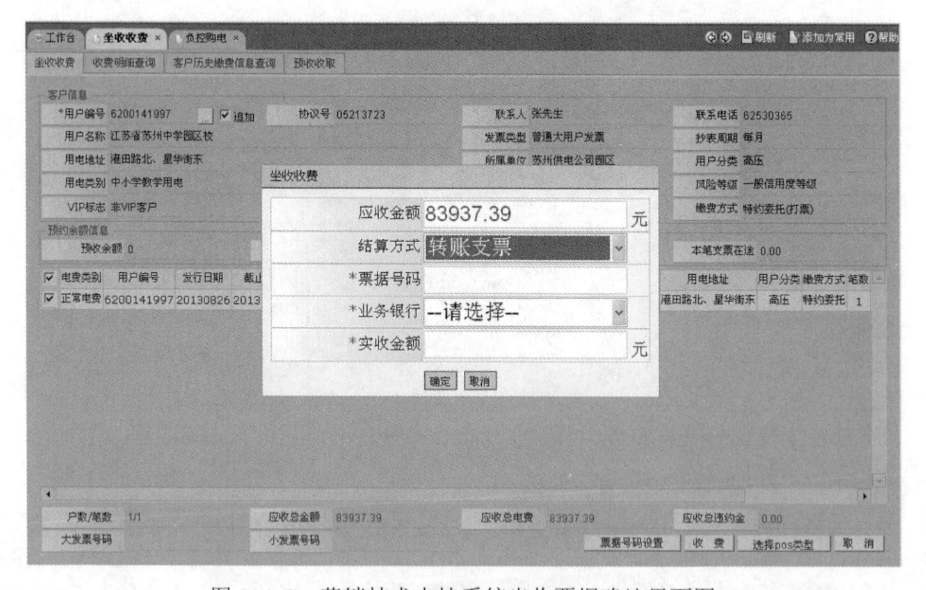

图 5–4–3 营销技术支持系统坐收票据确认界面图

（4）进入电费收缴解款界面，选择缴费方式为坐收，输入收费时间为 2013 年 9 月 9 日，查询出未解款的收费信息，选中需解款的收费记录，核对笔数、金额，选择解款银行为工商银行，正确填写银行单据号码等信息，确认解款。营销技术支持系统坐收解款界面图如图 5–4–4 所示。

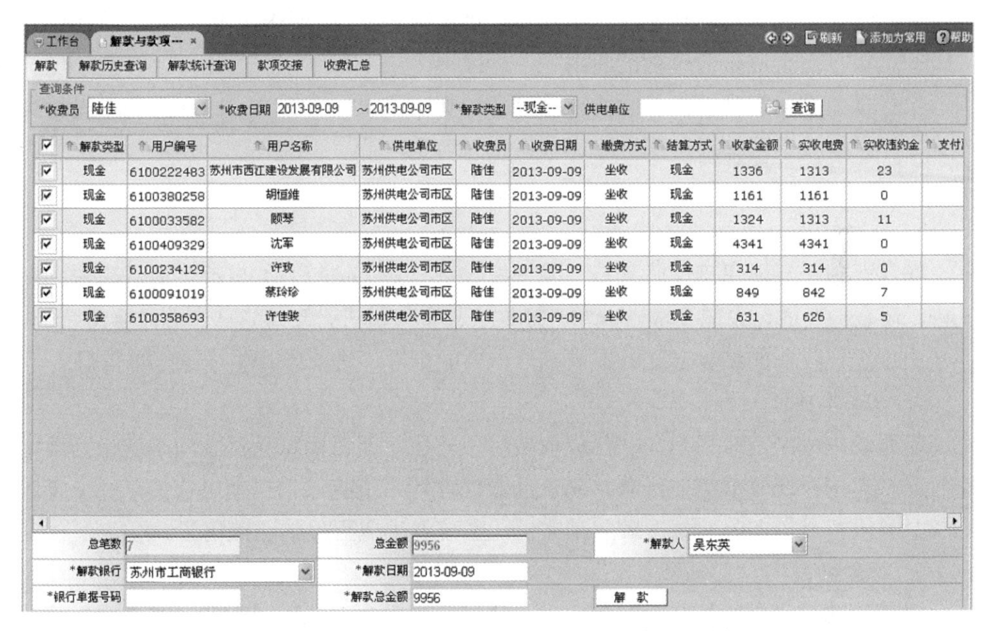

解款类型	用户编号	用户名称	供电单位	收费员	收费日期	缴费方式	结算方式	收款金额	实收电费	实收违约金	支付
现金	6100222483	苏州市西江建设发展有限公司	苏州供电公司市区	陆佳	2013-09-09	坐收	现金	1336	1313	23	
现金	6100380258	胡恒维	苏州供电公司市区	陆佳	2013-09-09	坐收	现金	1161	1161	0	
现金	6100033582	颜琴	苏州供电公司市区	陆佳	2013-09-09	坐收	现金	1324	1313	11	
现金	6100409329	沈军	苏州供电公司市区	陆佳	2013-09-09	坐收	现金	4341	4341	0	
现金	6100234129	许致	苏州供电公司市区	陆佳	2013-09-09	坐收	现金	314	314	0	
现金	6100091019	蔡玲玲	苏州供电公司市区	陆佳	2013-09-09	坐收	现金	849	842	7	
现金	6100358693	许佳骏	苏州供电公司市区	陆佳	2013-09-09	坐收	现金	631	626	5	

图 5–4–4　营销技术支持系统坐收解款界面图

【思考与练习】

1. 试述系统内坐收电费的业务处理流程。
2. 简述分次划拨管理的主要功能。
3. 试述系统内退费及调账业务处理流程有何差别。
4. 请叙述系统内开展欠费停复电业务处理的流程。

模块 5　账务处理功能应用（Z25D2005 Ⅰ）

【模块描述】本模块包含进账管理、资金平账管理、报表管理、发票管理、缴费协议管理的功能应用等内容。通过概念描述、术语说明、要点归纳、图解示意以及电费账务工作全过程的功能应用示例，掌握运用系统功能开展电费账务处理工作。

【模块内容】

账务处理功能的作用按照《企业会计准则》的规定，遵循有借有贷、借贷相等的会计记账原则建立电费账务管理体系，通过资金和电费销账的准确登记、平账及凭证记账，使营销电费实收与财务资金到账完全相符，最终向财务系统报送相关的记账数据。同时，实现发票、客户缴费协议等相关管理功能。

以下重点介绍银行资金进账、资金平账、账务报表管理以及科目、记账管理、票据管理、缴费方式管理等功能的应用，并对实收销账及银行账核对操作进行示范。

一、银行资金进账管理功能应用

银行资金进账管理功能指收费人员以各种形式回收电费资金后，在系统内进行实收销账，系统按销账情况形成进账资金信息的功能。

（一）操作内容

1. 进账信息生成

在收费销账界面里确认收费后，系统按收费方式、结算方式自动生成进账信息。其中：现金缴费的，系统生成解款单，提供给收费人员进行现金进账；非现金缴费的，系统根据登记收费的结算方式、票据编号、票面金额、进账银行生成进账单信息。

2. 进账单冲账

当系统生成的进账信息与实际收取费用不一致，即错销账且资金尚未进账到指定银行时，选中系统生成的进账单，确认冲账处理，系统将取消当笔电费销账并作废进账信息。收费员核实收费情况并重销账后，系统将生成正确的进账信息。

3. 解款撤销

当某笔解款资金经核实无法到账时，通过解款撤销功能取消缴款，并撤销当笔解款对应的所有实收销账记录，待款项追回后，重新销账并解款。

（二）注意事项

（1）为保障系统生成的进账信息准确无误，登记收费时，应注意进账方式、进账银行、进账金额、进账日期等关键因素的准确记录，以保障进账信息与到账资金能准确钩对。

（2）为便于进账资金的平账，系统对坐收、卡表购电、负控购电按缴费方式分别形成解款单，分批进账。

（3）若核实发现系统内销账及生成的解款信息正确，而客户缴纳的资金不正确时，可要求客户换票并重新按正确金额缴款。

（4）冲账只针对未实际进账的进账信息，一般只允许在生成当日操作，不允许隔日处理。

二、资金平账管理功能应用

资金平账功能负责根据银行提供的对账单核对实收电费及到账资金账目，保证银行到账的电费资金与系统内登记的进账信息完全相符，即与系统内登记销账的实收电费相符。

（一）操作内容

1. 接收银行到账信息

获得银行提供的纸质或电子形式的对账单数据，录入或导入到营销技术支持系统。

2. 到账确认

系统根据单号、金额、到账日期、借贷和结算方式一致的规则，将进账信息与银行提供的对账单信息进行对账，能成功关联的，自动平账，记录到账确认日期、到账确认人等信息。对于无法确定关联关系的部分，由人工进行平账处理，系统提供按金额、进账银行、进账日期等多种辅助平账提示，便于操作人员逐笔核对。

3. 复杂平账处理

对于实收销账确认的应进账资金与实际到账资金不一致的，通过系统提示出的多笔对账单及多笔进账信息，在平账界面手工逐笔确认平账，系统提供多笔对多笔的平账功能，或提供对账单合并、拆分功能，使销账与资金最终能一一对应平账。

4. 未达账管理

系统提供"银未达供电已达""供电未达银已达"等各类未达账项的统计、查询、打印功能，便于收费、账务人员分析未达账形成原因，并能及时处理。

（1）若银行未达，联络银行，追查资金，对于确实无法追回的，进行解款撤还及取消销账处理，同时通知客户重新缴费，重新缴费的客户可进行换票处理，登记换票原因、换票时间，不需退回发票和重开发票。

（2）若供电未达，通过银行核实付款人、账号及付款人联系方式，与客户取得联系，确认付款信息并获取进账回执后，按资金的结算方式在系统内及时收费销账。

（二）注意事项

（1）为了准确掌握银行存款的实际余额，防止电子记账差错，在开展对账工作中，还应将银行提供的电子对账文件与纸质对账单核对账目，使银行存款与每笔到账资金的电子信息完全相符，保障电费账户资金的安全和完整。

（2）当发生错误平账时，可在到账确认功能中进行入账撤还，取消解款单与对账单的钩对关系，待找出准确钩对关系后再进行平账。

三、账务报表管理功能应用

账务报表功能的目的是在每笔电费实收正确登记的情况下，汇总资金及电费实收，达到总账平账目的，在总账不平时，审核、分析、查处各类不正确登记信息。在实收与资金平账的前提下，实现应收电费、实收电费及欠费账的平账。报表管理的基本要求是日清月结，以每日平账为基础，实现月末报表的正确汇总、平账、审核、上报。

（一）操作内容

（1）应收管理：统计、查询指定单位的日应收或月应收发行电费金额。

（2）实收报表管理：按单位、部门、收费类型、指定日期范围统计实收费用的笔数、金额，允许统计的收费类型包括电费、违约金、预收、业务费、调尾等。

（3）解款报表：按实收报表统计、查询对应的解款明细及汇总报表，并提供解款是否到账确认的查询功能。

（4）账目统计：按财务管理要求，对系统内销账形成的会计分录、对账单分科目汇总统计，形成科目余额表、科目平衡表、科目汇总表等账务报表。

（二）注意事项

（1）在收费业务量较小的地区，账务报表的统计、审核工作可多天归并一起处理，此时在系统中确认日期时输入指定时间范围，操作方式、内容与按指定日期完全相同。

（2）账务报表核对发现的收费明细流水与汇总不符等不平账项，查明原因并处理后，应重新进行账务报表的统计、审核及上报。

四、科目、记账管理功能应用

为实现电费账务的全面管理，系统还设置了科目管理、记账凭证管理等功能，因与抄核收人员的日常工作关联不大，在此不做详细叙述。

（一）操作内容

1. 科目管理

（1）根据财务要求，设置营销内部的科目。

（2）科目变化时，登记完原有的会计凭证，建立新科目，批量结转营销的科目余额，制定新的记账规则，维护会计分录模版。结束科目变化前，应检查借贷平衡关系，发现错误，查明原因，纠正错误。

（3）期末关账。在系统内检查是否可关账，审核通过后执行关账准备操作，新发生的业务自动记入下一个会计期间。进行损益类科目结转，统计科目平衡表、汇总表等各类报表，检查报表平衡关系，不平衡时，查明原因，纠正错误。根据需要将账龄分析等数据转存，在系统内执行关账操作。进行账务报表上报。

（4）业务模式更改关账：对科目调整等业务模式更改操作进行的关账处理。

2. 记账凭证管理

系统对每笔电费销账自动按会计事务分类编制每笔缴用流水的会计分录，记账凭证管理功能就是对会计分录进行凭证制作、审核、记账。系统内凭证内容包括摘要、科目代码、科目名称、借方金额、贷方金额、合计金额、制证人等信息。

（二）注意事项

（1）账务人员应对各类应、实收凭证及账务报表等相关资料进行妥善保存，定期装订、归档备查。

（2）应收账款下级科目按电费结算月份分别记账。

（3）做电费回收凭证时贷方的应收账款科目拆分到电费、三峡基金、市政附加费等科目。

（4）由于本地代收其他单位、其他单位代收本地电费情况的记账处理较复杂，系统一般未实现该类业务的记账功能。

五、票据管理功能应用

票据管理功能是在系统内对电费普通发票、增值税发票、托收凭证、收款收据等各类票据进行入库登记、分发、领用、缴销、作废、退库等票据使用全过程的管理。

（一）操作内容

1. 票据版本管理

进入票据版本管理界面，在系统内对允许使用的票据的种类、每种票据现用的各批次的版本编号、对应票据编号等信息进行登记、变更及查询操作。

2. 票据入库、分发

（1）票据检验入库：在系统内按票据类别、票据号码范围进行整批入库操作，记录入库结果（入库人员、入库时间、入库机构、张数、票据类别、票据号码），该批票据记录为入库状态。

（2）根据基层票据领用申请计划，票据管理专责在系统内选中发票批次、接收部门或接收人，分发票据，该批票据记录为已分发状态。

3. 票据的领用、发放、退还

（1）票据使用部门领用票据：按票据类别、票据号码范围整批调拨接收票据，记录领用结果（领用人员、领用时间、入库机构、票据使用部门、张数、票据类别、票据号码）。

（2）票据使用部门返还未用票据：申请、返还未用票据，记录返还结果（返还人员、入库人员、返还时间、入库机构、票据使用部门、张数、票据类别、票据号码）。

（3）开票人领用票据：按票据类别、票据号码范围整批领用，记录领用结果（领用人、领用时间、票据使用部门、张数、票据类别、票据号码）。

（4）开票人上交票据：按票据类别、票据号码范围登记上交票据，记录上交结果（上交人员、交接人员、返还时间、票据使用部门、张数、票据类别、票据号码，开票状态）。

（5）返还未用票据：收费人在系统内登记返还未用票据，供其他开票人领用。

4. 票据的打印登记、作废

收费员在通过各种方式开展收费时逐笔登记使用的票据编号，对于错开票据进行作废登记，对于批量错误登记发票编号的进行票据登记维护，保证实际开具票据与系统内登记完全相符。并将已用发票、作废发票按要求装订整理保管。

（二）注意事项

（1）票据委托银行、超市等第三方代收机构开具的，应执行与票据使用部门同样的领用、开具、核销的管理程序。

（2）系统内电费及业务费发票只允许打印一次，当因操作错等原因需重复打印发票时，应说明原因，通过票据管理人员审批，方能作废、补打，并对发票作废情况予以考核。

（3）票据入库、分发功能由供电企业票据管理专责负责，基层操作员无权使用该功能。

（4）为保障系统内登记票据数据的完整性，发票版本编号不允许删除，并可随时查询。

六、缴费方式管理功能应用

（一）操作内容

1. 客户缴费协议管理

根据用电客户签订的缴费协议，在系统内登记建立、变更、终止客户的缴费方式。根据用电客户的电费结算协议，对分次划拨的客户登记划拨方式、划拨时间、违约处理等资料。

在系统内办理用电客户协议签订、变更、解除时，还应注意按以下流程办理：

（1）客户阅读并填写协议书（对公客户在协议上加盖账务专章）。

（2）柜面人员审核客户有无欠费，证件、签章是否有效，填写账户是否与提供的银行卡、存折或对公账户证明是否相符。对于欠费客户要求先结清电费再办理，证章、账户检查不合格的，请客户补齐相关材料。

（3）柜面人员机内登记相应的签订、变更、解除信息。

（4）系统打印登记信息。

（5）客户确认签字。

（6）机内确认，协议生效，存根联存档备查。

2. 批量协议资料更新

由于客户签约只能与银行或供电企业双方签约，实际业务处理却涉及三方，因此就出现了供电企业与银行资料的同步问题。供电企业与合作银行间可根据实际需要（如银行账户升级）以文本形式批量核对、同步协议资料，或将银行协议批量导入到供电企业；或将供电企业协议批量导出指定银行，业务流程根据具体需求确定。

3. 关联客户缴费协议登记

根据用电客户的委托缴费协议，在系统内建立、变更、终止委托缴费对象的关联，允许多个客户委托一个客户缴费。建立关联后，该客户新发行的电费，可由委托缴费对象缴费。

（二）注意事项

（1）代扣协议属于合同范畴，具有合同的法律效力。客户到供电企业办理代扣协议时，操作人员应加强业务办理的规范意识，严格按客户填写、机打确认的流程操作，清楚注明操作性质，做到手续严谨，合理合法，如遇客户疑问争议，以客户是否签字确认为准追究责任。不得随意使用手工登记本记录，或不履行签字确认手续变更协议资料。

（2）客户到供电企业办理代扣协议变更时，应验明系统内当前协议信息与客户确认变更的原协议信息是否相符，如有疑问，应查明原因，防止出现错误修改情况。对于银行错签订的代扣协议，应尽可能通过账户查出错签关联客户，及时更正协议。

七、案例

【例 5–5–1】营业所电费管理人员实收销账及银行账核对操作。

（1）坐收电费：某供电公司台收人员，在 2019 年 9 月 23 日电费实收报表，如图 5–5–1 所示。

收费部门	收费人员	结算方式	电费金额	违约金	代收金额	预收金额	总金额	收费人员编号
营业一班	朱婷	现金	16347.44	49	248	0	16644.44	2803136716
营业一班	朱婷	合计	16347.44	49	248	0	16644.44	2803136716
营业一班	陆佳	现金	68677.36	63	965.2	35350	105055.56	2803175816
营业一班	陆佳	合计	68677.36	63	965.2	35350	105055.56	2803175816
营业一班	劳动路缴费终端2	现金	3680	0	0	100	3780	3003286438
营业一班	劳动路缴费终端2	合计	3680	0	0	100	3780	3003286438
		总计	88704.8	112	1213.2	35450	125480	

图 5–5–1　营销技术支持系统实收报表统计界面

（2）解款：经审核，报表金额与实收资金相符，确认解款。营销技术支持系统解款界面图如图 5–5–2 所示。

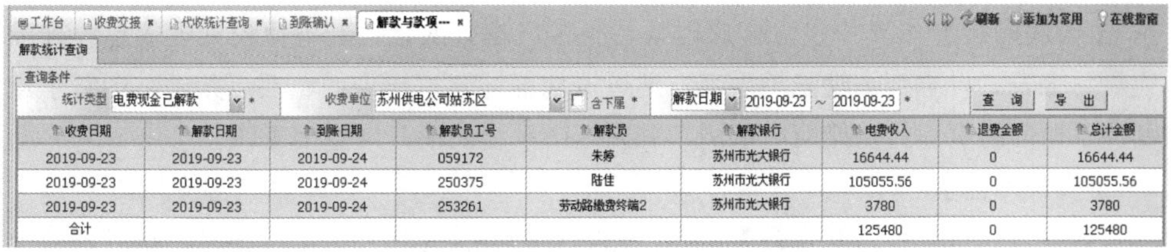

收费日期	解款日期	到账日期	解款员工号	解款员	解款银行	电费收入	退费金额	总计金额
2019-09-23	2019-09-23	2019-09-24	059172	朱婷	苏州市光大银行	16644.44	0	16644.44
2019-09-23	2019-09-23	2019-09-24	250375	陆佳	苏州市光大银行	105055.56	0	105055.56
2019-09-23	2019-09-23	2019-09-24	253261	劳动路缴费终端2	苏州市光大银行	3780	0	3780
合计						125480	0	125480

图 5–5–2　营销技术支持系统解款界面图

（3）银行解款：收费员在系统内打印解款单及所收取的现金到指定银行网点解款。

（4）对账单录入：电费管理中心收到银行资金到账回单，将对账单录入到系统中。资金到账对账单录入界面图如图 5–5–3 所示。

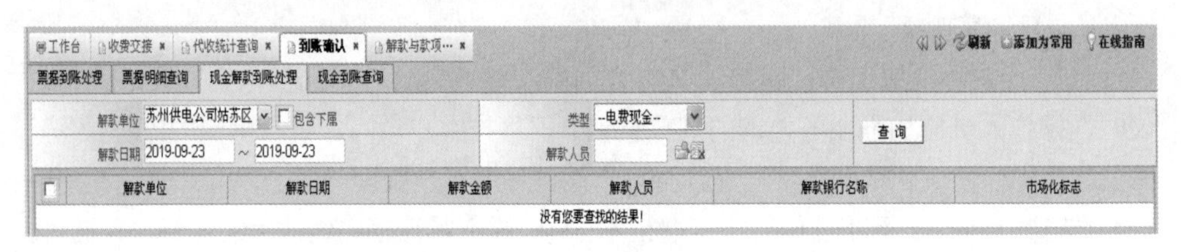

图 5–5–3　资金到账对账单录入界面图

（5）到账确认：进入到账确认界面，选中解款单，系统显示出与其匹配的对账单信息，选中正确的对账单，点击确认，即对账成功。营销技术支持系统到账确认界面图如图 5–5–4 所示。

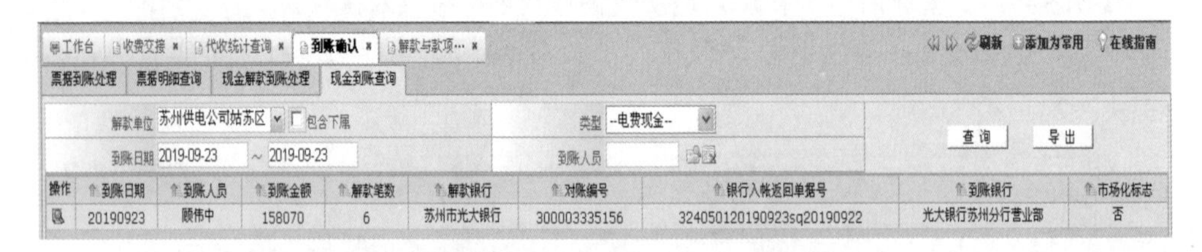

图 5–5–4　营销技术支持系统到账确认界面图

【思考与练习】

1. 请简述进账管理的主要功能。
2. 请叙述系统内收费平账的业务流程。
3. 请叙述为客户办理代扣电费协议的处理流程及注意事项。

◢ 模块 6　查询功能应用（Z25D2006 Ⅰ）

【模块描述】本模块包含客户档案、与客户相关的营销业务流程处理信息、标准参数、报表、日志查询功能等内容。通过概念描述、术语说明、要点归纳、图解示意以及票据信息查询的功能应用示例，掌握运用系统功能开展查询工作。

【模块内容】

查询功能将营销系统中各类信息，如客户档案信息、业务流程信息、报表及监控管理数据、标准参数及其他系统支撑信息进行有机结合，根据输入的条件和需求，通过筛选，快速查出相关数据，进行合理的界面结构显示。

以下重点介绍查询信息分类和查询方法，并对注意事项进行阐述。

一、查询信息分类

按照信息来源、作用的不同，营销技术支持系统内的需查询的信息可分为以下几类：

（一）客户档案

客户从申请成为供电企业客户开始，在系统内登记的所有与客户用电相关的信息，包括基本信息、关口及配电变压器信息、用电基本信息、计量信息、抄表及计费参数信息、供用电合同信息、用电设备信息等。

（二）业务流程信息

客户办理新装、增容、变更用电等业务时记录的处理流程信息，主要包括申请类别、时间、受理人员、处理项目、处理结果、处理期间客户信息的变更、处理原因等信息。业务流程信息真实地记录了客户从申报用电到终止用电期间，除抄表计费以外所有与供电企业相关的业务活动。

（三）报表及监控管理数据

从基础业务汇总后产生的业扩、电费、计量、用电检查、稽查、客户服务等各类关键报表及工作质量监管数据，被统计并静态地保存于系统中，永久记录了各考核期的经营情况，随时备查，并用于考核指标的跨年份月份的各类横、纵向对比分析。

（四）标准参数

标准参数包括工作流及系统参数等。

（1）工作流：记录各类业务流程的流程代码、流程名称、标准流程图、版本号等信息，系统将根据此标准流程信息，产生每笔相应业务的工作流程，引导业务人员在系统内开展相应业务处理工作。

（2）系统参数：包括参数信息、参数值信息、参数分类信息、参数发布信息、参数发布审核信息等，记录了电价表等各类参数在系统内建立、生效的过程及可以使用的各类参数值信息，用于系统内各项业务处理。

（五）其他系统支撑信息

其他系统支撑信息包括权限、消息管理、电气图绘制管理、系统日志、自定义查询、自定义报表、任务调度、应用服务监控、客户服务平台、电能信息采集平台等用于系统管理的参数定义。与抄核收工作相关的有：

（1）系统日志：包括系统操作日志、系统操作人员登录日志、系统异常日志、接口访问日志、特殊维护日志等，记录了系统关键数据变更及系统状态监测的各动变化数据，便于开展数据及系统异常的分析。

（2）报表：包括报表模板定义、报表统计方案等信息，用于约定需要在系统内实现的各类报表，便于操作人员开展报表统计、查询工作。

二、信息查询方法

（一）关键数据

采用信息系统开展数据查询的最大优势是通过计算机的高速运算能力，在成千上万的数据记录中筛选，快速查出所需数据，因此筛选数据的查询条件非常重要，是产生查询结果的关键数据。在系统中，查询界面一般设计了条件范围输入区域，确定一个或多个对象标识属性后，查询并显示信息。营销技术支持系统的关键数据包括用电客户编号、业务传单编号、供用电合同编号、业务受理编号、抄表段编号等。

（二）查询方式

查询方法一般可分为精确查询、组合条件查询、自定义查询和静态数据查询。

1. 精确查询

精确查询依据唯一的关键数据条件，找出唯一符合条件的结果，按使用者习惯展示于界面或以表卡单据等形式输出到打印机等输出设备。

2. 组合条件查询

组合条件查询依据多个关键数据及其符合范围的条件，找出一批数据，按使用者习惯输出于界面、格式文件及其他输出设备。采用这种方式查询信息，应注意组合条件的逻辑严密性，不能出现相互矛盾及嵌套的组合条件，同时，还应限制预期的查询数据量，访问数据量太大影响系统性能。

3. 自定义查询

自定义查询针对系统尚未实现的查询需求，制定查询主题和算法定义，提供给使用者自由运用。自定义查询能获取的信息必须来源于系统已存贮的数据，主题制定由业务人员申请，专业的开发维护人员实现。

4. 静态数据查询

直接调阅系统已生成的各类静态数据，满足业务需求。

（三）显示风格

显示风格指当查询功能输出到屏幕上的显示方式。常用的显示风格包括以下几种：

1. 独立对话框

一个独立的对话框，预先定义了关键查询条件的输入区域和查询结果的显示区域，输入关键数据，直接显示查询结果。

独立对话框可以直接是选中菜单的操作界面，也可以是某组合条件查询界面的子窗口，用于展现组合查询结果的明细数据。

2. 组合界面

组合界面一般在一个界面窗口里有多个分区，有查询条件输入分区、汇总信息显示分区、明细结果列表显示分区等，便于使用者清晰的阅读、使用信息。为实现复杂的条件组合，条件输入分区中分使用标签、列表框等多种定义组件，而数据显示区域可以采取左右、上下、层级等多种组合方式，以达到清晰、易读、完整的使用效果。

3. 树型结构

一些查询需求查询的内容存在明确的父子逻辑关系，即一对多的多层结构关系，例如一个用电客户存在多个计量点，而一个计量点下又对应存在多套表计；又如一个供电企业对应多个下级供电企业，一个下级供电企业对应有多个部门，一个部门对应存在多个业务人员。系统通过树型结构展现该类层级关系，选中树形结构的每个分支，能对应查询出该层次的明细或汇总数据。

（四）查询权限限制

在信息系统设计中，为保障数据安全、高效及流量合理等，对查询功能使用权限进行了限制，主要限制手段如下：

（1）功能选择限制：对部分有保密要求的数据查询功能进行访问限制，具有该权限，才能进入到相操作界面进行查询。

（2）身份限制：依据操作人员工作职责赋予的权限，提供相应范围内的信息。

（3）管理部门限制：限制访问数据范围，只允许对操作员所属部门的相关信息，上级单位允许查询下级数据，下级各单位间不能相互查询重要数据，部门允许查询所在单位的下级单位数据。

（4）数量限制：当按操作者的查询条件检索出的数据量很大，获取数据将影响系统性能时，系统提示超出许可范围报错，限制查询。

三、查询功能操作方法

进入查询工具界面，选中查询主题，系统自动检索并展现出相关数据。

四、案例

【例 5–6–1】票据信息查询示例。以下为某供电公司营销技术支持系统票据使用情况查询操作界面为例。票据信息查询界面图如图 5–6–1 所示。

登录系统，选择营销账务管理中票据使用情况界面，选择或输入“操作部门”“票据类型”“票据版本”“操作人员”等信息，单击【查询】按钮可查询票据操作日志信息。

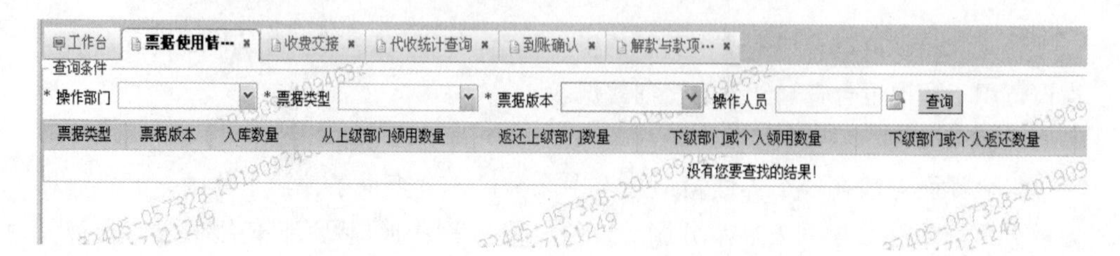

图 5-6-1 票据信息查询界面

【思考与练习】

1. 试述对于抄核收工作人员，在营销技术支持系统中应了解哪些信息？
2. 试述树形结构查询风格的作用。
3. 简述系统是如何对查询权限进行限制的。

模块 7 系统数据、业务监控与稽查管理（Z25D2007Ⅱ）

【模块描述】本模块包含客户档案管理、业务监控查询及工作质量考核等内容。通过概念描述、术语说明、要点归纳，掌握运用系统功能进行日常数据、业务监控管理及工作质量分析考核。

【模块内容】

系统数据、业务监控与稽查管理是营销技术支持系统管理层应用的重要组成部分，该类功能有效地保障系统内数据的准确性、业务工作质量考评的科学性。本模块针对与抄核收工作密切相关的功能应用，介绍系统开展数据、业务监控与稽查的方法、手段。

以下重点介绍客户档案管理、业务监控、工作质量考核的系统功能使用。

一、客户档案管理

客户档案管理是对营销所有业务处理流程中产生的客户、关口的电子信息和纸质资料进行分类、归档的管理。通过建立统一的客户视图，为营销各业务处理流程提供支撑，为客户提供差异化服务和内部专业管理的需要。

客户档案资料管理是对客户、关口档案电子信息产生、变更、注销的全生命周期及分类、构成的管理，也是对纸质资料的档案化管理。

客户档案管理主要包括档案维护、档案信息管理、档案资料管理功能。

1. 档案维护

档案维护适用于由于信息缺失、错误、客户设备变更等原因引起的，需要对档案信息进行补充、维护的处理。

当业务人员发现客户、关口实际情况与信息档案不符，按照内部管理规定，启动档案维护业务流程进行补充或变更。档案维护流程包括业务受理、资料核实、审批、归档等环节。

2. 档案信息管理

档案信息管理对营销各业务流程中产生、变更、注销的客户及关口档案信息进行记录、整理、组织、分类，通过对档案信息的全方面、全生命周期的管理，为营销各类业务提供统一的客户视图展现。

该功能对需管理的档案信息进行分类，分为客户档案、关口档案、业务流程档案等，对每种分类的内部逻辑维度进行划分、合理组合，按照不同的视角为各专业提供准确、方便、快捷的信息查询界面，并按照专业的视角，依据不同的关注重点，在统一的档案视图基础上，形成个性化的档案视图。

3. 档案资料管理

对营销业务处理过程中产生的各种纸质资料保管的电子化管理。档案资料管理一般包括档案资料分类管理和登记存档管理功能。

（1）档案资料分类管理。按照产生源头、保存时限性、保密性、介质等属性进行资料分类。维护档案资料的分类，进行档案资料分类的创建、变更等相关工作。

（2）登记存档管理。实现档案资料编号与客户编号、计量点、采集点等的关联，记录档案的物理存放位置、档案资料编号、清单、变更日志等。部分重要的纸质档案资料，通过扫描等方式形成电子档案信息。

二、业务监控查询

系统通过稽查主题管理的方式，实现对关键业务数据的监控查询，即根据业务监控的管理要求制定营销稽查主题，经过审查确定并提交生效。功能包括稽查主题制定、稽查主题审查和稽查主题确定。

1. 稽查主题制定

按照 19 个营销业务分类及相应监控管理要求制定稽查主题，根据每个主题的重要性和紧急程度确定优先等级，结合应用范围编制主题编码，确认发送到主题审查流程。

2. 稽查主题审查

针对制定的稽查主题组织相关人员进行审查，确保所稽查的主题合理、实用、定义准确、编码科学。审查完毕后，签署审查意见，对不通过的主题提出修改意见，退回到稽查主题制定人员进行修改完善。

3. 稽查主题确定

对确定的稽查主题进行整理、归类、保存。

4. 常见稽查主题

（1）抄表业务监控主题：未按例日抄表客户；抄表异常处理超期客户；新装未按期分配抄表段客户；抄表段调整后抄表不连续客户；抄表示数不连续客户；连续多个月估抄客户等。

（2）核算业务监控主题：电费异常波动客户；异常审核处理超期客户；容量和电量不匹配的异常客户（变压器容量大用电量小或变压器容量小用电量大的异常客户）；零度客户；多次退补客户；电费发行超期客户等。

（3）收费业务监控主题：已签订缴费协议的分次划拨客户；退费客户；欠费停电执行情况（包括应执行、已执行客户）；欠费复电执行情况（包括应复电及已复电客户）；发票使用情况；收费日终未按时解款收费员等。

（4）与抄核收工作相关的其他系统稽查主题：违约用电与窃电查处客户；定比定量核定情况；客服投诉处理结果检查；月度线损异常波动情况；高耗能企业等。

三、工作质量考核

系统通过稽查任务管理的方式，实现对工作质量的考核及改进。实现方式为针对已经确定的稽查主题制定定期或不定期的稽查任务，根据各业务类的工作质量考核标准查出异常，提出整改要求，跟踪整改，实现任务制定、任务派工、稽查处理、结果审核和归档等整个稽查工作流的闭环管理。

1. 任务制定

根据确定的稽查主题及其优先等级制定稽查任务计划，合理安排，打印稽查任务清单。

2. 任务派工

确认各稽查任务的责任人或责任部门，将稽查任务清单派发给稽查工作人员，必要时可派发给相关的责任部门。

3. 稽查处理

根据稽查工作单进行调查核实，对问题的原因和相关的责任进行分析，制定整改措施，提出考核意见，跟踪整改情况，记录整改结果。

4. 结果审核

对返回的稽查处理结果进行审核，检查处理的合理性，并签署审核意见。对处理结果不符合要求的重新处理。

5. 归档

对稽查任务清单、整改措施、处理结果、考核意见等资料归类、保存。

【思考与练习】

1. 请简述稽查与工作质量管理的主要功能。

2. 请结合工作实际，谈谈如何使用计算机系统，开展客户申请报装与业务变更的纸质档案的电子化管理。

3. 工作质量考核有哪些内容？

模块 8　代收电费对账处理（Z25D2008Ⅱ）

【模块描述】本模块包含代收电费系统对账的原则、工作内容、操作流程、方法及问题处理等内容。通过概念描述、结构分析、要点归纳，掌握系统的代收电费对账业务处理。

【模块内容】

代收指金融机构和非金融机构代为收取电费的一种收费方式。目前有两种模式：一种是代收机构通过与本管理单位的收费系统进行联网收费，实时进行电费销账；另一种是代收机构与本管理单位的收费系统不联网，通过邮件、移动介质等形式传递缴费数据。

采取非联网方式，缴费信息不能实时记录到营销技术支持系统，容易引起缴费后上账不及时造成的催费停电客户投诉，同时电费资金到账周期延长，资金风险较大。随着现代通信技术和中间业务技术的飞速发展，以中间业务平台为基础的实时代收电费系统已广泛应用，因此，本章节主要讲述实时代收模式的对账业务处理。

通常，代收机构收取的电费资金依据代收合作协议约定按日归集并划转到供电企业电费资金账户。为保障代收机构为供电公司收取的每一笔电费明细正确、及时地记录到供电企业的系统中，且明细收费记录的汇总资金与代收机构划转的电费资金相符，供电企业应该每日与代收机构开展代收电费对账。

以下重点介绍代收电费对账原则、代收电费对账依据、代收电费对账的工作内容以及代收电费对账操作流程，并对电费对账业务处理的常见问题及处理方法进行说明。

一、代收电费对账原则

根据代收电费双方的合作协议，代收电费对账的原则为：应收以供电企业数据为准、实收以代收机构划转资金为准。

其中应收指通过代收业务平台查出的客户应缴电费数据。实收指代收机构实际收取并划转给供电企业的电费资金。

若代收机构划转的电费资金与代收系统销账金额不符时，以资金为准核实每笔收费明细，供电企业要求代收机构更正明细对账依据，保障销账与到账资金完全相符。若在核对代收机构划转资金与对账明细时，发现明细正确，确实为代收机构多进少进资金时，由代收机构查明原因，更正进账资金。

二、代收电费对账依据

为保障代收电费资金与供电企业系统销账明细相符，供电企业与代收机构双方必须完整保存每笔代收电费的明细账及汇总账，通过各自的明细账与汇总账平账、双方明细账平账、双方汇总账平账等工作，实现双方代收电费账目的完全相符。以下分别介绍能反映出双方明细账及汇总账的对账依据。

（一）供电企业实时代收电费销账明细流水账

在实时代收收费过程中，供电企业业务系统中记录的每笔费用流水，包含对应收取费用的客户编号、交易流水号、收取金额、收取时间等信息。

（二）供电企业统计的按代收机构、按日电费实收报表

供电企业系统依据实时代收交易流水明细，统计生成的按日按代收机构的实收日报，日报中含收取的电费、预收、违约金笔数、金额等信息。

（三）代收机构确认销账的电子对账文本

代收机构在一日收费工作结束后，汇总当日确认收取的所有电费明细，包括缴费的客户编号、电费流水号、收取金额、收取时间、双方共同认可的交易流水号等信息，并将这些明细信息形成交易明细文本，通过双方约定方式传给供电企业。

对账文本一般为文本格式，便于不同应用系统识别。

（四）电费账户实际收到的电费资金

代收机构在完成当日的收费平账后，将收取的电费资金归集进账到供电企业指定的电费账户中，供电企业以网银资金明细或收到的资金到账凭据，确认资金到账。

三、代收电费对账的工作内容

开展代收电费对账的目的是保障代收明细账与实际收到的代收电费资金相符且每笔明细对应正确，根据该目的，代收电费对账的工作内容可分为缴费交易对账、发票交易对账两类。

（一）缴费交易对账

将代收机构收取的每笔电费明细与供电企业通过中间业务平台获得的代收电费明细一一对账，保障供电企业系统内电费缴费明细记录与代收机构的明细交易记录对应正确。

（二）发票交易对账

将代收机构收取电费时为客户打印的电费发票或未收费补打的已结清电费发票记录与供电企业实际记录的票据打印明细信息进行对账，保障实际打印并开具给客户的电费发票与供电企业系统内记录的发票完全相符。

由于电费发票为确认缴费和记账的重要票据，不允许重复打印，因此发票交易对账是保障发票记录正确性的重要工作。

通常情况下，代收机构可以对这两部分信息汇总生成一个文档，通过双方约定的对账标志位加以区分，统一对账。

四、代收电费对账操作流程

通常，代收电费对账流程包括获取对账文本、系统对账、单边账处理、资金对账及系统平账。

（一）获取对账文本

通过双方约定的通信方式和文件传送时间，代收机构按时将电子对账文件送达，供电企业按时获取文件，确认该文本汇总金额与相应划转的电费资金完全正确后，确认可以开展对账。

（二）系统对账

供电企业操作人员在代收对账功能菜单里，选择代收机构、对账日期后，系统导入电子对账文本，自动与已记录的实时代收明细账进行对照，统计出银行确认的代收总金额、供电企业系统内已登记实收的总金额，显示于屏幕。若金额相符，提示明细账相符，对账成功；若金额有差异，即账务不相符，在界面里显示不相符的明细记录，提示进行单边账处理。

（三）单边账处理

对界面中出现的每笔不符账项（单边账）进行处理，将供电企业确认为已收但在代收电子文本中未收的电费重新确认为未收；将供电企业未收但在代收电子文本中确认为已收的电费销账为实收，使供电企业营销技术支持系统实收销账与代收机构电子对账文本中的数据相符。

（四）资金对账及系统平账

明细对账完成后，系统自动生成当日该代收机构代收电费的实收日报，查收银行当账资金，进行到账资金与汇总账的平账。

一般情况下，代收机构提供的对账明细电子文本与其归集的电费资金一致，通过明细账对账就能保障供电企业实收电费销账金额与银行到账资金完全相符了。

若出现代收机构到账的资金与电子对账文本不相符现象，表明代收机构内部未平账，则不能随意进行单边账处理，应首先要求代收机构核实确认电子对账文本及资金的准确性。若文本正确，则要求代收机构调平资金后，再按文本进行明细账对账；若资金正确，则要求代收机构核准电子对账文本后，再对账。

五、注意事项

（一）电子对账文本与资金无法相符时的处理

当出现由于代收机构原因引起电子对账文本与实际到账资金不相符问题时，若代收机构无法在现有技术水平下更正对账文本的，系统自动对账不能完成全部对账工作。

这时，供电企业应及时与代收机构取得联系，手工查出不符账项，由代收机构提供对账文本与到账资金差异的书面说明，详细确认差异原因、处理意见，并加盖代收机构业务、账务章作为处理依据，供电企业按此书面说明手工收、退电费，实现资金的平账。

（二）出现大批量单边账的处理

若某日代收对账时出现大量单边账，则可能系统出现了特殊问题，通常有以下几种可能性：

（1）代收机构对账文本不正确：代收机构上传的电子对账文本不完整，导致大量正常收费信息未反映在电子对账文本中，出现电力已记账、代收机构未记账的单边账。这时，应要求代收机构核实对账文本重新上传及接收。

（2）通信故障：上一工作日代收机构与供电企业间的通信不畅，导致大量实收代收数据未正常记录。这时，应及时联络技术人员检查代收业务通信链路是否正常，排查隐患，同时，与代收机构核对资金，在确保代收机构实收资金与电子对账文本相符时，逐户处理单边账。

（3）时钟差异：因双方系统平台时钟差异，导致双方在24:00左右的交易记入日期不一致，出现单边账。遇到这种情况，应及时联系相关技术人员安排双方以北京时间为准进行系统平台时钟校验，同时，按代收机构确认的对账文本进行单边账处理。

（三）单边账处理的时限

在代收电费期间，供电企业实时记录代收的信息，但当系统通信故障等引起代收信息无法正确反馈到供电企业时，只有在日终对账且单边账处理后，正确的实收信息才能反映到供电企业的系统中，在出现单边账到单边账成功处理之间存在一个时间周期，即可能出现客户已缴费但供电企业的系统中未记账或客户未缴费但供电企业的系统中已记账的情况，出现前一种情况时，当客户在此期间查询欠费，将使客户查出的信息不准确，引起客户不满，导致投诉；当出现后一种情况时，又使催费人员错误地判断欠费情况，延误了催费工作，对供电企业不利。因此，供电企业代收电费对账人员应清楚地认识对账工作的重要性，尽可能及时处理不平账项。

六、案例

【例5–8–1】代收电费对账示例。

以下是工商银行于2013年9月10日为某供电企业代收电费对账文本部分数据，明细内容依次表示代收机构代码、对账明细类型等。其中，对账明细类型若为“0”表示明细交易流水数据，若为“1”表示汇总数据，如表5–8–1所示。

表 5-8-1　代收电费对账文本格式　（元）

代收机构代码	对账明细类型	交易流水编号	交易金额	电费流水号	电费金额	违约金金额	记账日期
010	0	20130910000051112	166.58	21760054429506	158.65	7.93	2013年9月10日
010	0	20130910000052161	25.01	21760054856213	24.07	1.00	2013年9月10日
010	0	20130910000045608	296.24	21760055335649	296.24	0.00	2013年9月10日
010	0	20130910000099032	281.92	21760055236027	281.92	0.00	2013年9月10日
010	1		769.75				2013年9月10日

【思考与练习】

1. 简述代收电费对账的处理原则。

2. 请根据课程中代收电费系统对账的依据、工作内容及处理流程，简述代收电费对账的原理。

3. 简述代收电费对账的业务处理流程。

4. 谈谈代收电费对账业务处理的常见问题及处理方法。

模块 9　新装、增容与变更用电功能（Z25D2009Ⅱ）

【模块描述】本模块包含新装、增容与变更用电功能等内容。通过概念描述、结构分析、要点归纳，了解新装、增容与变更用电的相关功能。

【模块内容】

新装、增容与变更用电的系统功能实现对《供电营业规则》定义的十四类业务扩充流程的全过程的计算机管理，主要流程环节包括受理、勘查、确定方案、审批、方案答复、费用管理、工程管理、签订供用电合同、验收送电、计费信息审核、客户回访和归档等。处理要点是在系统内正确地确定客户的计量、计费等运行参数，同时正确记录处理时间、处理人、处理意见等信息，并实现业务流程的电子化运作。

以下重点介绍新装、增容与变更用电功能及与抄核收工作的关联性。

一、主要功能

（一）业务受理

接受客户的业务扩充请求，核对客户材料并记录客户请求信息，审核客户以往用电历史、信用情况，并形成客户请求用电的相关附加信息，生成对应业务工作单，提供客户查询单。

（二）勘查派工

将需进行现场勘查的各类客户业扩申请按班组或人员统一调配分派，生成现场任务分配单，并将生成的业务工作单转至相应工作人员。

（三）现场勘查

按照受理信息生成勘查单，指导勘查人员进行现场勘查，并实现勘查内容记录功能。其中：

（1）新装与增减容勘查记录包括供电方案的制定（供电电源位置、供电容量，有无外部、内部工程等）、计量方式的初步确定、电价的初步确定、费用及支付方式确定等相关内容。

（2）故障换表勘查记录包括电能表故障的原因和责任、需要客户赔偿的处理意见、通知客户交款信息、需更换电能表的新表的有关参数等内容。

（3）改类勘查记录包括核查确认的客户更改的用电类别、改类时的电表抄码等信息。

（4）暂停/恢复勘查主要核查客户的用电情况，确定是否可以暂停或恢复用电；进行暂停或恢复用电操作，记录暂停或恢复用电的时间、容量。

（5）移表勘查主要确认并记录电能表的位置及所需其他信息等。

（6）减容/恢复勘查主要核查客户的用电情况，用电类别是否发生变化，计量方式是否需要改变，记录减容或复容时间等。

（7）分户、并户、过户、销户主要核查客户的用电情况，确定是否需要调整计量方式，记录电表抄码等。

（8）需要安装或调整客户侧自动采集及负荷管理装置的业务，初步制定装置和终端的安装、拆除、调换、参数调整方案。

（四）审批

对供电方案进行审核，可查询供电方案，并记录签署意见。

（五）确定供电方案

根据审批情况最终确定供电方案，可对电源方案、计量方案、计费方案、费用情况等进行修改并记录变更情况。

（六）答复供电方案

回复客户供电方案情况和通知客户及时交费，提供客户答复单。

（七）费用管理

1. 营业收费

（1）对规定的收费项目和收费标准进行账务管理。

（2）根据各类业务的收费项目和收费标准产生应收费用。

（3）根据收费情况，打印发票/收费凭证，建立实收信息，更新欠费信息。对于减免缓收费用，记录操作人员、审批人员、时间以及减免缓收相关信息。

（4）根据业务要求，确定应退金额，并出具凭证。

2. 电费清算

根据各类业务的实际情况，结算电量电费，并对电费应收账款以及电费账户进行相应调整、确认。

（八）工程项目管理

1. 客户内部工程管理

进行工程登记，记录工程负责单位、资质、负责人，以及工程的开工、竣工等进度状态。

2. 供电工程管理

进行工程登记，记录工程负责单位、负责人，以及工程的立项、设计、图纸审查、工程预算、工程施工、中间检查、竣工验收、工程决算等进度状态和信息。

（九）签订供用电合同

记录合同签订和变更的相关信息，包括合同编号、签约人、签约时间、到期时间等。同时，根据客户信息和合同模板自动生成合同文本信息。

（十）送电

提供送电工作单，记录送电人员、送电时间、变压器启用时间及相关情况。

（十一）计费信息审核

核对电价信息、计量信息、收费方式等，确定抄表段和抄表顺序，建立电费账户。

（十二）客户回访

告知客户缴费相关注意事项，调查客户满意情况。显示客户联系信息、计费方案、收费方式、工程信息、流程信息和调查表，记录客户回访信息。

（十三）归档

审查业务处理流程，将客户资料归档，记录文档资料的档案号和物理存放位置，结束流程，自动形成或变更客户档案。对不能归档，做出催办、重办、挂办等相应处理。

以上仅根据业扩流程的处理框架，描述了系统的主要功能。在实际应用中，各地区对不同新装、增容及变更用电类别均有不同的标准流程定义，业扩流程将依据标准流程电子化传递，同时对于一些较复杂、处理环节差异大的业扩类别进行了更细致的划分，使系统能适用于各种情况。

二、与抄核收工作的关联

对客户计量计费的依据取决于客户的用电性质及业扩流程中确定并最终实施的供

电方案，只有在业扩流程中正确录入了这些数据，才能保障正确的计量计费，因此，新装、增容与变更用电功能的全面应用对抄核收工作至关重要。以下从影响计量计费的主要参数、涉及的业务流程等方面，介绍计费参数的形成过程，便于抄核收人员理解系统实现方式，在处理特殊问题时分析查找问题源头。

（一）业扩流程中影响计费的主要参数

1. 客户用电性质

客户用电性质包括用电类别、行业类别、报装总容量、电源数目、高耗能行业分类、变更类别（新装、变更、拆除）等，这些参数直接影响到客户即将执行的电价、执行生效时间、按行业分类应收电量的统计分析等。

2. 电源信息

电源信息包括电源性质（主供、备供、保安）、电源类型（公用变压器、专用变压器、专用线）、电源运行方式（冷备、热备、同时运行）、变电站、线路、公用变压器、供电电压、供电容量等，这些参数影响了计量方案的制定，从而影响计费表计的级数及表计间关系等计费参数，同时是计算线损、开展线损考核的重要依据。

3. 变压器信息

变压器信息包括变压器变更说明（新装、停用、启用、拆除）、线路名称、变压器组号、一次侧电压、二次侧电压、名称、铭牌容量、变损编号、变压器型号、主用备用性质、进线方式、接线组别等，这些参数决定了基本电费、变损电量的计算方式及计量装置安装方式。

4. 计量装置信息

计量装置信息包括线路编号、对应变压器组号、装表位置、是否安装负控、负控地址码等，这些信息决定了抄表方式、电能表间的级别关系及与变压器的对应关系。

5. 电能表信息

电能表信息包括变更说明（新装、变更、拆除、换取、虚拆、移表）、电能表出厂号、电能表资产编号、电表类别、相线、计量类型、厂家、型号等。这些信息决定了电能表的抄录方式、是否计费、异常问题的处理方式等。

6. 计费参数

计费参数包括计费起始时间、计量装置级数、电价码、执行顺序、力率考核标准、力率考核方式、执行峰谷标志、计费类型（抄表、定量）、定量定比值、定比扣减标志、基本电费计算方式、计量方式、需量核定值、TV 损耗、有功线损计算方式、有功线损计算值、无功线损计算方式、无功线损计算值等。这些参数从以上信息中转化确定，最终形成计费算法的详细定义。

（二）影响主要参数形成的流程环节

在各类业扩流程中，影响计量计费参数确定的业务流程主要包括业务受理、拟定及答复供电方案、安装采集终端及装表、信息归档等。

（三）其他与抄核收工作相关信息的确定

1. 抄表段的确定

新装分配抄表段，决定着日后是否便于抄表。当大批新装客户需要确认抄表段时，还需按新增工量或新户所属不同公用变压器台区增加抄表段。通常客户在业务申请时或勘查人员勘查过程中，可确定并登记客户所属线路、台区及抄表段，业务流程归档时该抄表段信息生效。

抄表员在抄表时若发现抄表段定义不合理，可按实际情况进行调整。当业务受理及勘查时均无法确认的（如大型小区新建，公变台区、线路、抄表段都未编排时），可在业扩流程中将客户抄表段定义为公用的临时抄表段，待抄表员确认并编排后，再统一调整。

2. 联系方式的确定

客户联系人、联系方式等信息便于供电企业开展电费通知服务，应在业扩流程中及时准确录入。同时，注意客户接受电费通知服务的意愿，避免在未经客户许可的情况下，强行登记客户联系方式，提供电费通知服务。

3. 电费结算方式的确定

签订合同时，应引导客户使用供电企业推荐的方式结算电费，例如，客户采用特约委托方式结算电费，需根据客户与银行签订的付款授权书，在系统中录入客户的付款银行、账号、账户名称、合同号等信息。

【思考与练习】

1. 试述新装及变更用电业务系统功能的作用。
2. 影响计费的业务流程环节有哪些？
3. 除计费参数外，业扩流程中还需确定哪些与抄核收相关的数据。

模块 10　供用电合同管理功能（Z25D2010Ⅱ）

【模块描述】本模块包含供用电合同分类、条款及管理功能等内容。通过概念描述、术语说明、要点归纳、图解示意、示例介绍，了解供用电合同管理相关功能。

【模块内容】

供用电合同是供电公司与电力客户之间签订的电力供应与用电协议，根据客户的用电类别、用电容量、电压等级的不同分为多种不同的标准格式，而营销技术支持系统实现了对各类供用电合同从合同起草到合同终止全过程的跟踪管理，提高了各级供用电合同管理的精细化水平。

以下重点介绍系统功能中供用电合用的新签、变更与中止，以及对抄核收工作的重要性。

一、供用电合同分类

供电企业合同书面形式可分为标准格式和非标准格式两类。标准格式合同适于供电方式简单、一般性用电需求的客户；非标准格式合同适用于供用电方式特殊的客户。

省电网经营企业可根据用电类别、用电容量、电压等级的不同，分类制定出适应不同类型客户需要的标准格式的供用电合同。

根据各网省的《供用电合同》管理办法，通常供用电合同分为以下六类：

（1）高压供用电合同：适用于供电电压为6～10kV及以上供电的专用变压器用电客户。

（2）低压供用电合同：适用于除居民以外的供电电压为 220/380V 的低压供电客户。

（3）临时供用电合同：适用于临时申请用电的客户，又包含高、低压临时供电的用电客户。

（4）趸购电合同：适用于趸购电力的用电客户。

（5）委托转供电合同：适用于受供电企业委托的转供电客户，转供电合同是供电方、转供电方、被转供电方三方共同就转供电有关事宜签订的合同。

（6）居民供用电合同：适用于供电电压为220/380V低压供电的居民用电客户。

二、供用电合同的主要条款

根据《电力供应与使用条例》第三十三条，供用电合同应具备以下条款：

（1）供电方式、供电质量和供电时间。

（2）用电容量和用电地址、用电性质。

（3）计量方式和电价、电费结算方式。

（4）供用电设施维护责任的划分。

（5）合同的有效期限。

（6）违约责任。

（7）双方共同认为应当约定的其他条款。

根据客户的实际情况，供用电合同还应附带《电费结算协议》、供电人营业执照复印件、用电人营业执照复印件、供电线路及产权分界示意图、电气主接线图、厂区平面图、调度管理协议、基本电费结算方式确认书、相关特殊政策文件文号等。

三、主要功能

营销技术支持系统实现对供用电合同起草、会签、修订、签订、续签直至合同终止全过程的跟踪管理，包括合同范本管理、合同新签、合同变更、合同续签、合同补签、合同终止等功能。

（一）合同范本管理

负责获取国家电网有限公司下发的供用电合同范本，按不同的客户用电类别，分别发布相应供用电合同范本，规范供用电合同的格式和条款内容，管理从引用、变更、审核、发布的范本流程。

1. 合同范本引用

（1）引用范本，记录下发时间、文号、应用时间范围等信息。

（2）登记管理范围内合同的供电方信息，记录供电方的法定名称、法定地址。

（3）对引用的范本及合同附件进行分类管理，并对范本按照合同分类、引用时间等信息制定命名规范。

2. 合同范本变更

（1）在引用供用电合同范本基础上，增改相应的合同条款及附件。

（2）对供用电合同范本进行版本管理，对每一次条款增加、删除、修改所形成的版本登记变更内容、变更时间和操作人员。

3. 合同范本审核

（1）将初步确定的范本提交营销、生产、调度、法律等相关部门审核、审批，确保条款的规范性、合法性，记录审核人、审核时间和审核意见。对审核不通过的，发回合同范本变更流程，重新进行条款与内容的修订。

（2）开展对供用电合同范本审核流程的监控管理，检查审批环节是否完整、审批时间是否符合时限要求，对审核最终决策者进行定义及管理。

4. 合同范本发布

将审核通过的供用电合同范本进行发布，供下级单位及有关人员使用，记录供用电合同范本发布文号、生效日期等信息。

发布供用电合同范本的启用通知，允许下级部门通过文档下载等方式接收合同范本。

（二）合同新签

负责在供电企业受理客户新装用电业务过程中，启动新签供用电合同，实现对新签供用电合同的起草、审核、审批、签订、归档等流程的管理。

1. 合同起草

根据客户申请的用电业务、电压等级、客户用电类别，选择相应的供用电合同范本，编制形成新的供用电合同文本，确定合同编号，编制合同正文，根据实际需求起草相关附件，确认生成完毕后，将草案提交相应部门进行审核。

2. 合同审核

根据相应权限，对提交的供用电合同进行审核并签署审核意见，对需修正的内容调阅相应合同正文直接进行修改，对审核不同意的，退回到起草流程重新修订合同并复审。

对不同容量或电压等级客户供用电合同的审核部门和审核权限按各网省相关规定进行管理，制定审核标准流程，附件自动分类提交相应部门审核（如《电费结算协议》自动提交电费管理人员审核，《电力调度协议》《并网调度协议》提交调度管理人员审核等），设定审核最终决策者。

3. 合同审批

对审核后的供用电合同进行审批，签署审批意见，对审批不同意的，退回重新修订并复审。

对不同容量或电压等级客户供用电合同的审批部门和审批权限按各网省相关规定进行管理，制定审批标准流程，设定审批最终决策者。

4. 合同签订

记录合同签订信息，包括客户接收供用电合同的日期，供用电双方的签字、签章日期、签订地点。

若在签订过程中，客户对供用电合同内容有异议，可将流程退回，重新修订合同条款。

实现对合同签订与业扩流程间的监控管理，合同签订完成后才允许业扩报装流程中进行送电登记。

5. 合同归档

负责检查系统内登记的合同电子文本信息是否与已生效的供用电合同文本、附件等资料相符，供用电合同相关资料、签章是否齐全，若有问题，按要求将流程退回并重新签订，准确无误的，在系统内确认归档，并将正式签署的供用电合同文本、附件等资料及签订人的相关资料与客户档案资料合并后按照档案的存放规定进行归档存放。

（三）合同变更

在供用电合同有效期内，供用电合同条款需变更时，在系统内变更相应条款。系统内合同变更流程包括起草、审核、审批、签订、归档等，操作与合同新签大致相同，主要区别体现在：

（1）在合同起草过程中，根据有关政策或客户用电业务变更信息，可以选择重新修订合同或者增加合同附件两种形式进行供用电合同的变更。

（2）重新修订合同时，必须重新选择相应的供用电合同范本。增加合同附件时，根据客户用电业务信息及原签订的供用电合同条款，起草供用电合同附件，并对新的供用电合同及附件进行编号管理。

（3）合同变更时，系统保留原合同记录，并体现变更的合同与原合同的关联关系。

（四）合同续签

合同即将到期时，在系统内继续签订新合同期内的供用电合同，延长供用电合同有效期，保持其有效性和合法性。

续签供用电合同时，可将原供用电合同废止，重新签订新的供用电合同；也可对原供用电合同部分条款进行修改、补充，经双方签订，使供用电合同继续有效。

续签供用电合同的流程包括起草、审核、审批、签订、归档等，操作与新签大致相同，主要区别体现在：

（1）系统实现合同即将到期客户的查询功能，以便与客户及时联系，续签合同。

（2）实现对不同类供用电合同有效期限的登记管理功能。

（3）合同续签时，系统建立续签的供用电合同与原合同的关联关系。

（4）供用电合同续签时，还应核查客户续签合同相关的附件资料是否齐备，主要包括电费结算协议、电力调度协议、并网经济协议、并网调度协议、双方事先约定的其他附件资料等。

（五）合同补签

实现对已立户未签订供用电合同客户供用电合同补签功能。补签供用电合同的流程包括起草、审核、审批、签订、归档等，其系统功能及处理流程与合同新签大致相同，主要区别体现在：

（1）提供已经正式供电立户但未签订供用电合同客户的查询功能。

（2）合同补签流程不与新装及业务变更流程关联，所编制供用电合同正文以客户的相关档案信息为基础。

（3）具备对补签供用电合同编号新建及管理功能。

（4）在补签流程中详细记录补签原因。

（5）对确未签订过纸质合同的客户，供用电双方进行合同补签，并记录客户接收供用电合同的日期，供用电双方的签字、签章日期。已签订过纸质合同的客户，仅补办电子合同，不再重新签订，但在系统中登记纸质合同签订的时间。

（六）合同终止

实现对终止供用电合同的受理、归档等流程的管理。

1. 合同终止受理

客户与供电企业解除供用电关系时，受理终止供用电合同的申请，记录供用电合同终止原因、终止日期等信息。

2. 合同终止归档

将终止的客户供用电合同会同相关业务资料按照档案的存放规定进行归档，在系统内确认客户供用电合同终止原因、终止的日期。确认终止后，销户流程方可归档。

（七）辅助查询及系统维护功能

实现按客户、合同分类、签订时间等各种条件查询供用电合同的综合查询功能。

实现对未签合同、合同到期客户的补签、续签计划的管理功能，使相关工作实现自动化派工、督办。

实现各类合同修签流程时限的管理，并能自动对超时限合同管理流程及相关人员进行考核；按部门对合同新签、变更、续签、补签等流程的处理时限的分析、测算，促进各级供用电合同管理的精细化水平。

实现对供用电合同管理标准流程、操作权限等维护功能。

四、与抄核收工作的关联

（1）与客户签订的供用电合同，是对客户抄表、计费和收取电费的执行依据，如通过查询合同信息确认特殊电费计算方法等。

（2）抄表管理人员参与电费结算协议的签订，包括确定抄表日期、抄表方式、电费收取方式等条款，客户缴费方式改变时，根据获取的变更信息，可由抄表催费人员发起更改缴费方式流程。

（3）在电费回收工作中，催费人员通过查询已签订的供用电合同，采取合适的催费方式，避免投诉事件的发生。

五、案例

【例 5–10–1】供用电合同的新增示例。

（1）进入供用电合同管理的范本维护界面，新增合同范本，登记供电人信息，如单位名称、法定地址、法人代表等，保存，即在系统内生成该供电单位的合同范本。

（2）根据新增合同范本，生成高压供用电合同及附件文本，确定文件保存路径，上传到规定合同文本管理目录。合同及附件文本上传界面图如图 5–10–1 所示。

图 5-10-1　合同及附件文本上传界面图

【思考与练习】

1. 客户供用电合同可分为哪些类型？
2. 简述供用电合同应包括哪些内容。
3. 简述供用电合同管理的主要功能和作用。

模块 11　电能计量装置运行管理功能（Z25D2011Ⅱ）

【模块描述】本模块包含电能计量装置运行管理主要功能、与抄核收工作的关联等内容。通过概念描述、术语说明、要点归纳，了解电能计量装置运行管理相关功能。

【模块内容】

电能计量装置运行管理的作用是对在运行的计量装置的全过程运行跟踪管理，保证其准确、客观地计量电能的传输和消耗。

电能计量装置的运行管理是对计量设备在组合安装使用以后到拆回期间进行的管理，只是计量设备生命周期资产管理中的一部分，因其与计量计费有紧密的关系，因此在此仅介绍运行管理功能。

以下重点介绍系统中电能计量装置运行管理主要功能，并详细阐述该管理功能对抄核收工作的重要性。

一、主要功能

根据电能计量装置的管理方法，以下按电能计量装置设备管理、电能计量装置运行管理两个方面的运行管理功能进行介绍。

（一）电能计量装置设备管理

1. 台账管理

对电能表、互感器、自动采集装置、负荷管理装置、封印、计量箱柜等在运行设备及现场安装情况进行资产信息管理，对电能表确定设备用途（客户表、关口表、考核表等），便于确定抄录方式及准确计量计费。

2. 装、拆、换管理

根据从新装、增容、业务变更等相关功能转入的工作单及轮换计划等设备装拆换需求，按班组或按人员制定装、拆、换计划，进行派工，生成设备装、拆、换现场工作单，提供给装表人员领取设备，按要求对电能表和互感器、自动采集装置、负荷管理装置、封印等各种设备进行装、拆、换，现场工作完成后，退还拆回设备，如实记录设备资产编号、位置、当前参数和设备相互关系，并确认将装、拆、换申请流程转入下一处理环节。

3. 巡检管理

按照设备检查周期、设备类型等制定巡检计划，进行派工，生成现场巡检工作单，提供给工作人员开展巡检，巡检结束后记录巡检人员、内容、结果、异常类型和情况等信息。对于巡检发现的异常类型和情况触发相应设备异常处理流程。

4. 维修管理

对拆回的故障设备按照异常类型、设备类型等制定设备维修计划，进行派工，生成维修工作任务，开展故障计量设备维修，记录维修人员、内容、结果等信息，将可以继续使用的设备标识为“待出库”状态，不能继续使用的转入计量设备淘汰、停用与报废管理。

（二）电能计量装置运行管理

1. 现场工作计划管理

制定、审批和维护年（月）现场工作计划，包括周期检定（轮换）与抽检计划、现场检验计划、二次压降测试计划。

2. 现场工作任务安排

把年（月）轮换与抽检、压降测试、现场检验等计划转化为月现场工作任务，进行派工并生成相应的现场工作单，转入上述设备装、拆、换处理流程，安排相应人员进行现场及机内信息记录处理。

3. 周期检定（轮换）与抽检管理

根据系统内运行设备类型、装出时间等参数及周期检定（轮换）与抽检记录，统计周期轮换率，修调前检验率，指导周期检定（轮换）与抽检计划安排。

根据系统内抽检批次的检定记录，计算抽检批次是否合格，如果本批次合格，则本批次抽检完成，如果不合格，转入抽检计划安排流程，选择新的抽检数重新抽检。如果两次抽检后还不合格，为整批表建立轮换任务。

根据批量轮换计划，按批次计算轮换完成时间、完成率，分析轮换工作是否按要求完成，考核装表人员的工作质量，并分析超时或时限较长的环节，便于营销管理人员改进资产配置及相关工作岗位人员职数安排，促进业务流程更高效完成。

4. 现场检验管理

把现场检验参数传给现场检验设备，或打印现场检验数据；输入现场检验数据，或把现场检验后设备中的数据传回系统；综合分析计量装置的现场检验结果。

5. 二次压降管理

把压降测试参数传给现场压降测试设备，或打印压降测试数据；输入压降测试数据，或把压降测试后测试设备中的数据传回系统；综合分析二次压降是否正常，对于异常情况，发起相应异常处理流程。

6. 故障、差错管理

对申报故障、差错的计量装置进行检测后，记录计量故障、差错情况，测算计量装置合成误差，从而推算出差错电量，形成处理工单按故障差错处理流程进行处理，需补退电量电费的发起补退电量电费申请流程，最后记录处理结果。

二、与抄核收工作的关联

（一）装、拆、换表登记功能

电能表、互感器、自动采集装置、负荷管理装置等各类计量装置的装、拆、换业务处理，将直接影响对客户、关口表、考核表的计量，因此在相关处理流程的记录过程中应准确录入相应数据，以保障后期抄录电量的准确性。影响计量的主要参数包括新装出电能表位数、新表装出表底示数（起码）、折回止码、计量装置综合倍率、抄表方式。

1. 新装出电能表位数

新装出电能表位数直接影响日常表码抄录、校验与计算电量，当现场抄录表码位数与该参数不符时，则表示抄录有误或电能表装出客户对应错，应及时出具工作单现场核实处理。

2. 新表装出表底示数（起码）

新表装出起码正确性影响该表第一次抄表时计量的准确性。

3. 拆回止码

运行表因轮换、抽检、故障、销户等原因拆回后，也需正确记录拆回表码，该表码是计算上次抄表后到拆回期间电量的依据，也是判断故障、测算故障电量的重要依据。

4. 计量装置综合倍率

新装、更换计量装置后，应如实录入电能表倍率及互感器变比等参数，保障系统内产生的计量综合倍率的正确性。

5. 抄表方式

对于安装自动采集装置、负荷管理装置的客户，在登记设备信息时，还需确认是否采取该种方式抄录电能量，便于抄核收工作中从正确的渠道获取电量信息。

（二）拆表余度处理

当客户因各种原因申请销户时，必须拆回在运行计量装置，结算余度电费后，才能最终销户。余度也是一种应收电费类型，余度电量电费的计算通过销户流程发起，并在拆表登记确认后自动产生，流程经相关部门确认后发行，通知客户结清，如实登记实收资金并为客户出具相应票据。

余度电费应纳入应、实收管理，保障发行的应收电费无遗漏。

（三）电量电费补退

通常装、拆、换计量装置设备时产生的应补退电量电费有参加下期电费发行和单独补退发行两种计算方式。

参加下期电费发行时，通过装、拆、换流程处理，系统记录了已拆换回的旧计量装置电量信息（对于故障的拆回装置通过检定误差测算），当新装出表与同一抄表段内其他客户一起抄表后，系统自动根据新装出及已拆回设备累计电量计算出准确电费。

因运行计量装置故障，错误计量计费引起的退补电量电费，客户一般要求尽快核准差错，及时结清相应电费，需单独发行。此时差错电量的计算以拆回故障设备的误差检定结论为依据，由计量人员计算核定后转抄核收人员确认，当客户对产生的电量存在疑异时，与客户协商并在系统内修正，抄核收人员最终确认电量后，系统自动计算并发行，转入电费收费流程，收取电费后如实登记实收资金，为客户开具电费发票。该类补退电量电费也是应收电费的一种，应纳入应、实收报表统计，保障发行的应收电费无遗漏。

（四）一个抄表周期内多次出现装、拆、换流程

当一个抄表周期内出现多次装、拆、换表流程时，应按不同流程逐笔登记相应的装、拆、换信息，系统将历次已执行的装、拆、换流程所产生的电量综合计费，未完成流程待完成后参与下次抄表计费，特别复杂的也可单独生成补退流程进行计费。

抄核收人员在开展抄表段电费复核时，若发现当月内存在多个计量装置装、拆、换流程时，应逐项仔细审核，防止多次计量装置拆换期间因读取的表码不正确而错计电费。

（五）资产信息异常处理

在现实的运行计量装置管理工作中，常出现一些现场运行设备与系统内登记不相

符的异常情况，其产生原因主要有几类：

（1）系统建设初期，数据录入不正确，误记录现场数据。

（2）批量设备安装时，领用设备在现场安装时混淆，导致现场安装资产在系统内登记串户。

（3）部分装拆表流程未在系统内登记，导致现场状态已发生改变，而系统内并未更新。针对各种异常情况，提出常见解决方法如下：

1）有资产记录，现场找不到计量装置设备。遇到这种情况，应出具工作单，请稽查等专业部门核实现场情况，力争找出系统内资产信息对应的现场安装设备，同时在库存资产中清点是否存在该资产，特别是对拆回未登记的资产进行清理排查。

若通过现场工作，找出了原有资产，检查其是否在用，在用且漏抄表计费的，与客户取得联系，追补相应电量电费；未用的，及时办理资产拆回业务流程。

若通过清点库存找出相应已拆回资产设备的，尽快在系统内登记拆回处理流程，存在余度电量的追补余度电费。

通过现场及库存清点，均未找到原始资产的，在系统内相应资产进行遗失登记，纳入遗失资产的跟踪管理。

2）无资产记录，现场发现有计量装置设备。若在日常营业普查等各项工作中，发现有异常的现场计量装置设备，首先应根据现场设备属性（如电表生产厂商、表型号、表类型等），请计量专业人员综合分析判断该设备是否属于供电企业某批次购买的设备资产，若不属于供电企业资产，则为客户私有财产，与供电企业无关。

若现场设备为供电企业的资产，则进一步查实现场设备是否在用，对于未用的，尽快拆回并办理相应资产档案的登记、拆回，如实登记处理流程信息备查；若资产在用，则需尽快与使用客户取得联系，查询系统内信息缺失的原因，进行计量资产信息补录及相应电量电费补收工作。

值得注意的是，当发现现场设备为供电企业购置并用于客户计量计费的资产，而现场实际接入在客户计量分界点内部时，还应及时追查计量资产管理工作质量，防止有用于供电企业计量计费的资产流失于市场，被不法分子利用，非法获利。

3）资产信息与现场设备不符。发生这种情况时，因及时查明不相符的原因，因错装、错录入数据引起的，及时更新系统内信息，使其与现场一致，并尽可能补齐相应批次资产的标准参数，对于其中串户涉及电量电费计费差错的予以调账处理；原因不明的，发起信息变更流程，如实记录变更原因，更新系统内参数。

由于现场设备的装出日期等信息已无法获取，建议在更正系统数据且现场与系统相符后，尽快出单将不明设备换回，重装出资产信息管理规范的新可用设备。

【思考与练习】

1. 请简述电能表装、拆、换的业务处理流程及其中影响计量计费的主要参数。
2. 电能计量装置运行管理一般包括哪几项功能？
3. 请叙述何为“资产信息异常”，发生这类问题时应该如何处理？

◢ 模块 12 用电检查管理功能（Z25D2012Ⅱ）

【模块描述】本模块包含用电检查管理主要功能、与抄核收工作的关联等内容。通过概念描述、术语说明、要点归纳、图解示意、示例介绍，了解用电检查管理相关功能。

【模块内容】

用电检查管理功能为用电检查工作提供了周期检查服务管理、专项检查管理、违约用电和窃电处理、运行管理、用电安全管理、用电检查人员资格登记等多种管理功能，涉及的用电检查工作涵盖面广，对有效保证检查人员按时依法检查和规范用户用电行为与用电安全，以维护正常的供用电秩序、维护社会的公共安全发挥重要作用。

以下重点介绍系统中用电检查管理主要功能的应用以及与抄核收工作的相关性。

一、主要功能

用电检查功能主要包括周期检查服务管理，专项检查管理，违约用电、窃电管理，运行管理，用电安全管理，用电检查人员资格登记等。

（一）周期检查服务管理

1. 周期检查服务计划管理

根据服务范围内客户的用电负荷性质、电压等级、服务要求等情况，确定客户的检查周期，编制周期检查服务年检查计划、月度计划，确定客户检查服务的时间，经过审批后，形成最终的周期检查服务计划。

界面功能包括标准检查周期定义、年度（月度）计划生成、年度（月度）计划调整、计划审批、按计划派工等。

2. 现场周期检查服务管理

根据周期检查月计划，进行现场检查，对检查发现的问题及时进行相应业务处理，记录检查情况、处理结果。检查内容主要包括计量装置运行情况、客户的基本情况、设备安全运行情况、供用电合同及有关协议的履行情况以及是否存在违约用电及窃电行为。

界面功能包括用电检查工作单打印、检查结果登记、检查计划完成情况统计。

（二）专项检查管理

1. 专项检查计划管理

根据保电检查、季节性检查、事故检查、经营性检查、营业普查等检查任务以及客户用电异常情况，确定专项检查对象范围和检查内容，编制专项检查计划。界面功能包括计划制定、调整、审批、派工、查询等。

2. 专项检查工作管理

根据专项检查计划及确定的专项检查对象和检查范围，进行专项检查，针对检查范围，记录现场检查情况，如果发现异常，进行相应业务处理。界面功能包括打印用电检查工作单、检查结果登记、计划执行考核等。

（三）违约用电、窃电处理

针对稽查、检查、抄表、电能量采集、计量、线损管理、举报受理等工作中发现的涉及违约用电、窃电的用电异常，进行现场调查取证，对确有违约用电、窃电行为的及时制止，并按相关规定进行电量电费追补处理。

（四）运行管理

为了保证客户电气设备运行安全，对客户开展停复电执行、预防性试验、设备运行档案、电能质量（包括谐波监测及电压监测）及入网电工等多项业务管理。界面功能包括停复电执行管理、预防性试验管理、设备运行档案管理、谐波监测管理、电压监测管理、无功补偿管理、入网电工登记等。

（五）用电安全管理

根据《国家电网有限公司客户安全用电服务若干规定》的要求，有针对性地执行用电安全管理措施，减少用电安全隐患，杜绝重大设施故障造成的停电和人身伤亡事故的发生，保证客户用电的安全可靠。界面功能包括重要保电任务管理、高危及重要客户安全管理、客户用电事故管理和设备缺陷管理等。

（六）用电检查人员资格登记

登记用电检查人员的基本信息及资格信息，信息包括姓名、性别、出生日期、学历、职务、职称、专业、资格证编号、发证单位、发证日期、证书有效日期、资格等级、岗位、上岗标志、上岗日期、离岗日期、工种、技能等级等信息。当用电检查人员资格信息发生变更时，及时更新。

二、与抄核收工作的关联

用电检查管理与抄核收工作的关联主要体现在违约用电、窃电的电费追补，客户用电信息变更两个方面。

（一）违约用电、窃电的电费追补

违约用电、窃电处理事实一旦确认，就需对客户追补相应电量电费，该类电费产生后，作为一种特殊的应收电费类别，需纳入电费的应实收管理中去，抄核收相关人员应按日、按月统计该类应收报表，落实实收及到账资金，与用电检查业务报表进行核对。同时，还应注意与用电检查人员配合，及时做好应实收登记，防止出现应、实收跨月情况从而影响电费回收指标完成。

（二）客户用电信息变更

当用电检查人员在开展周期检查、专项检查、安全管理等各项工作中，发现客户的用电性质发生改变，或变压器启停状态与合同执行有差异等情况时，需出具工作单修正系统内电价、计费容量等参数，必要时还需重新修订合同。

三、案例

【例 5–12–1】窃电处理示例。

（1）进入用电检查管理主菜单项的违约用电、窃电管理界面，单击进入现场调查取证页面，选中待处理客户，点击确定发起流程（若无客户编号直接确定）。录入调查取证情况，确认无误后保存、发送。

（2）在工作任务列表选中待办工作单，点击处理按钮后进入窃电处理界面，如图 5–12–1 所示。根据实际情况录入窃电行为、发生日期、立案、停电、处理情况后点击保存。如需立案或停电，录入相应信息。

（3）对计量装置异常的，发起计量装置故障的子流程，录入处理部门、处理人员、备注信息。

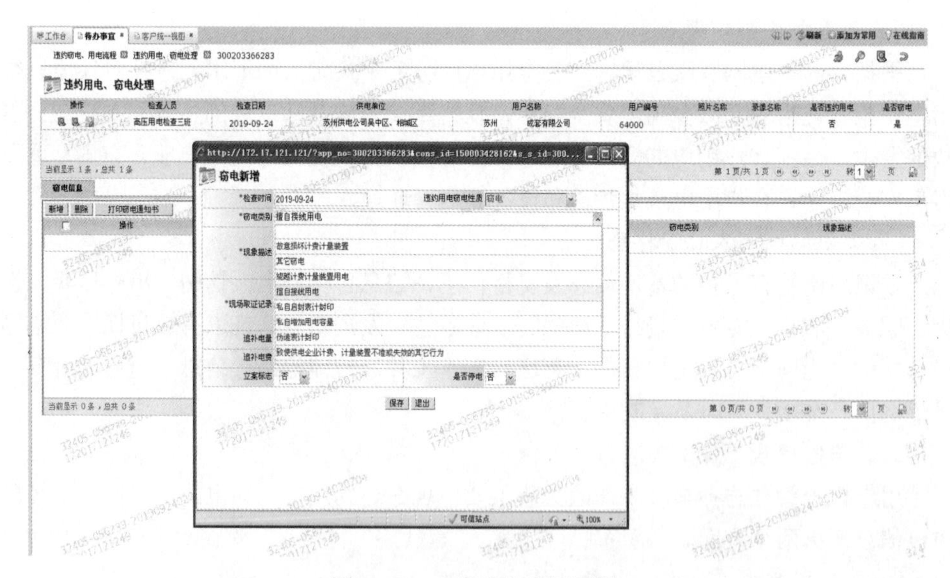

图 5–12–1　窃电处理界面图

（4）打印窃电通知书。

（5）将流程发送到窃电立案环节，根据实际情况录入受理部门、立案日期、涉案金额后保存发送。

（6）在当前任务中查询出待办窃电结案工作单，点击处理，录入结案日期、结案金额后保存、发送。

（7）在待办任务中选中指定工作单，进入窃电退补处理环节，在退补处理分类标志中选择追补电费，录入相关信息后保存。

（8）选择调整电费按钮，进入追补电费页面。在电价选择方式中，如果追补按当前电价执行，则选择当前档案；按历史电价，则选择电费台账或选择电价表。点击新增，在结算电量中录入需要追补的电量，确认保存，系统计算出电度电费及各项代征项，返回违约用电退补处理页面。

（9）点击确定追补电费及违约使用电费标签页，确定罚款倍数，或在其他违约使用电费中直接定义罚款数额，保存发送，流程发送到追补违约电费审批环节，如图 5-12-2 所示的窃电违约使用电费生成界面。

（10）选中追补违约电费审批工作单，点击处理，录入审批意见，保存发送，流程发送到违约窃电单据打印。

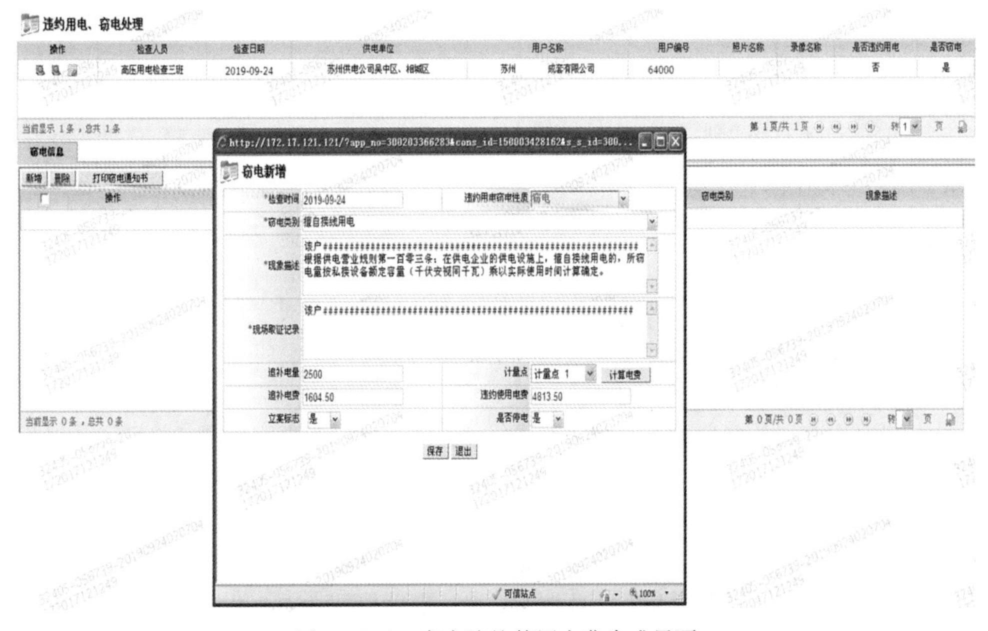

图 5-12-2　窃电违约使用电费生成界面

（11）打印缴费通知单。

（12）完成打印后发送，流程发送到退补电费发行页面。

（13）查看窃电退补明细，确定无误后发送，流程发送到电费收费环节。

（14）在电费收费界面中，收取退补电费；在业务费收费界面中收取违约使用电费。

（15）收费结束后，进入归档界面，录入档案存放位置，保存并打印窃电行为报告。如果客户已经停电且结清电费和违约使用电费，点击复电，发起复电流程。录入计划复电时间、复电原因，发送，回到归档页面，确认发送，流程结束。

【思考与练习】

1. 简述营销技术支持系统用电检查业务的主要功能。
2. 结合示例，叙述违约用电、窃电的系统内业务处理流程。
3. 简述与抄核收相关的用电检查功能。

模块 13　电能信息实时采集与监控模块（Z25D2013Ⅱ）

【模块描述】本模块包含电能信息实时采集与监控主要功能、与抄核收工作的关联等内容。通过概念描述、术语说明、要点归纳、图解示意、示例介绍，了解电能信息实时采集与监控相关功能。

【模块内容】

电能信息实时采集与监控系统按照全覆盖、全采集、全费控的要求，借助现代化技术手段，为电力营销全过程提供重要及时的数据支持，满足了各业务应用的需求，实现了数据采集、负荷控制、线损监控等重要的管理功能，是电力企业经营管理上的一个巨大跨越。

以下重点介绍电能信息实时采集与监控的主要功能，并对“电力客户用电信息采集系统”的抄表数据使用进行操作示范。

一、基本概念

电能信息实时采集与监控系统借助现代化技术手段，实现客户侧、关口和公用配电变压器电能信息远程采集，大客户负荷控制，并为抄表管理、市场管理、用电检查管理、计量点管理、有序用电管理、电费收缴及账务管理、新装/增容及变更用电等业务提供数据支持，同时为电网安全运行提供必要的保障。

系统按照全覆盖、全采集、全费控的要求，在营销技术支持系统中实现数据采集管理、有序用电、预付费管理、电量统计、决策分析、增值服务等各种功能。主站软件集成在营销技术支持系统中，数据由营销技术支持系统统一与其他业务应用系统（如生产管理系统等）进行交互，以满足各业务应用的需求，并为其他专业信息系统提供数据支持，如图 5–13–1 所示。

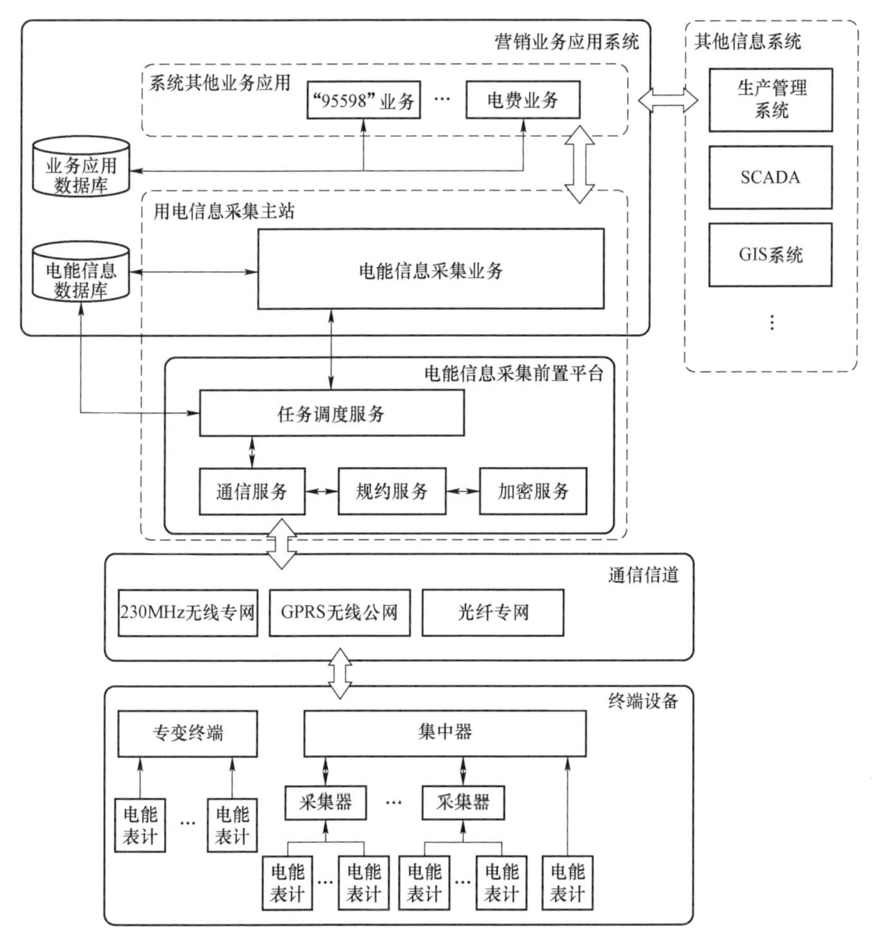

图 5–13–1　主站软件与营销技术支持系统关系图

电能信息实时采集与监控系统涉及的概念术语如下：

（1）采集点：采集点是以安装采集装置的位置为唯一标识的采集关联关系的集合，包括采集装置与客户、计量点、电能表、客户控制开关、交流采样等关联关系。同义词：采样点。

（2）采集装置：用于电能信息采集和负荷控制的设备，包括：负荷管理终端（含通信模块、天馈线）、集中抄表装置（集中器、采集器）、表计一体化终端等。同义词：采集终端。

二、主要功能

1. 采集点设置

对客户、关口以及公用配电变压器采集点进行设置，并确定终端安装方案。采集点设置包括采集点方案设计与审查、采集点勘查、安装方案确定等功能项。其中，需在系统内登记的方案设计审查内容包括采集点、采集方式、采集装置配置等。

2. 数据采集管理

根据业务需要编制和执行采集任务，采集客户侧、关口以及公用配电变压器电能信息，并进行数据共享和发布。数据采集管理包括采集任务编制、采集任务执行、采集质量检查、采集点监测以及数据发布等功能项。

3. 控制执行

根据有序用电管理、电网安全生产、预购电管理以及欠费管理的要求，综合运用多种控制方式对客户实施负荷控制。控制执行包括限电控制、预购电控制、催费控制、营业报停控制等功能项。

4. 运行管理

根据新装增容及变更用电业务和电网运行管理要求，对客户侧和关口侧采集装置进行安装、拆除和更换。根据采集装置的运行情况和使用年限，对采集装置进行更换、检修、消缺和巡视。运行管理包括终端安装、终端拆除、终端更换、终端检修、现场消缺、现场巡视等功能项。

三、与抄核收工作的关联

通过电能信息实时采集与监控管理获取信息的发布，可以使抄核收岗位在营销技术支持系统内获取抄表计量数据，经复核后发行电费。同时，还可将采集数据应用于开展负荷监控管理及线损分析。

四、案例

【例 5–13–1】“电力客户用电信息采集系统”的抄表数据采集使用案例。

1. 编制和执行采集任务

电力客户用电信息采集系统可以根据营销技术支持系统设定的抄表日信息执行客户电表数据发布工作，若需临时执行抄表计划，需进入数据发布管理，输入“抄表段编号”或者“抄表员工号”实时同步当日抄表计划。同步完成的抄表计划可等待系统自动发布数据，也可进行数据补发布操作同步计划。自动发布成功前提为：① 需发布的数据已经采集入库；② 需发布并已入库的数据已校验合格；③ 需发布的客户没有设置为暂停发布。电力客户用电信息采集系统数据发布界面图如图 5–13–2 所示。

图 5–13–2　电力客户用电信息采集系统数据发布界面图

2. 执行补采任务

抄表人员可进入数据展示界面，输入相应的条件后，查询出指定范围内的采集任务按户明细列表，对已采集抄表数据的有效性进行校核，对未抄数据进行补测，对故障计量点情况及时报办，如图 5–13–3 所示。

图 5–13–3　采集任务数据展示界面图

3. 营销技术支持系统接收数据

抄表人员根据已制定的抄表计划，在抄表数据传送日当天接收来自采集系统的抄表数据，根据营销技术支持系统要求完成抄表示数的审核确认工作。

【思考与练习】

1. 名词解释采集点、采集装置。
2. 请简述电能信息实时采集与监控模块对终端设备有哪些控制功能？
3. 如何编制和执行采集任务？

模块 14 95598 客户服务模块（Z25D2014Ⅱ）

【模块描述】本模块包含“95598”客户服务主要功能、与抄核收工作的关联等内容。通过概念描述、术语说明、要点归纳、图解示意、案例分析，掌握处理“95598”客服系统受理、分转的各类抄核收相关业务申请、咨询、投诉的方法。

【模块内容】

“95598”客户服务系统集成了营业厅、呼叫中心、门户网站、银行网点和现场等服务渠道受理的客户各类业务请求，协调供电企业相关单位和部门，根据工作流程及有关政策法规进行业务处理，履行服务承诺，并进行客户请求的跟踪、督办，开展客户回访，形成电力客户服务的闭环管理。

“95598”客户服务系统的搭建丰富了供电企业为客户提供电力服务的手段，使客户可以通过互联网、电话等方式足不出户，享受服务。短短五年来，该系统已在国家电网有限公司下属的各网省公司全面推广使用，作为供电企业的一个“看不见”的服务窗口，如今，“95598”已“深入人心”，被电力客户及社会公众广泛接收，并为供电企业树立起“服务社会”的良好的公众形象。

以下重点介绍系统“95598”客户服务的主要功能，并阐述抄核收人员相关工作要求。

一、主要功能

“95598”客户服务系统的复杂体系结构中，与抄核收相关的主要是客户服务层的业务处理功能，包括业务咨询、信息查询、故障报修、投诉、举报、建议、表扬、意见、订阅服务、客户回访等十个处理业务项，以及公共信息管理、电力知识管理、信息发布管理、人员排班管理等四个管理业务项。其功能及与关联系统的关系结构图如图 5–14–1 所示。

1. 业务咨询

通过“95598”客户服务热线等方式接收客户咨询请求，通过查询电力知识库和公共信息，答复客户有关政策法规、业务办理程序、事务处理流程、电费电价标准、停电信息、用电优惠政策、新装、增容及变更用电的有关规定及收费、用电安全知识、电力百科等信息咨询。

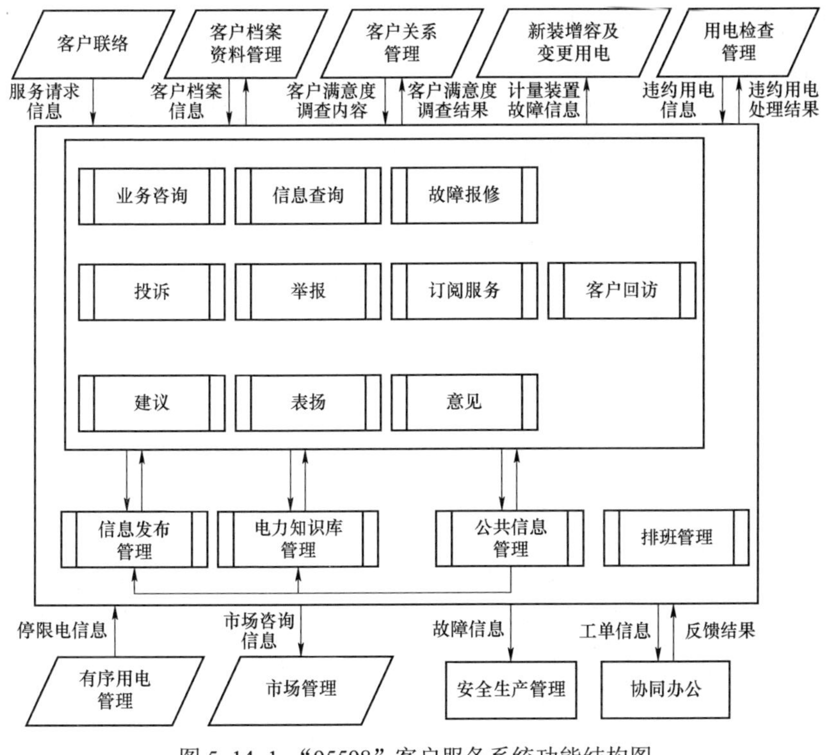

图 5–14–1 “95598”客户服务系统功能结构图

2. 信息查询

呼叫中心等处受理客户查询请求，答复客户有关客户档案、电价电费、计量装置、在办流程、供用电合同等信息，记录客户查询信息和处理结果。

3. 故障报修

接收客户故障报修申请，将抢修任务按营业区域、故障类型传递到相关部门进行处理，并对处理过程进行跟踪、督办，故障处理完毕后及时回访客户，形成闭环管理。

4. 投诉

接收客户投诉请求，受理客户对服务行为、服务渠道、行风问题、业扩工程、装表接电、用电检查、抄表催费、电价电费、电能计量、停电问题、抢修质量、供电质量等方面的投诉，转到相关部门进行处理，并对处理过程进行跟踪、督办。投诉处理结果及时反馈给客户，形成闭环管理。

5. 举报

接收客户对行风廉政、违章窃电、破坏电力设施、偷盗电力设施、违约用电等方面的举报，转到相关部门进行处理，并对处理过程进行跟踪、催办。举报处理结果及时反馈给客户，形成闭环管理。

6. 建议

从客户联络接收客户对电网建设、服务质量等方面的建议或意见，并转到相关部门进行处理。根据相关部门的处理结果回访客户，了解客户对建议处理的满意程度，形成闭环管理。

7. 表扬

接收客户对供电业务、供电服务等方面的表扬，并转到相关部门进行处理。

8. 意见

接收客户对供电业务、供电服务等方面的意见，并转到相关部门进行处理。

9. 订阅服务

受理客户订阅或退订申请。根据客户订阅的内容及要求，向客户发送订阅的相关信息。

10. 客户回访

接收新装、增容及变更用电等传来的客户回访需求，或根据已完成的业务咨询、信息查询、故障报修、投诉、举报、建议、表扬、意见、订阅服务等服务记录，按照有关业务回访率要求，对符合回访要求的服务记录进行回访。

11. 公共信息管理

收集整理营销公共信息、向客户发布的公共信息、法律法规及公司文件信息，规范公共信息管理，做到及时更新并保证信息的完整、有序、准确，同时，如实记录信息收集整理情况。

12. 电力知识库管理

收集企业简介、电力法律法规、优质服务承诺、营业收费、电价政策、服务指南等知识及日常工作中积累的工作技巧和经验，建立和完善电力知识库。

13. 信息发布管理

通过呼叫中心、门户网站、报纸、电台、电视台等多种渠道向客户发布业务指南、停电通告、政策法规、电力新闻等信息。

14. 人员排班管理

对呼叫中心服务人员进行统一管理，制定排班计划并根据需要进行排班调整。

二、与抄核收工作的关联

“95598”客户服务系统服务于广大电力客户，当客户提出与计量、计费、收费相关的需求时，工作任务将转派到抄核收岗位，抄核收岗位工作人员应配合做到以下几点：

1. 及时处理

《国家电网有限公司供电服务“十项承诺”》《国家电网有限公司供电服务规范》等业务规范中对受理的客服请求的回复、处理及回访时限作出了明确要求，抄核收岗位收到客服部门转派的相关业务时，应积极响应，按期回复，通过本职岗位工作保障供电企业优质服务水平。

2. 正确回复

“95598”网站、热线电话与营业柜台一样，是供电企业开辟的服务窗口，当客户访问此窗口时，若错误地引导或答复了客户，将产生许多不必要的误会及不满，因此当抄核收岗位人员在收到客服受理的每一笔客户请求时，都应认真对待，努力化解矛盾、解除疑问，不能因未直接面对客户而在业务部门间相互推诿，延误服务时机。

3. 积极监督、配合知识库更新

营销政策、技术手段发展变革较快，一些业务流程也在不断优化，抄核收业务人员应积极与客服部门沟通，对营销管理工作出台的新政策、业务流程及规定，提出知识库更新的建议，帮助客服部门管理好知识库，使其更全面、完整、准确。

三、【案例】

【例 5-14-1】抄表员未正视抄表工作差错引发客户不满示例。

首次受理：2013 年 5 月 27 日，客户反映电量异常，比同期增长 200%。

答复情况：经营销技术支持系统查询，该户 5 月电费 322 元（该户是双月缴电费），上月电费 64 元，去年同期 125 元。5 月 28 日工作人员到达现场经核实，客户电表没有抄错，表箱接线正确，主要是由于吴先生年龄较大，对智能表认不清，因为智能表有高峰、低谷、总电量，他不懂，因此造成了误会，现已和客户进行沟通，客户不要求验表，客户表示理解。

回访客户：客户表示工作人员核实后发现确实是抄错电表，实际应缴费 120 元，与答复内容中“客户电表没有抄错”不相符。退单。

答复情况：根据客户反映的情况，经现场核对，该户电表的确存在抄错现象，当前电表示数是 1442kWh 与开票示数 1924kWh 不相符，公司和客户约定下月一起结算，并对责任人处以 100 元罚款。

案例点评：基层单位不敢正视存在的问题。对问题遮遮掩掩，不着手立即解决问题，不思考如何事前管控，规避此类问题的发生，而是想方设法，能瞒则瞒，能堵则堵，结果漏洞百出，徒增工作负荷，降低品质。

营销基础管理薄弱。估抄、漏抄、错抄屡禁不止，核算工作不够严谨，根据《××公司电费抄核收规范》发现客户的电量增减异常、零电量等情况，应进行现场核对或交抄表人员现场核对。该案例中客户的电量环比、同比增长异常，复核环节熟视无睹，没有深入分析、核对。

以后遇到此类“客户反映电量异常”的，如地市公司认为不属实，请附上表计示数照片，以备进一步核查。

【思考与练习】

1. 简述“95598”客户服务系统的作用和意义。

2. “95598”客户服务系统有哪些功能？

3. 作为抄核收工作人员，试述如何配合客服部门搞好客户服务工作。

模块 15 报表功能应用（Z25D2015Ⅲ）

【模块描述】本模块包含报表的系统处理流程、功能、数据交互及常见问题等内容。通过概念描述、术语说明、要点归纳、图解示意以及报表工作全过程的功能应用示例，掌握运用系统功能统计、汇总、上报报表。

【模块内容】

报表统计功能基于电力营销业务的基础数据，依据国网公司对各级供电企业的要求制定报表，报表信息来源于大量基础业务数据，在有效辅助电力企业经营活动的同时，也为反映供电企业经营成果提供了最直接的依据。

以下重点介绍系统报表功能的原理及分类、功能应用和注意事项。

一、报表数据交互原理及分类

（一）报表数据交互原理

报表数据来源于营销业务的方方面面，是对基础业务数据分类、运算、汇总产生的结果数据，是企业用于经营分析的管理数据。

系统通过专业的数据挖掘、提取、分析运算的技术方法，实现对海量基础数据的处理。

（二）报表的分类

1. 按业务分类

由于营销业务不同环节的工作内容和考核要求不同，需展现的报表数据项、分类方式、格式也不同，因此报表可按业务进行分类，电力营销报表常包括业扩、电费、计量、用检、稽查等类别。

（1）业扩报表。常用的有营业报装接电情况统计分析报表、营业收费情况统计分析报表等。这些报表反映了一定时间及地域范围内，不同行业、用电类别、电压等级客户报装情况，分析报装总容量、接电户数、接电容量、接电率、收取费用类别及资金收入情况等，用于报装趋势预测、报装流程规范化、业务费收入汇总等。

（2）电费报表。电费报表包括应收电费统计报表、行业用电情况分析报表、电费回收情况分析报表、分时电价电量构成情况分析报表、电价分析报表等。分别实现按不同电价、行业类别、优惠电价政策等分类的应收电量、电费、电价等汇总统计分析。

（3）计量报表。计量报表包括对计量标准器具、库存资产、运行设备的各类资产统计报表，常用的有计量资产的检定率、合格率、轮换率、轮换检定率、差错率报表等。

（4）用检报表。用检报表常包括客户设备投运情况考核报表、客户用电情况分析报表、重点客户用电情况分析报表、违约用电及窃电处理情况统计报表等，反映对客户开展用电检查工作情况。

（5）稽查报表。涵盖所有营销业务，通过处理时限、超期天数、完成率等各类数据的统计分析，对营业、抄核收、用检、计量等各类工作计划及执行情况的统计分析报表。

2. 按性质分类

虽然开展营销统计分析的基本要求相同，但不同职能层次人员对报表展现的数据范围、数据维度、实时性要求完全不同，根据对报表辅助的工作性质要求，报表可分为标准报表及非标准报表。

（1）标准报表。依据国家电网有限公司对供电企业经营分析的统一要求，制定的规范报表，这些报表格式相对固定，能最快速地反映出最基本的经营指标数据，并能逐级汇总上报，一般由国家电网有限公司、网省公司、地市公司等职能层次的管理人员使用。

（2）非标准报表。根据个性化的经营分析需求，由各网省及地市供电公司自行设计的统计分析报表，这些报表的格式、统计要求经常发生改变，一般通过定制方式实现，满足不断变化的统计分析业务需求。

3. 按处理方式分类

报表统计功能基于营销业务的基础数据，不同统计功能所需获取的报表数据来源不同、数据量大小不同，有些统计功能需要获取的数据量大，处理时间较长，且使用的数据读写频率高，对系统性能具有危害，为均衡系统负载，常采用定时任务方式统计，因此按处理方式，报表可分为系统定时处理报表、即时生成报表两类。

（1）系统定时处理报表。由系统在空闲时间内自动统计并保存，操作人员通过查询功能调阅，调阅出的报表数据为截止某一时间点的静态数据，并非实时数据。

（2）即时生成报表。操作人员在确认待生成的报表类别、统计范围后由系统即时生成的报表，反映实时业务数据。

4. 按存储方式分类

根据不同的处理要求，有些报表数据需要永久保存，随时备查，以反映截至当期的经营数据，称为静态保存报表，俗称“快照报表”；有些报表满足临时统计需求，无须保存，称为临时报表。

二、主要功能

根据以上各种分类，对报表的统计、查询及管理功能可归纳为以下几类：

（一）报表定义

在系统内生成报表编号，对相应报表的名称、原始输出格式、统计算法、报表分类属性、统计上报流程等进行定义，并实现对报表定义的增、删、改等维护，使系统实现对该类报表的统计和权限管理功能。

（二）报表统计

选定待统计报表的时间范围、报表类型等参数，系统根据预先定义的算法、输出格式等属性统计生成报表数据，输出到屏幕，并提供报表的打印、导出功能。

（三）报表审核

选定待审核报表的时间范围、报表类型等参数，查询出已统计未审核的报表，对报表数据进行逐项审核，使用系统算法校验报表数据的合理性、有效性，对审核成功的确认上报，对审核不成功的退回到上一流程环节重统计审核。

（四）报表上报

选定待审核报表的时间范围、报表类型等参数，查询出已审核通过的统计报表，逐项确认后按单张或批量报表上报。上报后，不能再进行重复统计、审核，若发现问题，只能向上级主管部门申请退回报表，重统计、审核、上报。

（五）报表查询

按时间段、报表分类等各种方式及属性对各类报表数据进行查询，并允许打印及导出指定报表数据。

三、处理流程

报表处理的业务流程主要包括统计、审核、上报三项，其中基层供电企业直接对营销业务数据进行统计、审核并上报，上级主管部门对基层供电企业上报的报表进行汇总、审核及上报。

四、常见问题

（一）杜绝手工录入

报表数据是反映供电企业经营成果的最直接依据，必须真实、准确，不允许手工录入或修改，杜绝虚假上报。

（二）标准报表及时上报

标准报表的逐级上报流程，高效、扁平化地营销经营分析，如果处理时间太长，将使信息失去时效性价值，因此各级工作人员应充分认识报表上报的时限要求，按时按期开展报表统计、审核、上报。

（三）慎用海量数据统计功能

报表信息来源于大量基础业务数据，当统计数据范围很大或访问数据实时处理要求很高时，将影响系统性能，应慎重使用。

（四）开发利用报表校验功能

报表一般都是对业务数据的分类汇总，其横纵栏之间存在一定的勾对关系，勾对关系若存在不平项目，反映出可能有业务逻辑不正确的基础数据，系统的海量查询和运算能力可以快速查出错误逻辑的明细，因此，报表校验功能具有重要的应用价值，系统一般实现了对关键报表数据的校验功能。

【思考与练习】

1. 试述报表的主要分类方法及作用。
2. 简述报表统计上报的业务流程。
3. 报表功能应用中应注意哪些常见问题。

模块 16　电力营销业务应用系统日常运行维护（Z25D2016Ⅲ）

【模块描述】本模块包含电力营销信息化系统架构、系统安装配置及运行维护管理等内容。通过系统实现原理介绍、运行维护管理示例，掌握抄核收相关信息系统的简单运行维护方法。

【模块内容】

电力营销业务应用系统是建立在计算机网络基础上覆盖营销业务全过程的计算机信息处理系统，也是电力营销支持系统的核心。由于传统的电力营销技术的局限，电力营销业务流程过于人工化，数据的采集和处理手段落后低效，服务耗时费力，电力营销业务应用系统更好地适应了网络化信息化进程和自助化服务化的电力营销市场发展形势，使用和维护好系统是每个电力营销人员的基本技能。

以下重点介绍电力营销信息化系统架构、系统安装配置及运行维护管理要求等，对通信故障的诊断、排查进行示例说明。

一、系统架构

营销信息化系统的 IT 总体架构包括业务架构、应用架构、数据架构、技术架构、物理架构、应用集成和安全架构，如图 5–16–1 所示。

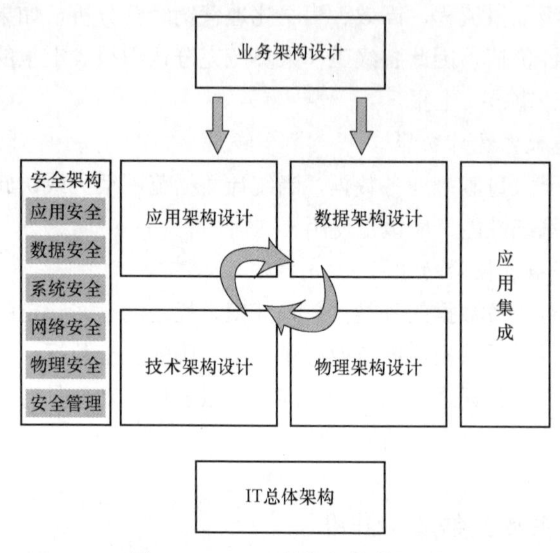

图 5–16–1 IT 总体架构设计图

（1）业务架构从业务角度规划及实现电力营销业务蓝图，建立营销业务模型。

（2）应用架构基于业务架构，从系统功能需求角度清晰准确定义应用范围、功能及模块。

（3）数据架构基于业务架构，从系统数据需求角度定义数据分类、数据来源及数据部署。

（4）技术架构基于应用架构和数据架构，从系统技术实现角度确定系统总体技术方案。

（5）物理架构基于应用架构和数据架构，确定系统总体的软硬件物理部署方式。

（6）应用集成基于“SG186”工程的一体化企业级信息集成平台，进行营销业务和企业其他业务应用、企业外部应用之间的业务耦合分析，实现营销业务应用和企业其他业务应用、企业外部应用之间的数据集成、应用集成、流程集成。

（7）安全架构依据对营销业务应用安全级别定义，从应用安全、数据安全、系统安全、网络安全、物理安全和安全运行及管理等方面对营销业务应用的安全进行说明。

二、系统应用配置要求

（一）系统平台配置

系统平台包括营销数据库平台、应用服务器集群、网络通信架构等的配置，一般由专业集成厂商完成，在此不做详细叙述。

（二）终端计算机配置要求

终端计算机指供电企业内从事电力营销业务处理的计算机，根据电力营销业务的工作内容，终端计算机配置必须满足以下基本条件：

（1）安装通用操作系统，以支持图形化界面设计，并支持抄表机、打印机等标准输入输出设备的接入。

（2）由于营销业务涉及的数据种类繁多，数据量较大，因此对 CPU 的主频、内存、I/O 吞吐能力具有一定的要求，目前市场上流行的商用台式计算机配置均能满足系统应用要求。

（3）为能接入读写卡器、密码键盘、专业高速打印机、抄表机等多种外部设备，终端计算机必须具有 2 个及以上串口、并口，USB 接口，同时配备显卡口和以太网口，支持 PCI 扩展插槽，配备声卡。

（4）为保障网络通信性能，安装百兆以上网卡。

（5）推荐配置：Intel 双核 2.0GHz 处理器，内存 1G 以上，硬盘均在 160G 以上，一般可满足系统运行要求。

（6）在实际终端计算机设备配置时，还需考虑以下因素：

1）稳定性：满足业务系统长期稳定运行需求。

2）兼容性：满足软件系统、外部设备不断扩充、优化的需要，适用于变化。

3）可扩展性：满足各种外部设备及特殊功能的扩展。

（三）终端计算机网络通信配置要求

营销技术支持系统的终端计算机是基于电力企业的内部城域网络开展工作的，对终端计算机网络通信的配置要求包括以下几个方面：

1. 网络的物理链路通畅

终端计算机与系统平台联络的物理通道，即供电企业内部网络应保持通畅。通常，连接方式分直接、分支网络上联、无线专网、宽带虚拟专区等通信接入方式。为保障网络连接通畅，供电企业一般建立了内部环网及备份网络，当链路故障时，终端计算机可通过环网的其他链路上连到骨干网络。

2. 访问策略的许可

一条通信链路可以传输不同系统平台的多组通信数据，为保障系统间传输信息的安全及互不干扰，系统的通信访问必须制定访问策略，通常通过定义交互访问端口的方式实现控制，获得允许端口访问权限，才能在物理链路连通的情况下实现逻辑连通。

营销技术支持系统所使用的数据库软件、应用软件等均配置专用通信端口，具有端口访问权限的终端计算机，才能与主机相连，开展系统应用。

策略配置需在交换机、路由器、防火墙等设备上对一批终端计算机的 IP 地址段进行管理，该工作一般由信通部门完成。

3. 其他通信访问限制

（1）流量控制：对网络中每个节点设备占用的通信数据流量进行限制，鼓励使用，但限制占用的通道资源。这就好比道路交通管理，给每辆车分配有车道，但不允许一车占多道。这种方式使网络通道基本保持畅通，终端计算机的通信性能不会受其他业务流量过大的影响，但当自身业务量很大时，也不能挤占通道因而效率降低。

（2）“被网管踢出”：当终端计算机感染病毒时，病毒软件对通信网络发起攻击，避开网络内的流量控制限制，不间断地发起各类读写操作，使网络防火墙、交换机等节点设备繁忙甚至堵塞，出现通信不畅的软故障，这时网管人员将在网络监视软件中查出攻击者，将其从网络中断开，该终端无法与网络联通，同时，其他节点通信恢复正常。

（四）系统平台客户端软件安装

营销技术支持系统的各类功能应用基于核心业务主机、主机上安装的数据库、辅助应用服务器工作的其他工具软件，客户端若需与服务端相联并交互数据，必须安装对应平台软件的客户端工具。常见的系统平台客户端软件包括：ORACLE 客户端软件、SYBASE 客户端软件、TUXEDO 客户端软件等。软件客户端安装过程中，除需按操作提示运行安装程序外，还需要在安装完毕后配置相应服务器地址及访问端口等通信参数。

为正常开展业务工作，电力营销业务的终端计算机还需安装所配置的打印机、抄表机、读写卡器等外部设备的驱动程序，部分驱动 Windows 操作系统能自动识别并安装。

（五）应用软件安装与配置

1. 专用安装程序

在系统设计、编译时，封装了专用安装程序，操作人员只需选中安装程序，按操作提示逐步确认即可成功安装并配置好应用系统；当系统程序优化或变更时，软件系统通过版本控制分析出需更新的模块，并自动采用 FTP 方式下载最新程序给操作人员使用。

2. 实时下载程序

这种方式下，程序存放于服务器端的指定位置，每次运行程序时，系统自动向服务器请求下载并运行程序，通常界面操作采取网页方式，进入程序的方式是在浏览器中输入服务器地址及特定软件端口标识，网页浏览器从指定位置获取程序界面运行。

有些程序访问需用到 Active 控件，采用这种方式运行软件时，需要在计算机网络设置中允许下载该类控件，才能保障完整下载并运行程序。

三、系统操作身份及权限管理

（一）系统操作权限管理的一般方法

1. 操作权限控制的方法

在管理信息系统设计时，为保障功能应用责权分明，操作权限控制方法常包括以下几类：

（1）界面功能访问控制：对登录系统的不同角色允许访问的界面功能进行权限管理，具有权限的允许访问，无权限者不能访问。

（2）数据范围访问控制：对登录系统的不同身份允许访问的数据范围进行权限管理，本角色对应单位、部门的相关专业数据允许访问，非本专业单位、部门的数据不允许访问。

（3）整体参数控制：通过系统的标准参数定义，对特定功能进行操作控制，例如违约金是否与普通电费合并打印电费发票控制参数，可以实现合并打印及单独打印两种方式。

2. 操作身份管理的意义

有效管理操作身份，使系统方便地通过身份确定其需使用的功能，防止业务范围以外的风险操作，同时通过对每项业务操作的身份记录，能事后审计操作的正确性，起到监督考核工作质量的作用。

3. 操作权限管理

营销技术支持系统的权限采用分层管理，所有功能项按操作性质被分配给若干角色，操作人员是一些具有一个或多个角色权限的系统登录者。

根据操作人员所属的单位、部门、班组、业务角色的定义，系统确认允许其访问的功能及数据范围。

系统提供对操作权限角色的定义及维护功能，以保障功能角色的灵活定制，通常权限定制功能只能被系统管理人员拥有。

操作身份角色访问权限的定义，使权限管理不受组织结构及岗位职责划分的影响，解决了实际岗位职责与要求其操作系统的权限不对应的矛盾。

（二）操作身份权限管理的特殊方法

1. 临时权限调整

系统通过授权和收回权限的方法进行临时权限调整。

（1）“授权”就是将指定的功能操作权限由一人分配给另一人，并设定授权有效的时间范围，使被授权者可以在一定的时间范围内执行相应操作。

（2）“收回权限”是在相应权限操作完成后在授权约定时间范围内提前取消操作权

限的操作。

该功能使一些特殊的跨权限范围操作能灵活实现，但又能保障基本角色权限划分合理、实用。在系统应用中，一般只有系统管理人员或某类岗位角色的业务代表具有临时权限调整功能，所收授的权限也必须是自己拥有的权限。

2. 通过整体参数控制配置权限

为适应业务的变化及各区域管理模式的差异，可以对系统内业务流程及特定功能配置一些参数定义，对不同的参数值调用不同的程序流程及操作权限，从而满足应用的差异化需求。例如，收费销账模式参数，有“见票入账”“收妥入账”两种选项，系统实现时配置的参数选项不同，则对应销账的流程不同。

3. 权限管理日志的查询分析

权限被错误地授予将导致应用系统运行风险，因此系统通常对这些极为重要的维护操作建立日志，并提供日志的查询功能，当系统应用中出现非法操作时，可以通过权限管理日志查询权限管理工作中的差错，加强管理，使其更完善、严谨。

四、标准业务流程管理

（一）标准流程的维护

营销技术支持系统的标准流程是在系统内对电力营销各类业务操作规范、程序的定义，在此定义中通常约定了所涉及的各类营销业务的标准处理环节，各环节应执行的操作及执行该环节操作的条件。

定义某业务标准流程的方法是在系统流程定义工具中新增、变更、删除业务流程。操作方法是按系统流程设计的图元绘制流程图，确定每个流程节点的业务处理功能定义和流程路径的执行条件后保存。

在进行某业务的标准流程定制时，应保证每个节点程序功能可用且路径设置的判断条件合理、方便读取。

（二）非标准流程的特殊处理

（1）发现同类特殊问题大量出现时，定义新业务流程。

（2）当遇到一些非常少见、不具代表性的特殊问题时，采用“流程调度”工具，将业务发送到指定岗位角色。

（3）当一个流程执行错误且无法回退时，终止流程，重产生新流程并进行业务处理。

五、案例

【例5-16-1】通信故障的诊断、排查。

一日清晨，某供电公司营业所柜台收费员按常规打开电脑，登录营销技术支持系统，做收费前准备工作，发现系统无法登录，通知本单位系统维护员到现场排查故障，系统维护人员首先对通信故障进行排查，以下为其操作步骤：

（一）检测物理链路

查看内部网页是否能正常访问，查看界面上网络连接是否正常，查看资源是否能与邻近计算机共享，查看邻近计算机是否能访问网络，直接使用 ping 命令查看与某服务器设备间的连接状态是否通畅。

经检查发现网页无法打开，使用 ping 命令检测服务器通信，确认网络不通，检查网口接线，发现接线松脱，重接线后，通信恢复正常，但营销技术支持系统仍无法登录。

（二）检查通信策略

通过 Telnet 指定的应用程序端口，检测策略是否开放，通过 tracert 命令跟踪路由路径，以判断不通的故障点。

经检查通信端口有响应，通信策略正常。

（三）排除其他通信故障

求助网管人员，从网络监控平台查看该计算机的运行状态是否正常，是否遭病毒袭击。

经检查从网络监控平台查看计算机运行正常。

（四）其他故障

查看邻近计算机是否能登录指定系统。

经检查发现邻近计算机可以登录系统，在本机检查中常出现内存报错，初步诊断为该计算机操作系统故障，重装操作系统、应用系统软件后恢复正常。

【思考与练习】

1. 请简述电力营销技术支持系统的 IT 架构包括哪些元素。
2. 请结合工作实际，谈谈当出现系统不能正常使用时故障排查的方法和步骤。
3. 请简述功能操作权限控制的方法。
4. 何为“标准流程”？“营销技术支持系统标准流程”又是指什么？

模块 17　代收电费实现方式与系统架构（Z25D2017Ⅲ）

【模块描述】本模块包含代收电费系统结构、常用功能等内容。通过代收电费系统概念描述、原理讲解，了解代收电费系统的功能、应用现状态及未来发展。

【模块内容】

电费代收指供电企业与代收机构签订委托代收电费协议，建立专用通信链路，实现中间业务平台互联，通过代收机构柜面、网上商铺、自助设备、电话、短信等多种形式开通电费收费业务的一种电费收费方式。

以下重点介绍代收电费系统结构和常用功能。

一、代收电费系统结构

（一）中间业务平台

中间业务平台是基于组织内部专业核心业务平台搭建的数据交互平台。通过该平台，可以实现异构数据库间的数据交互，也可用于不同组织间的数据交易。其根本作用是在保障不同系统的独立性和安全性的同时，实现跨平台信息交互。

中间业务平台通常由平台主机、通信链路、通信规约、信息交换技术规约组成，其中前两部分为硬件设备，后两部分为交互软件设计。

（二）代收电费系统结构

代收电费功能实现的实质就是供电企业与代收机构间的中间业务平台互联，其系统结构符合中间业务平台的基本组成，包括以下部分：

1. 供电企业中间业务平台主机

该主机一端与电力营销的核心数据库相连，实现代收电费数据的查询及缴费数据销账登记；另一端穿过防火墙，与代收机构的中间业务平台相连。与代收机构中间业务平台允许一对多相连，实现多家代收机构同时访问供电企业中间业务平台主机，实时代收电费。

2. 代收机构中间业务平台主机

该主机一端与代收机构的核心记账系统相连，实现收费记账业务；另一端穿过防火墙，与供电企业等专业代收服务提供方的中间业务平台相连，实现各类代收业务。该平台也能与多家代收服务提供方相连，例如供电企业、自来水公司、移动联通等行业，以实现一家代收机构代收多项费用，有效整合利用系统资源。

3. 互联通信链路

互联通信链路指供电企业、代收机构间的通信方式。该通信链路的建设可由供电企业或代收机构自建，也可采用租用专用通信运营商的通信链路，由于代收电费业务数据交互信息量不高，对通信带宽要求不高，一般256M以上带宽即能满足要求。

4. 通信规约

硬件平台搭建成功后，通信规约定义了双方系统间通信的规则，该规则定义了数据流向、通信协议技术标准、使用的专业中间业务软件及通信连接模式等信息。

5. 接口规约

简单地说接口规约是一套功能开发的标准或规范，在这套规范中，明确约定了该系统接口允许实现的所有交易功能、交易传输报文的基本格式、每个交易功能的传入、传出参数等。根据这套规约，服务提供方负责交易数据的查询及结果存贮，服务请求方负责终端使用者的界面程序设计。

该规约使不同代收机构可基于同一技术规范，开发终端界面，实现多家代收，而供电企业只需完成一次开发，提供交易功能数据的读出与写入。

（三）代收电费系统结构图

实时代收电费系统架构图如图 5–17–1 所示。

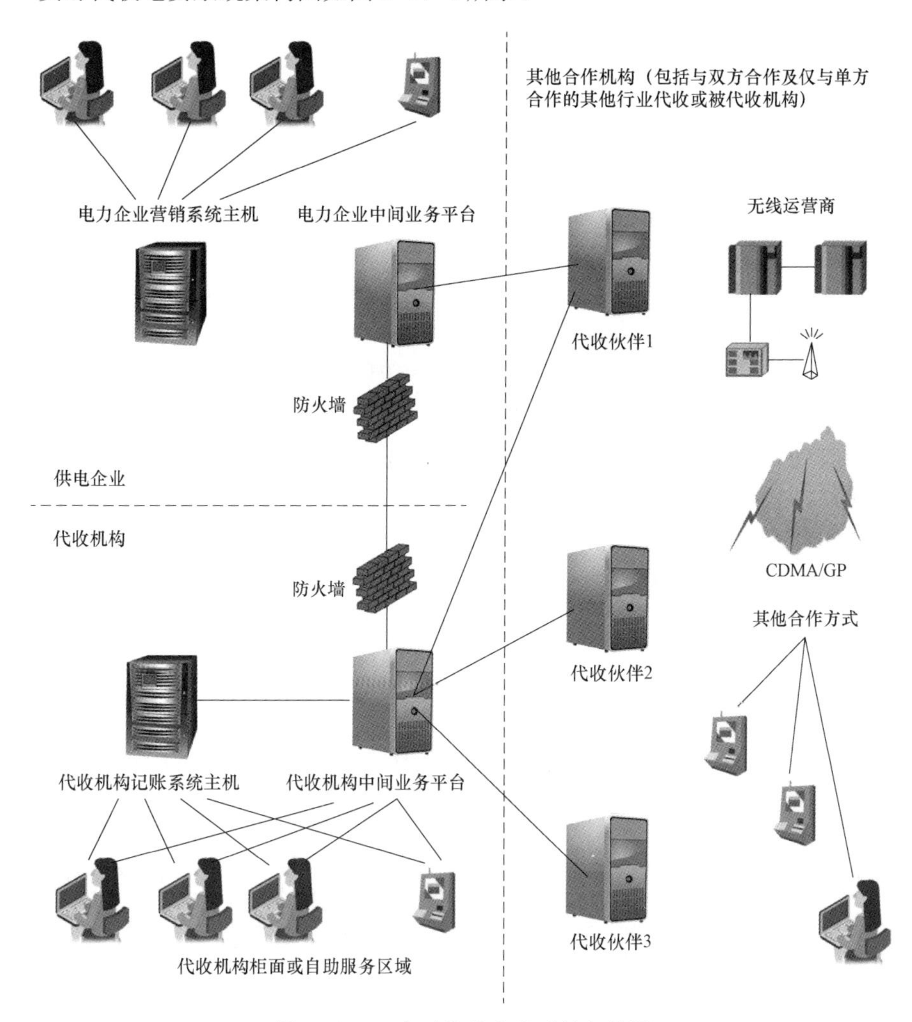

图 5–17–1　实时代收电费系统架构图

二、代收电费系统的常用功能

代收电费系统的常用功能实际上指实时代收电费接口规约中定义的功能，这些功能明确约定了代收机构开展代收电费的业务范围，这一范围也可以随着业务发展的需要而扩展或灵活配置（修订接口规约），目前代收电费系统约定的业务范围主要包括以下功能：

（一）基本信息查询

根据请求缴费或办理业务的客户编号，查询出该客户户名、当前缴费方式、当前预存电费余额等信息，该功能主要用于代收机构柜面人员核对客户资料，保障正确收费。

（二）电费查询

根据请求缴费的客户编号，按时间段、电费发生月份、未结清电费总额等多种方式，查询出该客户的电量电费、当前欠费信息，所查询出的信息通常包括电量、综合电价、应缴电费、缴费状态等信息。

（三）实时缴费

在核对客户信息、查询到欠费后确认缴费或预存电费，该功能向供电企业传入客户编号及实际缴款金额，供电企业进行欠费销账，若收取金额大于欠费总额时，收取到预存电费中，并记录销账时间、方式、操作人等信息。

（四）当日冲账

当代收机构柜面人员错收电费并在当日缴款前发现时，按客户编号及当笔交易流水核对系统记录的已缴费金额，确认后取消当笔收费操作。

（五）缴费协议管理

当代收机构为金融机构时，其营业网点柜面或自助设备在验明客户银行卡、存折等账户有效性后，根据请求办理代扣业务的客户编号，将电力客户编号和银行账户绑定，签订代扣协议。

（六）票据打印

根据请求打印电费发票的当笔交易流水或客户编号，查询已缴费未出票电费信息，提供给代收机构界面程序打印电费发票。

（七）日终对账

当代收机构完成当日代收费记账流水与资金的平账工作后，形成实时代收电费明细流水对账数据，并通过消息通知供电企业对账电子文本已生成，可以开始对账。

三、代收电费系统发展展望

尽管代收电费业务已广泛应用于供电企业，然而未来发展的前景仍然是无限广阔的，电力、通信等行业互通支付业务、基于无线通信的移动电费收费窗口的开通、电费收费等电力业务的特许经营都可能成为未来发展的趋势。

【思考与练习】

1. 简述代收电费系统实现的常用功能。

2. 结合代收电费系统应用的成功案例及工作实际，谈谈代收电费系统的作用及未来发展。

3. 何谓通信规约和接口规约。

模块 18　客户关系管理与辅助分析决策模块（Z25D2018Ⅲ）

【模块描述】本模块包含客户关系管理模块、辅助分析决策模块等内容。通过概念描述、术语说明、要点归纳、图解示意，了解营销信息化管理、决策方法及应用发展。

【模块内容】

客户关系管理功能为电力企业构建了一套以客户为中心的营销服务支持信息的数据库，帮助企业了解管理渠道，建立和优化了前端业务流程，通过辅助分析决策功能对数据的深层次分析和挖掘，发现新市场和潜在客户，创造业务良机，提高营销管理水平。

以下重点介绍系统中客户关系管理和辅助分析决策管理的概念、作用和重要意义。

一、客户关系管理

（一）基本概念

1. 客户关系管理的定义

通过人、过程与技术的有效整合，将经营中所有与顾客发生接触的领域如营销、销售、顾客服务和职能支持等整合在一起的一套综合的方法。通过该方法，企业最大化地掌握和利用顾客信息，增加顾客的忠诚度，实现顾客的终生挽留，使企业投入与顾客需求满足之间取得最佳平衡，从而使企业的利润最大化。客户关系管理是协调公司战略、组织结构和文化及顾客信息的技术。

2. 客户关系管理的作用

（1）客户关系管理是一种经营观念，它要求企业全面地认识顾客，最大限度地发展顾客与本企业的关系，实现顾客价值的最大化。

（2）客户关系管理是一套综合的战略方法，它通过有效地使用顾客信息，培养与现实及潜在的顾客之间的良好关系，为公司创造大量的价值。

（3）客户关系管理是一套基本的商业战略，企业利用完整、稳固的客户关系而不是某个特定的产品或业务单位来传送产品和服务。

（4）客户关系管理是通过一系列的过程和系统来支持企业的总体战略，以建立与特定顾客之间长期的、有利可图的关系。

3. 电力营销客户关系管理

供电企业为开展电力客户关系管理而设计并推广应用的信息系统软件，它以电力销售业务、客户服务及客户调查数据等信息为基础，开展对目标客户的细分，从而实现对客户的差异化管理。

4. 电力营销客户关系管理系统的基本概念

客户细分：指供电企业从客户属性、用电行为、用电需求等角度对客户进行分组。

客户群：对若干个具有某些共同特征的客户进行分类组合形成的客户群体。同义词：客户组。

客户价值：指客户对供电企业贡献度的综合评价。

客户信用：是对客户在电力消费过程中遵守电力相关法规及履约情况的综合评价。同义词：客户信誉。

业务联系单位：业务联系单位指和供电企业存在合作关系的企业和单位。

满意度：指客户在购买供电企业的产品或服务的过程中，对产品或服务的实际感受与期望值比较的程度。

（二）主要功能

客户关系管理系统的功能包括客户细分、信用管理、价值管理、风险管理、VIP认定管理、重要客户认定管理、失信客户管理、主动服务、满意度管理、业务联系单位等功能。

1. 客户细分

根据电力营销各业务的特点和要求，按客户属性、用电行为、用电需求等对客户进行分组，产生客户群，满足针对目标客户群开展的相关管理决策活动。客户细分包括细分标准定义及客户群管理功能。

2. 信用管理

制定客户信用评价标准，建立评级制度，对电力客户的信用进行科学的评价，并与社会公共事业机构建立共享的信用记录机制。信用管理包括信用标准制定和信用评价功能。

3. 价值管理

制定客户价值评价标准，建立评级制度，对电力客户的价值进行科学的评价。价值管理包括价值标准制定和价值评价功能。

4. 风险管理

根据客户属性和行为特征对电费回收风险进行识别、量化和应对的过程，通过建立并有效执行全过程风险管理制度，降低和化解电费回收风险。风险管理包括风险因素管理、风险预案管理、风险预警、客户风险评估、措施触发、效果评价、预警解除等功能。

5. VIP认定管理

制定VIP客户认定标准，对企业、居民、政府、新闻媒体等不同的客户群体进行VIP资格认定，并对VIP客户资料进行补充。VIP认定管理包括标准与分类管理、VIP资格认定、资料管理等功能。

6. 失信客户管理

通过对电力客户信用记录和用电行为的收集及分析，对失信客户进行识别和跟踪管理，及时发布失信客户信息，实现公司系统内部失信客户信息共享，防止此类客户继续对供电企业造成损失。失信客户管理包括失信客户认定、发布与跟踪、失信客户撤销等功能。

7. 重要客户认定管理

通过对重要客户进行认定和信息统一管理，保证对特殊重要客户群体做到重点关注，确保公司和客户利益都得到应有的保障。重要客户认定管理包括重要客户认定、资料管理功能。

8. 主动服务

依据客户细分结果、VIP 认定结果、重要客户认定结果，对不同的客户群体制定相应的服务策略，并指派相关人员通过各种服务渠道开展主动式服务工作。主动服务包括策略制定、对象分配、策略执行等功能。

9. 满意度管理

参照相关政策依据，以客户满意度指数为核心，围绕企业形象、客户期望、客户对供电服务品质的感知、客户对价值的感知、客户满意度、客户抱怨和客户忠诚等方面对供电公司的整体服务进行评价。满意度管理包括评价因素管理、调查方案管理、满意度调查、满意度评估、满意度分析等功能。

10. 业务联系单位管理

通过收集整理业务联系单位资料和合作过程信息，对合作过程中的质量进行监督，定期对业务联系单位进行内部评价。业务联系单位管理包括档案管理、合作过程管理、评价管理等功能。

二、辅助分析决策

（一）基本概念

（1）决策：是人们为了实现特定的目标，在占有大量调研预测资料的基础上，运用科学的理论和方法，充分发挥人的智慧，系统地分析主客观条件，围绕既定目标拟定各种实施预选方案，并从若干个有价值的目标方案、实施方案中选择和实施一个最佳的执行方案的人类社会的一项重要活动，是人们在改造客观世界的活动中充分发挥主观能动性的表现，它涉及人类生活的各个领域。

（2）科学决策：建立在科学基础上的决策，它是人类聪明才智的结晶。科学决策包括以下几方面的内容：① 严格实行科学的决策程序；② 依靠专家运用科学的决策技术；③ 决策者用正确的思维方法决断。科学决策是实现经营管理科学化的关键，是保证社会、经济、科技、教育等方面顺利发展的重要因素，也是检验现代领导水平的根本标志。

（3）决策技术：从许多个为达到同一目标而可以交换代替的行动方案中选择最优方案的一套科学方法。它吸收了运筹学、系统理论、行为科学和计算机程序等内容。在处理有人参与的竞争问题采用的一种决策技术，称之为对策论，也称博弈论；在处理人与自然关系时，所采用的方法，称为统计决策论。

（4）决策支持系统：辅助决策者通过数据、模型和知识，以人机交互方式进行半结构化或非结构化决策的计算机应用系统。它是管理信息系统（management information system，MIS）向更高一级发展而产生的先进信息管理系统。它为决策者提供分析问题、建立模型、模拟决策过程和方案的环境，调用各种信息资源和分析工具，帮助决策者提高决策水平和质量。

（二）营销分析与辅助决策系统

营销分析与辅助决策系统是电力营销技术支持系统的最高职能层次的应用。它以营销技术支持系统为依托，在客户服务层、营销业务层、营销工作质量管理层之上，运用数据仓库技术和各层应用的海量数据，面向决策，建立起一个以国家电网有限公司为核心，覆盖各网省公司营销管理的智能化查询、监督、统计、分析的高级应用系统平台，实现对营销基础数据纵横向挖掘、分析、提炼，并充分共享其他相关系统的信息，使管理层能够及时全面地了解各基层供电单位营销与服务各项业务发展情况及指标完成情况，支持电力市场宏观环境分析、主要经营指标分析、市场发展预测等决策分析，达到决策支持前瞻化的目的，为国家电网有限公司经营管理提供强大的分析、决策依据。其总体结构图如图 5–18–1 所示。

（三）主要功能

国家电网有限公司电力营销辅助决策分析系统的功能包括营销报表管理、营销与服务监管、营销与服务分析与预测、综合查询。

1. 营销报表管理

实现对国家电网有限公司统一的营销固定报表从区县、地市到网省、国家电网有限公司总部的逐级生成或汇总、审核、上报和发布；实现报表加锁、解锁回退功能；通过任务提醒，对报表流程任务进行提醒和预警；提供自定义报表功能，为报表需求变化提供灵活的支持。

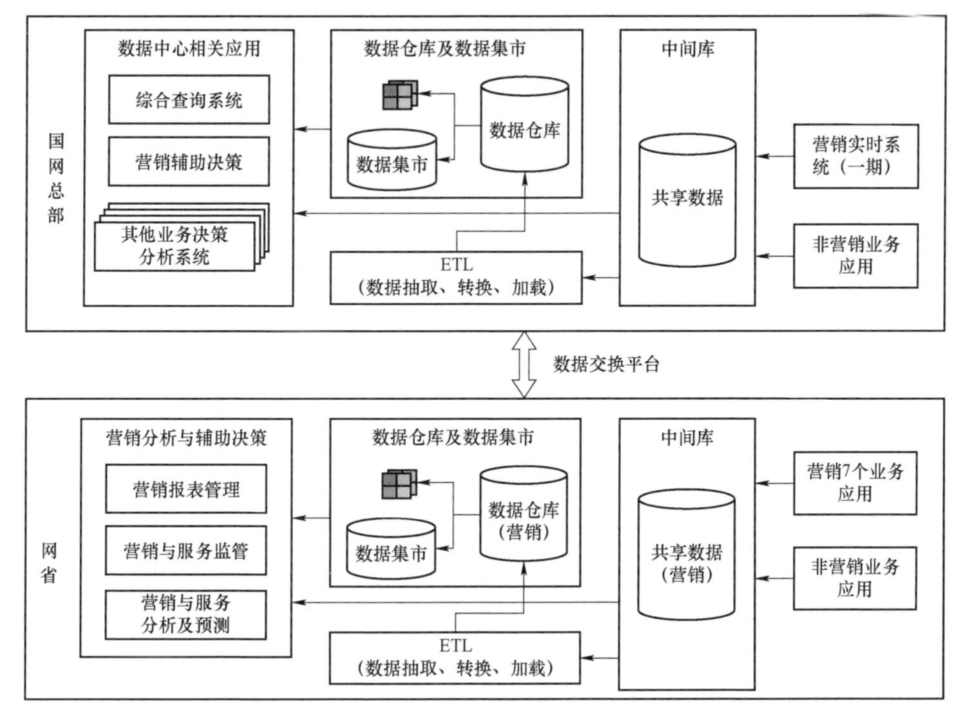

图 5–18–1　营销分析与辅助决策模块系统结构图

2. 营销与服务监管

对营销与服务当前日常工作质量、工作业绩进行动态监督和管理，及时发现存在的问题并督促解决。其主要功能包括监管指标与异常定义、电力营销管理工作监管、电能量与采集监管、客户服务工作监管、电力市场监管、有序用电执行监管、客户关系监管、监管简报编制与发布。

3. 营销与服务分析预测

通过营销技术支持系统各类业务数据的采集、抽取、清理、转换和重组，形成面向营销分析主题的、集成的历史数据集合，实现操作型数据到分析型数据的转换，在此基础上，对电力企业的运营情况、营销能力、市场发展趋势及客户服务能力等进行多维分析和数据挖掘，为管理决策层提供有效的决策信息支持。

营销与服务分析预测管理功能包括电力营销管理分析与预测、电能量与采集分析、客户服务分析、电力市场分析与预测、有序用电分析、客户关系分析等分析功能及编制各种辅助决策分析报告模板，根据分析内容和辅助决策分析报告模板生成辅助决策分析报告，对报告进行调整、转存及发布的分析决策结果编制与发布功能。

4. 综合查询

实现对各类报表、监管数据、分析预测数据的查询功能。

（1）将营销主要绩效指标按照主题进行整理，形成10大主题，15个查询功能。

（2）采用地图、文字、表格、图形等方式对指标进行综合展现。

5. 功能结构

营销分析与辅助决策模块功能结构图如图5–18–2所示。

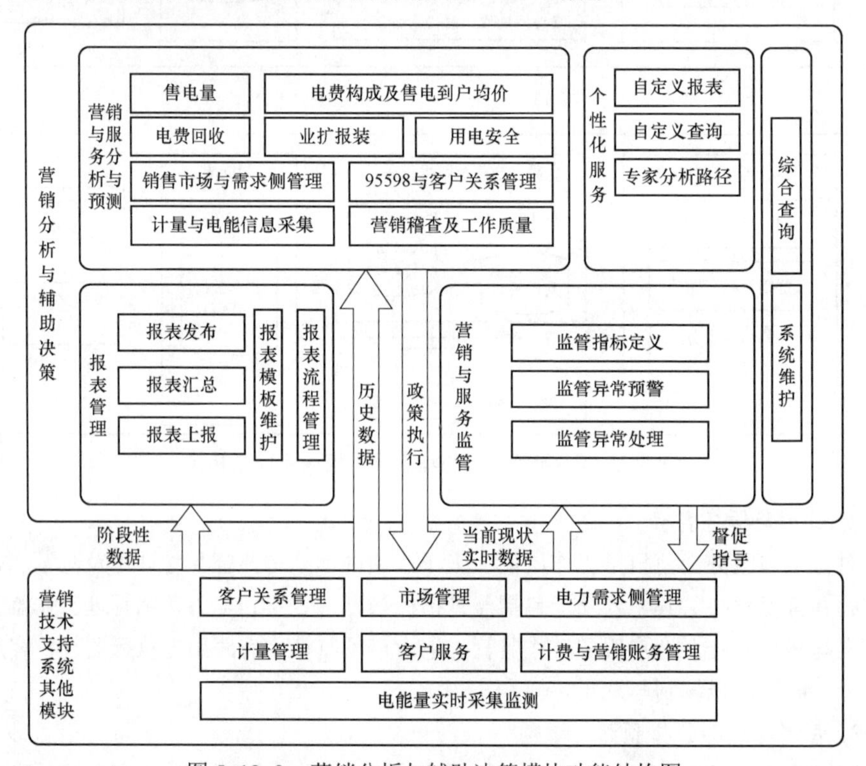

图5–18–2 营销分析与辅助决策模块功能结构图

【思考与练习】

1. 请叙述客户关系管理的概念及作用。
2. 请简述电力客户关系管理系统的主要功能。
3. 请简述电力营销辅助分析决策系统的意义和作用。

参 考 文 献

［1］韩建军，王丽妍，王珣，等. 国家电网公司生产技能人员职业能力培训专用教材：抄表核算收费. 北京：中国电力出版社，2010 年.